W0259363

Unterrichtstechnologie

Einführung in die Medienverwendung im Bildungswesen

Adolf Melezinek

Springer-Verlag
Wien New York

Ord. Univ.-Prof. Dipl.-Ing. Dr. phil. Adolf Melezinek
Vorstand des Instituts für Unterrichtstechnologie und Medienpädagogik
Universität für Bildungswissenschaften, Klagenfurt

Mit 123 Abbildungen

CIP-Kurztitelaufnahme der Deutschen Bibliothek
Melezinek, Adolf:
Unterrichtstechnologie: Einführung i. d. Medienverwendung im Bildungswesen/Adolf Melezinek. – Wien ; New York : Springer, 1982.
ISBN-13:978-3-211-81727-8 e-ISBN-13:978-3-7091-8694-7
DOI: 10.1007/978-3-7091-8694-7

ISBN-13:978-3-211-81727-8

VORWORT

Lehren und Lernen bedürfen der Vermittlung verschiedenster Informationen und Anregungen. Als Vermittler oder/und Träger von Informationen im Unterrichtsprozeß - d. h. als **Unterrichtsmedien** oder kürzer nur als **Medien** - können neben Personen (Lehrer, Ausbilder) auch nichtpersonale Vermittler (Geräte, Gegenstände) aufscheinen. Mit diesen **nichtpersonalen Vermittlern** werden wir uns in diesem Buch befassen.

Lehrer haben schon immer Lehr- und Lernmittel als Hilfen in ihrem Unterricht verwendet. In unserer Zeit stehen für die Gestaltung des Unterrichts immer mehr solche Mittel zur Verfügung. Für Lehrende und Lernende, für alle mit dem Bildungsprozeß Befaßten, ist es wichtig, die Eigenschaften und Möglichkeiten dieser nichtpersonalen Vermittler, der sog. **unterrichtstechnologischen Geräte** und **Einrichtungen**, zu erkennen.

Unterrichtstechnologische Geräte und Einrichtungen, d. h. nichtpersonale Medien, können im Unterricht vielfältige Aufgaben erfüllen. Sie können u. a.:

- eingesetzt werden, um Sachverhalte zu veranschaulichen bzw. überhaupt sichtbar zu machen (z. B. Trickfilm, Zeitlupen-, Zeitraffertechnik u. ä.);
- verwendet werden, um mittelbare Erfahrungen zu ermöglichen, wo unmittelbare Erfahrungen zur Gefährdung der Lernenden führen würden (z. B. gefährliche Experimente) oder nur bei zu großem Aufwand etc. möglich wären;
- die Bereitstellung eines vergleichbaren Lehrangebotes für große Studentenpopulationen erleichtern (Erwachsenenbildung - Fernstudium u. a.);
- zu einem Mehr an Individualisierung und Differenzierung des Lehrens und Lernens beitragen, z.B. durch individuelle Förderung von milieubenachteiligten Schülern (Einzelarbeitsplätze), durch Freistellung von Lehrern für Beratungs- und Betreuungsaufgaben, usw.

Im vorliegenden Buch werden wir die wichtigsten unterrichtstechnologischen Geräte und Einrichtungen behandeln. Insbesondere sollen erarbeitet werden:

- Eine Übersicht der wichtigsten unterrichtstechnologischen Geräte und Einrichtungen;
- Kenntnisse darüber, in welcher Weise unterrichtstechnologische Geräte einsetzbar sind und wie sie im Prinzip funktionieren.

Unser Buch konzentriert sich auf den unterrichtspraktischen Geräteeinsatz und ist dementsprechend in zwei Teile gegliedert.

Im Teil 1 wird der eigentliche Stoffbereich aufgearbeitet, wobei Kontrollfragen am Schluß einzelner Abschnitte Sie zum Überdenken der behandelten Problematik anregen und evtl. auf weitere Probleme aufmerksam machen sollen. Antworten auf die Kontrollfragen werden am Ende des Buches angedeutet. Für ein vertiefendes und weiterführendes Studium finden Sie nach den einzelnen Kapiteln entsprechende Literaturangaben.

Auch wenn schon im ersten Teil des Buches der Schwerpunkt bei der Unterrichtspraxis liegt, d. h. theoretische Reflexionen, wenn überhaupt, dann nur sehr kurz angestellt werden, wird im Teil 2 des Buches noch verstärkt die Praxis angesprochen. Ein Vertraut-Machen mit Geräten kann durch schriftliche Materialien allein nicht voll befriedigend erfolgen. Praktische Fertigkeiten müssen in Übungen erarbeitet werden. Im zweiten Teil des Buches wird darum durch Beispiele und Fragen der Stoff des Teiles 1 geübt und es werden Aufgaben für praktische Übungen gestellt. Es handelt sich um Übungen, wie diese z. B. an österreichischen Pädagogischen Akademien und anderen Institutionen im Rahmen einschlägiger Veranstaltungen durchgeführt werden.

Ein in Vorbereitung befindliches Multimedia-Paket des Interuniversitären Institutes für Unterrichtstechnologie, Mediendidaktik und Ingenieurpädagogik der Österreichischen Universitäten wird hier gleichfalls genützt werden können.

Das vorgelegte Buch entstammt zunächst einem engeren unterrichtstechnologischen Arbeitskreis, dessen Mitglieder am Ende des Buches namentlich angeführt sind. Zur Mitarbeit auf dem Gebiet der Unterrichtstechnologie aufgefordert sind jedoch alle, die zur Verbesserung der Unterrichtsqualität beitragen wollen.

Klagenfurt, Juni 1982 — Adolf Melezinek

INHALTSVERZEICHNIS

TEIL 1

TEIL 1

1 DIE UNTERRICHTSTECHNOLOGIE UND IHRE STELLUNG IM UNTERRICHTSPROZESS

Die Unterrichtstechnologie bildet einen Bereich, einen Baustein des Unterrichtsgeschehens. Um die Stellung der Unterrichtstechnologie im Unterrichtsprozeß bestimmen zu können, müssen wir vorerst unser Verständnis der Begriffe "Unterricht" und "Unterrichtstechnologie" andeuten. Der in diesem Buch überwiegend vertretene Ansatz (7) versucht eine geschlossene Betrachtungsweise im Sinne einer "Wissenschaft sowie einer Kunst" des Lehrens und Lernens zu verwirklichen. Die Kunst des Lehrens soll auf der Grundlage einer Wissenschaft vom Bewirken von Lernprozessen zur Geltung gebracht werden.

1.1 ZUM BEGRIFF "UNTERRICHT"

Unterricht ist ein Prozeß, bei dem durch Lehren gelernt wird. Lehren verstehen wir dabei als "Lernen ermöglichen", d. h. im Sinne von GAGNÉ (5) als ein Arrangieren der außerhalb des Lernenden bestehenden Bedingungen.
Der Unterrichtsprozeß spielt sich zwischen zwei Polen ab - er hat zwei Träger: ein Lehrsystem (üblicherweise eine einzelne Lehrperson) und ein Lernsystem (üblicherweise eine größere oder kleinere Schüler- bzw. Studentengruppe). Zwischen Lehr- und Lernsystem werden Informationen ausgetauscht; manchmal überwiegend nur vom Lehrer zu den Schülern (monodirektional), manchmal mehr oder weniger ausgewogen in beiden Richtungen (bidirektional) - siehe Abb. 1.

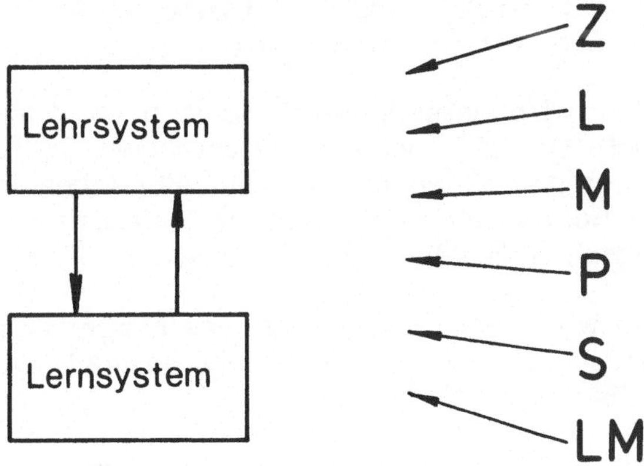

Abb. 1

Der Unterrichtsprozeß unterliegt bestimmten Gesetzmäßigkeiten und wird von einer Reihe Einflußgrößen in seinem Verlauf bestimmt. Diese Unterrichtsprozeß-Einflußgrößen können von den sog. "W - Fragestellungen", die schon auf Comenius zurückgeführt werden können, abgeleitet werden.

Anknüpfend an HEIMANN (6) und FRANK (3, 4) - aber in einem etwas modifizierten Verständnis - können wir, ausgehend von den "W-Fragestellungen", folgende sechs Unterrichtsprozeß - Einflußgrößen (Abb. 1) definieren:

Die Frage "Wozu wird unterrichtet?" ist eine Frage nach den Zielen des Unterrichts, sie führt zur Variablen **Lehrziel (Z).**

Die Frage "Was wird unterrichtet?" ist eine Frage nach dem **Lehrstoff** (L).

Die Frage "Womit wird unterrichtet?" führt zu den beim Unterricht verwendeten Lehrmitteln - zu den **Medien** (M), durch die den Adressaten der Lehrstoff vermittelt wird.

Die Frage "Wer wird unterrichtet?" fragt nach dem Lernenden, die Frage "Wer unterrichtet?" nach dem Lehrenden. Es interessieren insb. die für den Lernprozeß wichtigen psychologischen und biologischen Merkmale des Adressaten. Die Gesamtheit dieser Beschreibungen wird in der pädagogischen Variablen **"Psychostruktur"** (P) zusammengefaßt.

Die Frage "Wo wird unterrichtet?" ist eine Frage nach der soziokulturellen Umwelt, in der sich der Unterricht abspielt. Diese Frage führt zur Variablen **"Soziostruktur"** (S).

Die Frage "Wie wird unterrichtet?" ist die Frage nach der Lehrweise, nach der **"Lehrmethode"** (LM) oder, noch anders ausgedrückt, nach dem Lehralgorithmus.

Die Abhängigkeit des Unterrichtsgeschehens von den genannten Einflußgrößen

Lehrziel	(Z)
Lehrstoff	(L)
Medium	(M)
Psychostruktur	(P)
Soziostruktur	(S)
Lehrmethode	(LM)

erscheint schon ohne nähere Begründung einleuchtend, wenn man sich vergegenwärtigt, wie stark sich der Unterricht verändert, wenn man diese Größen variiert.

Der Unterrichtsprozeß in seiner Gesamtheit des Lehrens und Lernens, des wechselseitigen Zusammenspiels aller Einflußgrößen, bildet ein sehr komplexes Erkenntnisobjekt. Der einzelne Forscher kann nicht alle Seiten dieses komplexen Wirkungszusammenhanges gleichzeitig und gleichgewichtig erfassen. Aus dieser Sicht bietet sich als forschungsmethodischer Ansatz die sog. zweite cartesische Maxime an: "... jede der zu untersuchenden Schwierigkeiten in so viele Teile zu teilen als möglich und zur besseren Lösung wünschenswert ..." (Cartesius = lateinischer Name des französischen Philosophen und Mathematikers René Descartes).

Diesem Ansatz wollen wir auch in diesem Buch folgen. Unterrichtstechnologische Überlegungen beziehen sich zwar auf den Gesamtzusammenhang des Unterrichtsprozesses, gehen aber diesen komplexen Prozeß vom spezifischen, auf die Unterrichtsprozeß-Einflußgröße **"Medium"** konzentrierten Ansatzpunkt aus an, wobei unser Interesse im speziellen den **nichtpersonalen Medien** gilt.

1.2 ZUM BEGRIFF "UNTERRICHTSTECHNOLOGIE"

In der pädagogischen Diskussion zum Medien-Einsatz werden viele Begriffe verwendet. So z. B. "Mediendidaktik", "Medienkunde", "Medienerziehung", "Medienpädagogik", "Medienpraxis", "Unterrichtstechnologie", "Bildungstechnologie". Eine Gegenüberstellung dieser Begriffe sowie der unterschiedlichen Auffassungen ist in diesem Buch nicht vorgesehen. Diese Problematik wird in einer Reihe unterrichtstheoretischer Arbeiten (z. B. 1, 2) untersucht.

Als Gegenstand der Unterrichtstechnologie wollen wir im weiteren alle Gegenstände, technischen Geräte, Einrichtungen und Systeme (d.h. alle nichtpersonalen Medien) verstehen, die zur Gestaltung des Unterrichts beitragen.

Im breiteren Sinn gehört das Interesse der Unterrichtstechnologie auch der Planung von Schulbauten, der Hörsaalplanung (Auditoriologie) etc. Durch den Schulbau werden die Voraussetzungen für die Unterrichtstechnologie im engeren Sinn, d. i. für den Einsatz der eigentlichen unterrichtstechnologischen Geräte, geschaffen.

Im engeren Sinn befaßt sich die Unterrichtstechnologie mit den eigentlichen nichtpersonalen Informationsträgern sowie mit den entsprechenden Geräten. So befassen wir uns z. B. mit der Gestaltung und den Einsatzmöglichkeiten von Dias, aber auch mit der Funktion und den Möglichkeiten und Eigenschaften von Diaprojektoren. Neben der Gestaltung von Overhead-Transparenten befassen wir uns mit den Vor- und Nachteilen einzelner Typen der Overhead-Projektoren. Es interessieren uns nicht nur Probleme der Gestaltung von Bildungsfernseh-Programmen, sondern auch die erforderlichen Fernsehkameras, Videorecorder usw. usw.

Die derzeitigen unterrichtstechnologischen Geräte, Einrichtungen und Systeme bilden ein breites Spektrum mit einem vielschichtigen Gefüge. Wir bewegen uns hier in einem Gebiet, welches von den einfachsten Modellen, Schultafeln und Projektionswänden über Dia-, Overhead-, Film- und andere Projektoren, Plattenspieler und Tonbandgeräte bis zu komplizierten Anlagen für das schulinterne Fernsehen, Unterrichtsmitschauanlagen und elektronischen Lehrmaschinen reicht.

1.3 ÜBERSICHT DER UNTERRICHTSMEDIEN

Eine Klassifizierung der nichtpersonalen Unterrichtsmedien, der unterrichtstechnologischen Geräte und Einrichtungen, kann nach verschiedenen Gesichtspunkten erfolgen.

Welche Kriterien man auch zur Strukturierung des breiten Spektrums der unterrichtstechnologischen Geräte heranziehen mag - eine trennscharfe Abgrenzung der einzelnen Gerätegruppen ist schwierig. Die Geräte können ja doppelwertig (ambivalent) eingesetzt werden - ihr Einsatz ist je nach der praktizierten Methode unterschiedlich. So wie die Kreide nur in der Hand des Lehrers mehr zu einem monodirektionalen Unterricht führt, kann die Kreide in der Hand des Schülers mehr zur Bidirektionalität des Unterrichts beitragen.

Eine mögliche vereinfachte Klassifizierung der nichtpersonalen Unterrichtsmedien ist in der Abb. 2 dargestellt. Die angedeutete Unterteilung soll nicht als starres System verstanden werden. Die Grenzen zwischen den einzelnen Gerätefamilien und Systemen sind fließend und nicht nur durch die technischen Eigenschaften der Geräte bestimmt.

Nichtadaptive Unterrichtsmedien sind von der technischen Konstruktion her eher mit der monodirektionalen Kommunikation verbunden. Sie basieren auf der Informationsübertragung überwiegend nur vom Lehrenden zum Lernenden. Mit Hilfe dieser Medien werden Informationen überwiegend "präsentierend" dargeboten.

Adaptive Unterrichtsmedien ermöglichen von ihrer Konstruktion her nicht nur die Ausgabe von Informationen, sondern auch deren Aufnahme. Diese Medien sind also für die bidirektionale Kommunikation konzipiert - sie ermöglichen sowohl die Übertragung von Informationen vom Lehrenden zum Lernenden als auch die Vermittlung von Informationen (Rückkoppelung) von den Lernenden zum Lehrenden. Geräte dieser Gruppe werden oft auch als Lehr- oder Lernmaschinen bezeichnet. Die bisher realisierten einschlägigen Geräte kann man aber - im Vergleich mit den Fähigkeiten menschlicher Lehrer - sicher nur als teiladaptiv bezeichnen.

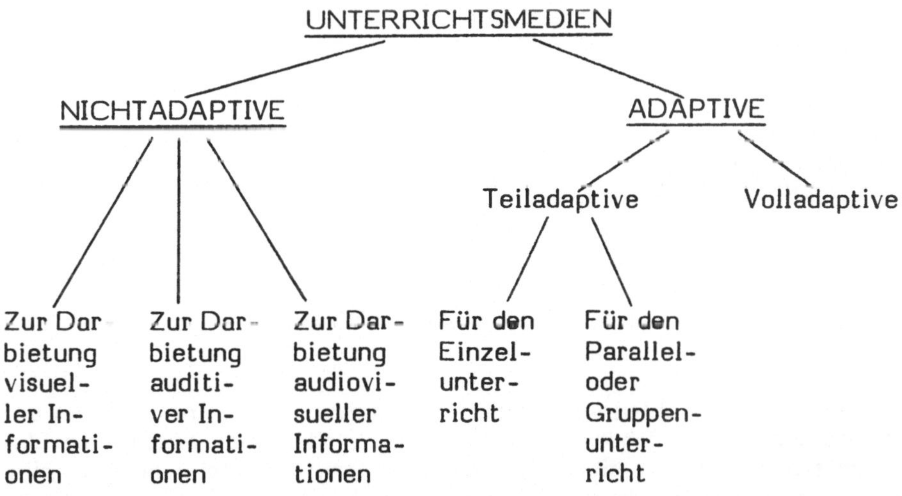

Abb. 2

Bevor wir uns den einzelnen unterrichtstechnologischen Geräten näher zuwenden, wollen wir in einer kurzen Übersicht noch das Spektrum der wichtigsten in der derzeitigen Bildungspraxis verwendeten nichtpersonellen Medien vorstellen.

1.3.1 "VISUELLE" MEDIEN

Die visuelle Darstellung von Lehrinhalten bildet einen wichtigen Bestandteil des Unterrichtsgeschehens. Gegenstände, die selbst unmittelbar Träger visueller Informationen sind, sowie Gegenstände und Geräte, welche die Darstellung visueller Informationen vermitteln, wollen wir als visuelle Medien bezeichnen.

Neben **realen Gegenständen** selbst zählen zu den technisch einfacheren visuellen Medien alle jene, die ohne aufwendigere (z. B. Projektions-) Einrichtungen dargestellt werden können. Es sind dies z. B.:

Modelle realer Gegenstände,
Gegenstände und Einrichtungen für Versuche,
Bilder, Fotos sowohl wie im weitesten Sinn **gedruckte Texte**
Wandtafeln etc.

Projektionsgeräte, d. s. Geräte, welche mittels Lichtquellen und Linsensystemen, bzw. aufgrund elektronischer Prinzipien, Bilder, grafische Darstellungen etc. projizieren, gehören zu den technisch aufwendigeren Mitgliedern der "visuellen" Familie.

Hierher gehören z. B.:

Diaprojektoren,
Epiprojektoren,
Overheadprojektoren,
Filmprojektoren (Stummfilm).

1.3.2 "AUDITIVE" MEDIEN

Zu dieser Gruppe zählen wir Medien, mit deren Hilfe Informationen auf der Grundlage des Gehörsinns vermittelt werden. Für bestimmte Unterrichtsfächer sind auditive Medien geradezu prädestiniert - es sind dies etwa der Fremdsprachenunterricht, Musikerziehung, u.a. Wenn auch heute durch das große Angebot vieler visueller Reize eine gewisse Hörträgheit begünstigt wird, haben auditive Medien im Unterricht verschiedene wichtige Einsatzmöglichkeiten.
Als Mitglieder dieser Gerätefamilie wollen wir hier folgende nennen:

Plattenspieler (Schallplatten)
Tonbandgeräte (Tonbänder auf offenen Spulen oder in Kassetten)
Schulfunk.

Neben der mechanischen (Schallplatten), magnetischen (Tonbänder), gibt es auch die optische Tonspeicherung. Diese wird hauptsächlich beim Tonfilm eingesetzt.

Manchmal werden zur auditiven Gerätefamilie auch spezielle **Sprachlehranlagen** (Sprachlabor) gezählt. Manche dieser Anlagen - insb. die technisch komplexeren - sind für die bidirektionale Unterrichtsgestaltung konzipiert, sodaß man sie evtl. auch in die Gruppe der "adaptiven" Geräte einreihen könnte.

1.3.3 "AUDIOVISUELLE" MEDIEN

Zu dieser Gruppe zählen wir Geräte und Einrichtungen, mit deren Hilfe Informationen auf der Grundlage des Gehör - **und** Gesichtssinns vermittelt werden. Die Forderung nach einer Kombination auditiver und visueller Reize ist schon auf Comenius zurückzuführen: "....daß alles soviel als möglich den Sinnen vergegenwärtigt werde..."

Zu den audiovisuellen Medien gehören insb.:

Tonbildschau (Kombination von Dias und Ton)
Tonfilm
Fernsehen.

1.3.4 "ADAPTIVE" MEDIEN

Vor etwa zwanzig Jahren begann man (insb. in den USA) mit größeren Anstrengungen zur technischen Rationalisierung des Unterrichts. Es wurde verstärkt versucht, gewisse Tätigkeiten des Lehrers an nichtmenschliche Systeme zu übertragen. Das Ausmaß der Anpassungsfähigkeiten, der Adaptivität, dieser Systeme und Geräte an den Lernenden ist recht unterschiedlich. Die Leistungsfähigkeit einzelner spezieller Geräte ist zwar beachtlich, sie können den menschlichen Lehrer in verschiedener Hinsicht wirkungsvoll unterstützen, diesen aber sicherlich mindestens bisher nicht im allgemeinen ersetzen.

Geräte zur Steuerung des Lernprozesses, häufig als **Lehr- oder Lernmaschinen** bezeichnet, wurden in verschiedenen Ausführungen sowohl für den Einzel- als auch für den Gruppenunterricht konstruiert. Die technische Basis bilden hier insb. Computer, wobei in den letzten Jahren anstelle von Großrechnern immer mehr Kleinrechner (Mikrocomputer) für Ausbildungszwecke erprobt werden.

Zu den Einrichtungen dieser Gruppe gehören auch sog. **Simulatoren.** Simulatoren ahmen die Funktionsweise von bestimmten, meist technischen, Systemen nach, ohne dabei die Kosten oder Risiken zu verursachen, welche am wirklichen System entstehen würden. Bekannt sind insb. Flugsimulatoren, welche sich bei der Pilotenausbildung gut bewährt haben und häufig verwendet werden.

Mit den wichtigsten visuellen, auditiven und audiovisuellen Medien werden wir uns in den folgenden Kapiteln näher befassen. Die "adaptiven" Medien werden wir in diesem Buch nicht weiter behandeln.

LITERATURANGABEN ZU KAPITEL 1

(1) Armbruster, B. / Hertkorn, O. (Hrsg.) : "Allgemeine Mediendidaktik". Greven Verlag, Köln, 1978

(2) Boeckmann, K. : "Medien im Unterricht -Grundbaustein Unterrichtstheorie und Mediendidaktik". Deutsches Institut für Fernstudien an der Universität Tübingen, 1979

(3) Frank, H. : "Kybernetische Grundlagen der Pädagogik". Agis Verlag, Baden-Baden, 1969

(4) Frank, H. / Meder, B. : "Einführung in die kybernetische Pädagogik". Deutscher Taschenbuch-Verlag, München, 1971

(5) Gagné, R. : "Die Bedingungen des menschlichen Lernens". Hermann Schroedel Verlag, Hannover-Darmstadt-Dortmund-Berlin, 1973

(6) Heimann, P. : "Didaktik als Theorie und Lehre". In: Die Deutsche Schule, 1962

(7) Melezinek, A. : "Ingenieurpädagogik". Springer- Verlag, Wien-New York, 1977

(8) Melezinek, A. : "Medien im Unterricht". Studienbrief im Auftrag des Bundesministeriums für Wissenschaft und Forschung, Wien, 1979

2 VISUELLE MEDIEN UND IHR EINSATZ IM UNTERRICHT

Ausgehend von einigen allgemeineren Überlegungen zur visuellen Wahrnehmung werden in diesem Kapitel die wichtigsten "visuellen" Unterrichtsmedien besprochen. Nach den "nichtprojizierten", visuellen Medien werden die "projizierten" bzw. "projizierenden" Medien diskutiert.

2.1 WAHRNEHMUNG UND VISUALISIERUNG

2.1.1 EINIGE ALLGEMEINE ÜBERLEGUNGEN ZUR MENSCHLICHEN WAHRNEHMUNG

Alle Informationen über die Umwelt erhalten wir durch unsere Sinnesorgane. Entscheidungen für den Einsatz bestimmter Medien im Unterricht sind daher zwangsläufig immer auch Entscheidungen für das Ansprechen bestimmter Sinnesgebiete. Entscheidungen über Medien müssen die Möglichkeiten und Grenzen der Sinnesorgane berücksichtigen. Die Unterrichtstechnologie ist daher an den Vorgängen bei der menschlichen Wahrnehmung interessiert.

Aus den vielen Theorien und Untersuchungen über die menschliche Informationsverarbeitung werden wir für unseren Bedarf nur kurz einen - den informationspsychologischen - Ansatz darstellen.

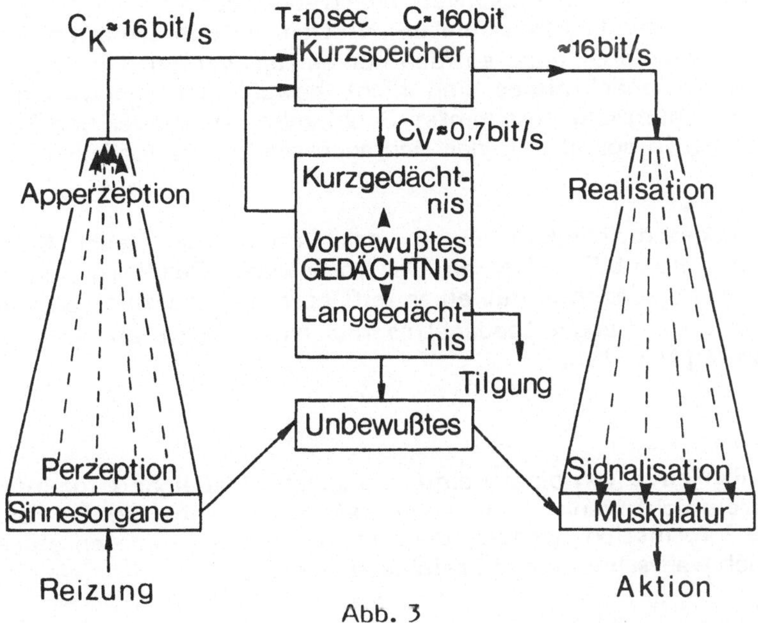

Abb. 3

H. FRANK und seine Mitarbeiter haben ein Modell der Informationsverarbeitung im Menschen, ein sog. Organogramm (Abb. 3), vorgelegt. Auch wenn zu diesem Organogramm verschiedene Vorbehalte angemeldet werden (z. B. 6) und auch FRANK (8) selbst sowie RIEDEL (18) die quantitativen Angaben des Organogramms nur als größenordnungsgemäß gesichert bezeichnen, bietet es jedenfalls eine anschauliche Vorstellung vom Informationsumsatz im Menschen.

Der linke im Organogramm angedeutete Trichter steht insgesamt für die **Wahrnehmung** - wir werden ihn auch noch ausführlicher besprechen. Die Information aus der Umwelt wird über die Sinnesorgane aufgenommen - diese Aufnahme sowie die Übertragung der Reize wird in der Informationspsychologie als **Perzeption** bezeichnet. Das Zu-Bewußtsein-Bringen der Sinnesreize (das Eindringen in das Bewußtsein - den Kurzspeicher) wird mit **Apperzeption** bezeichnet. Apperzipiert, d.h. bewußt wahrgenommen, wird nur ein Bruchteil des Perzipierten, d. h. des Aufgenommenen. Bei der Apperzeption wird also eine Auswahl aus der gesamten aufgenommenen Information getroffen. Die **Apperzeptionsgeschwindigkeit** C oder, anders ausgedrückt, die Zuflußgeschwindigkeit in den Kurzspeicher, gibt **Frank** mit etwa 16 bit/sec* an.

Was bewußt wird, d.h. was modellmäßig formuliert in den Kurzspeicher eindringt, bleibt für eine bestimmte Zeit, die sg. **Gegenwartsdauer** T, bewußtseinsgegenwärtig. Laut FRANK bleibt Apperzipiertes von sich aus (falls man sich nicht absichtlich darauf konzentriert) bis zu 10 sec. bewußt. Die durch die Gegenwartsdauer gegebene "Merkfähigkeit" spielt z. B. beim Kopfrechnen eine wichtige Rolle.

Die im Bewußtsein (Kurzspeicher) enthaltene Information kann entweder in das **vorbewußte Gedächtnis** gelangen - d.h. gelernt werden - oder (bzw. oder/und) an die Außenwelt übertragen werden - in diesem Fall sprechen wir vom Tun (Muskulatur - Aktion). Die Information aus dem Bewußtsein kann aber auch einfach nur getilgt werden. Die Inhalte des vorbewußten Gedächtnisses sind nicht bewußtseinsgegenwärtig - sie können aber aufgrund bestimmter Schlüsselinformationen ins Bewußtsein gelangen (Assoziation) oder sich auch spontan "aufdrängen" (Perseveration).

Die Zuflußgeschwindigkeit C in das vorbewußte Gedächtnis gibt FRANK mit etwa 0,7 bit/sec an. Das vorbewußte Gedächtnis unterteilt er in ein Kurzgedächtnis mit einer mittleren Speicherzeit von wenigen Stunden und ein Langzeitgedächtnis mit einer mittleren Speicherzeit von mehreren Monaten.

*("bit", abgekürzt von binary digit = Dualzahl, Maßeinheit für Information. Vereinfacht kann man sagen, daß es sich bei einem bit um diejenige Information handelt, die sich durch das Eintreten eines von zwei gleich wahrscheinlichen Ereignissen ergibt.)

Der linke, d. h. der "Wahrnehmungs"-kegel des Organogramms ist detailierter in der Abb. 4 dargestellt. Reize aus der Umwelt aktivieren unsere Sinnesorgane, d. h. die beiden sog. Fernsinne - den Gesichtssinn (optischer Kanal) und den Gehörsinn (akustischer Kanal) sowie die Nahsinne Gefühl (taktiler Kanal - Tastsinn), Geruch (olfaktorischer Kanal) und Geschmack (gustativer Kanal).

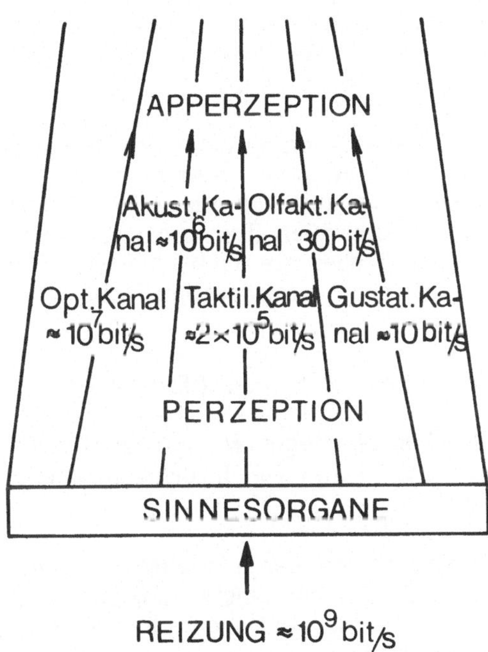

Abb. 4

Als Kapazität eines Sinnesorganes kann die Maximalinformation, welche das Sinnesorgan pro Zeiteinheit an die sensorischen Projektzentren im Gehirn abzuführen vermag, verstanden werden. FRANK gibt für den optischen Kanal eine Kapazität von bis zu 10^7 bit/sec, für den akustischen Kanal 10^6 bis $1{,}5.10^6$ bit/sec, für den taktilen Kanal (beschränkt auf die Hände) ca. 2.10^5 bit/sec. an. Die Kapazität der weiteren Kanäle ist viel geringer und liegt in der Größenordnung von 10 bis 100 bit/sec.

Über alle Eingänge seiner Sinnesorgane vermag der Mensch maximal etwa 10^9 bit/sec an Information aufzunehmen. Dies ist laut KEIDEL (11) ein oberer Grenzwert - unter natürlichen Bedingungen wird die tatsächlich vom Menschen verarbeitete Informationsmenge in der Kommunikation mit seiner Umwelt eher geringer sein.

2.1.2 EINIGE ALLGEMEINE ÜBERLEGUNGEN ZUR VISUALISIERUNG

Aus dem "Wahrnehmungskegel" des Organogramms (Abb. 4) nach FRANK (8) ist ersichtlich, daß der optische Kanal die höchste Kanalkapazität aller Sinnesorgane aufweist. Der akustische Kanal hat die zweithöchste Kanalkapazität.

Im Unterricht wird aber üblicherweise der akustische Kanal am meisten angesprochen, insbesondere von Lehrern, die ein "gutes Mundwerk" haben. Der Gesichtssinn kommt im Unterricht manchmal zu kurz - man sollte ihm mehr Aufmerksamkeit widmen.

Die Frage, ob bei der Unterweisung optische oder akustische Darbietung vorzuziehen ist, kann in allgemeiner Form nicht beantwortet werden, nachdem in der Unterrichtspraxis die Variable "Sinnesmodalität" untrennbar mit anderen Einflußgrößen (Lehrstoff, Lehrziel, etc.) verbunden ist. Außer Zweifel steht aber die Wichtigkeit des Gesichtssinns -der optische Analysator spielt eine dominierende Rolle in der Orientierung des Menschen.

Verschiedene Untersuchungen, z. B. von FENK (6) und JENSEN (10), haben ergeben, daß insb. bei längerfristigem Behalten die optische Darbietung der akustischen überlegen zu sein scheint. Optische Darbietung erleichtert die Reproduktion von Informationseinheiten, die zeitlich weiter zurückliegen.

Wir werden uns mit Problemen der Visualisierung im weiteren noch speziell beschäftigen, z. B. bei der Gestaltung von Overhead-Transparenten, Dias etc. Nun noch kurz zu einigen allgemeineren Erkenntnissen über die visuelle Wahrnehmung.

So z. B. berichtet H. FISCHER (7) darüber, daß wir zu visuellen Wahrnehmungen in der Regel mit gewissen "Erwartungshaltungen" herantreten. Dies wurde u. a. mit der Maus-Mann-Figur (Abb. 5) von BUGELSKI und ALAMPAY (4) nachgewiesen.

Eine Gruppe von Versuchspersonen mußte eine Weile Tiernamen aufzählen, eine andere Gruppe hatte Männernamen zu nennen. Die Gruppe, welche Tiernamen aufgezählt hatte, sah in der Strichzeichnung häufiger eine Maus, die Männernamen aufzählende Gruppe sah häufiger das Gesicht eines Mannes.

H. FISCHER (7) berichtet weiterhin über eine Tendenz zur Strukturierung des Wahrnehmungsfeldes. Selbst einfache Muster von Linien und Punkten unterliegen bei der Betrachtung geordneten Beziehungen. Wenn Sie die Abb. 6 betrachten, dann sehen Sie wahrscheinlich drei Paare von Linien mit einer überschüssigen Linie rechts außen. Sie könnten aber auch drei Paare von Linien sehen, die rechts beginnen, mit einer überschüssigen Linie links außen.

Abb. 5

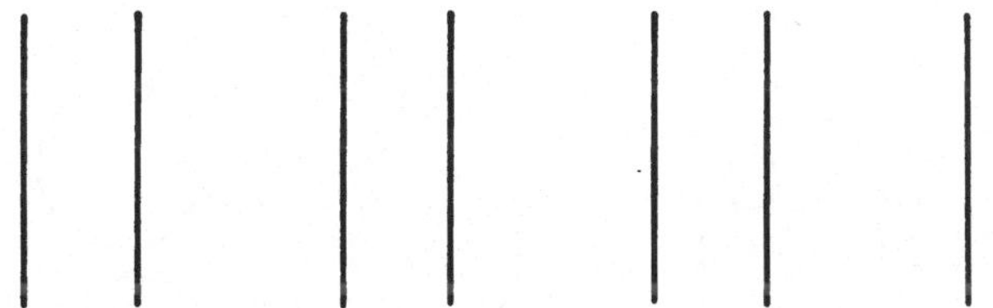

Abb. 6

Ein interessantes Phänomen bilden die sog. **optischen Sinnestäuschungen.** Verschiedene Beispiele hiefür gibt KEIDEL (11) an - etwa den in der Abb. 7 gezeichneten Würfel. In der Identifikation dieses Würfels steckt die komplizierte Deutungsaufgabe, ein zweidimensional gezeichnetes Bild in einen dreidimensional empfundenen Körper umzudeuten. Man kann dieses Umdeuten z. B. dadurch hervorrufen, wenn man die Ecke C betrachtet und sich diese als "rechts vorne oben" vorstellt - dann "springt" das Bild in diese körperliche Form. Dasselbe gelingt leicht bei der Fixierung der Ecke B mit der Vorstellung "links vorne unten".

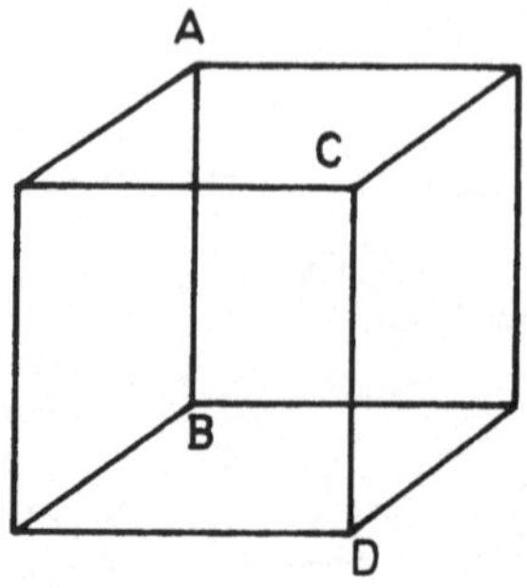

Abb. 7

Eine andere Art optischer Täuschungen wird durch die Mitberücksichtigung der Umgebung des eigentlichen Bildgegenstandes hervorgerufen. Der in der Abb. 8a) von acht kleinen Kreisen umgebene Kreis erscheint im Vergleich mit der Abb. 8b), in der ein gleichgroßer Kreis von fünf größeren Kreisen umrahmt wird, erheblich größer.

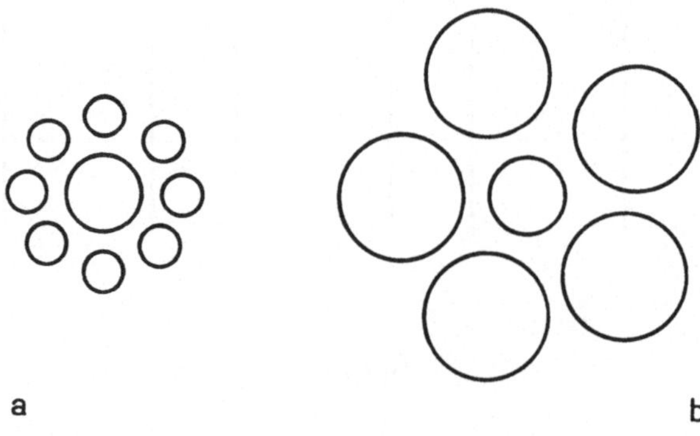

Abb. 8

Es empfiehlt sich, bei der Bildgestaltung die Relativität der Wahrnehmung zu beachten. Die Mißachtung gewisser elementarer Visualisierungsregeln kann die Verständlichkeit von Bildern beeinträchtigen. Z. B. fehlende Angaben über den Maßstab bei Diagrammen können falsche Vorstellungen wecken, es ergeben sich aber auch Möglichkeiten gewollter oder ungewollter Manipulation.

Bei Diagrammen ohne Maßstab können leichter falsche Vorstellungen geweckt werden als z. B. bei Diagrammen mit eingezeichnetem Koordinatenkreuz. Aber auch bei Schaubildern mit Maßstab bestehen Manipulationsmöglichkeiten, z. B. durch fehlerhafte Skaleneinteilung. Die gleiche Zeitreihe kann z. B. einmal als "normale", ein anderes Mal als "marktstürmende" Entwicklung dargestellt werden (Abb. 9)

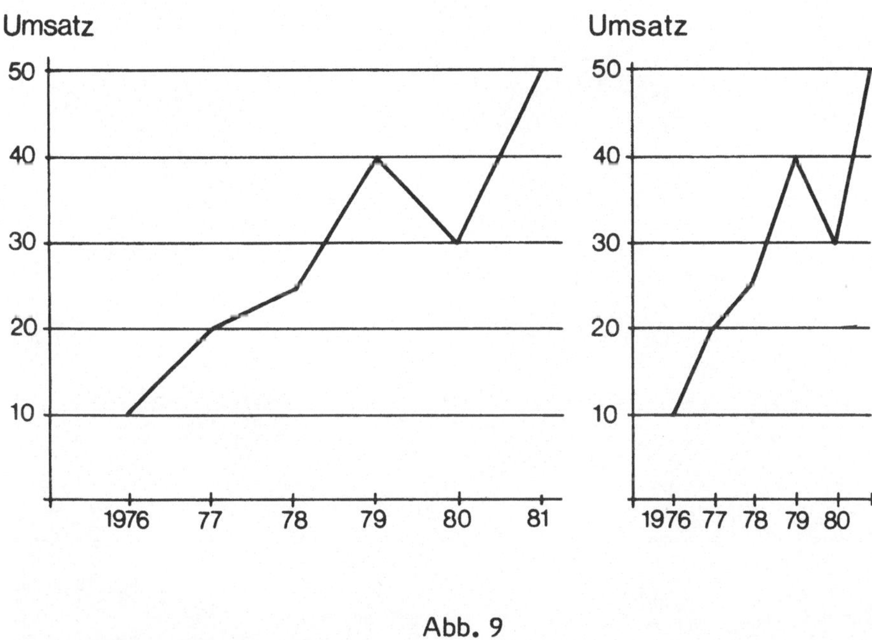

Abb. 9

2.2 REALE GEGENSTÄNDE

Für die menschliche Erkenntnis ist die "direkte" Begegnung mit der Realität sehr wichtig. Das taktile (berührungsmäßige) sowie das motorische System ist im Menschen tief verwurzelt, es ist sehr stark in die Persönlichkeit integriert. HUNZIKER (9) veranschaulicht dies treffend: etwas hören oder sehen, was einem nicht paßt, ist unangenehm, etwas sagen müssen, noch unangenehmer, aber am unangenehmsten ist es, wenn man es **tun** muß.

Schon beim Kleinkind ist ein häufiges "Ausprobieren" festzustellen. Das Kind probiert aus, was es mit bestimmten Gegenständen machen kann. Auf diese Weise zeigen sich Eigenschaften von Gegenständen, welche durch die alleinige visuelle Wahrnehmung nur mit Mühe erfaßt werden können.

Das Foto in Abb. 10 zeigt zwei offensichtlich voll motivierte Kinder beim Spielen mit aus einem Baukasten zusammengestellten Gegenständen.

Abb. 10

Es ist wichtig, den Lernenden die direkte Begegnung mit realen Objekten und Gegenständen, soweit diese den Lehrinhalt bilden, zu ermöglichen.

Nicht immer ist es aber möglich und sinnvoll, die Objekte direkt in den Unterrichtsraum mitzubringen. So z. B. wenn die Gegenstände zu große oder zu kleine Abmessungen haben, oder wenn sie so kompliziert sind, daß ein Verständnis ihrer Funktion durch die bloße Darbietung nicht gut erreicht werden kann. In solchen Fällen ist es erforderlich, anstelle oder womöglich **zusätzlich** zu den eigentlichen Objekten, deren Abbildungen und/oder deren Modelle darzubieten.

2.3 MODELLE

Bei einer modellhaften Darstellung handelt es sich um einen solchen Übergang von einer Situation zu einer anderen, bei der bestimmte Erscheinungsformen der Originalsituation weggelassen werden. Weggelassen werden solche Teile der Originalsituation bzw. des Gegenstandes, die didaktisch überflüssig oder sogar störend sind. Nachdem Modelle eine Vereinfachung des originalen Objektes darstellen, sollte beim Unterricht darauf geachtet werden, daß die Verbindung zur realen Situation nicht verloren geht.

Wir wollen diese Problematik anhand eines in (5) und (15) beschriebenen Beispieles illustrieren - aus der Ausbildung von Autoelektrikern.

Ein Lehrziel dieser Ausbildung lautet: "Fähigkeit, eine durch schlechtes Funktionieren des Unterbrechers entstandene Beleuchtungspanne an drei bestimmten Motortypen nach optimalen Verfahren in ihrer Ursache zu erkennen und mit dem Spezialwerkzeug zu reparieren".

Dieses Ziel könnte man z. B. auf folgenden Wegen angehen:

- den Lehrling dem Fehler gegenüberstellen, so wie er eben am Kraftfahrzeug des Kunden bei den drei Motortypen auftritt;
- den Fehler an drei Kraftfahrzeugen, die ständig in der Lehrwerkstätte situiert sind, hervorrufen;
- den Fehler an drei in der Lehrwerkstätte vorhandenen Motoren hervorrufen. Dabei wird von der Annahme ausgegangen, daß die Karosserie des Kraftfahrzeuges, die Räder etc. nichts mit dem Fehler und seiner Auffindung zu tun haben;
- den Fehler an einem Hybridmodell eines Motors, an dem nur die elektrischen Stromkreise beibehalten wurden, hervorrufen. Dabei wird von der Annahme ausgegangen, daß die drei Motoren keine wesentlichen Unterschiede aufweisen, wenn es sich darum handelt, einen Fehler des Unterbrechers zu suchen;
- den Fehler an einem Modell der alleinigen elektrischen Schaltung hervorrufen. Dabei wird davon ausgegangen, daß die Hauptschwierigkeit in der Diagnostik, d. i. in der Wahl eines Verfahrens zur Fehlersuche liegt und daß dieses Verfahren bei Kraftfahrzeugen verschiedener Herkunft kaum abweicht.
  Hier wird vom Bezug auf einen realen Motor abgesehen, für einen Teil des Lehrprogrammes ein spezielles Modell verwendet, aber für den Lehrling eine Übungsphase an einem wirklichen Motor vorgesehen.

Es werden komplizierte und aufwendige Modelle angeboten, oft kann man aber auch mit einfachen und preiswerten Modellen das Auslangen finden. Man kann auch die Schüler selbst Modelle herstellen lassen - dadurch kann ein sehr gründliches Verständnis des Aufbaues und der Funktion des gegebenen Gerätes erreicht werden.

2.4 EINRICHTUNGEN UND GERÄTE FÜR VERSUCHE

Von verschiedenen Firmen werden für Versuche aus einzelnen Elementen bestehende Systeme angeboten. Elektrische bzw. elektronische "Bausteine" tragen oft auf der Oberfläche das Schaltsymbol des bzw. der eingebauten Elemente und werden in Schritten zu funktionsfähigen Schaltungen zusammengestellt. Solche Übungssysteme gibt es fast für alle naturwissenschaftlichen Bereiche - für die Mechanik, Optik, Akustik, usw.

Als Beispiel zeigt das Foto in Abb. 11 eine Box für die Vermittlung von Grundlagen zur Elektrotechnik bzw. Elektronik. Auf vorgefertigten Steckplatten lassen sich hier verschiedene Schaltungen realisieren.

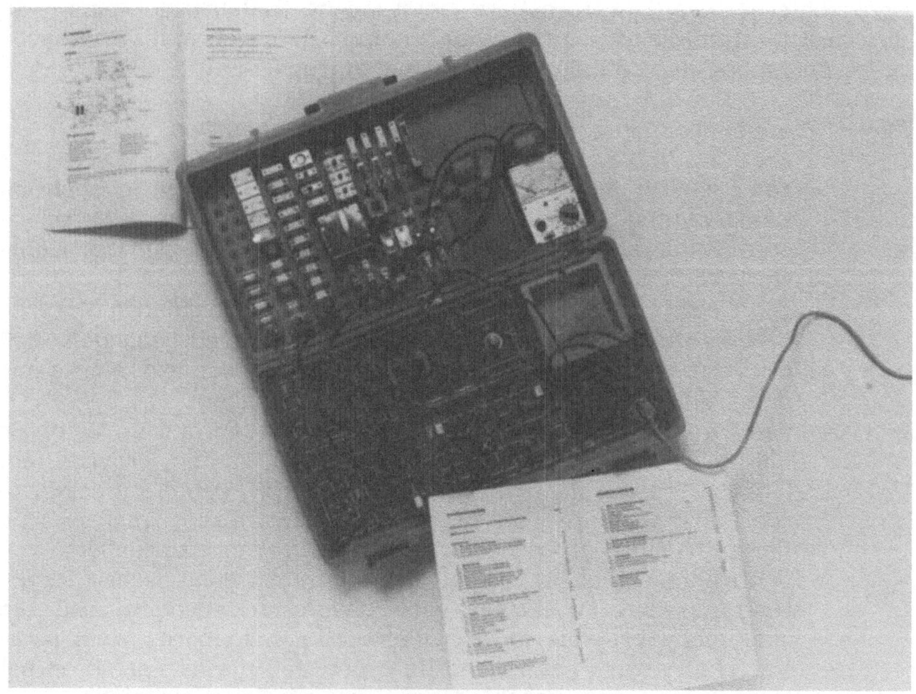

Abb. 11

Didaktisch unterscheiden wir zwischen Einrichtungen für Versuchsdemonstrationen und für selbständige Schüler- bzw. Studentenübungen. Demonstrationsversuche werden heute vielfach durch audiovisuelle Hilfsmittel (z. B. TV) unterstützt und leiten zu den eigentlichen Schülerübungen über.

2.5 GEDRUCKTE LEHR- UND LERNBEHELFE

Hierher gehören in erster Reihe die verschiedenen Lehrbücher, aber selbstverständlich auch andere gedruckte Behelfe, wie z. B. Wandbilder, Wandkarten etc. Neben diesen Medien werden wir im vorliegenden Kapitel auch einige wichtige Kopier- und Druckverfahren sowie die entsprechenden Geräte beschreiben.

2.5.1 LEHRBÜCHER

Wenn man früher von Lehrbüchern sprach, meinte man häufig einfach die gedruckten und gebundenen Stoffsammlungen für den Unterricht in der Hand des Schülers oder Studenten. Heute ist das anders. Das moderne Lehrbuch muß seine Aufgaben im Verbund mit vielen anderen Unterrichtsmedien erfüllen. Das Lehrbuch hat eine spezifische Funktion in einem Verbund von Lehr- und Lernmitteln zu erfüllen. Heute bemühen sich Schulpraktiker, Wissenschaftler, Verlagsredakteure, Grafiker u. a. gemeinsam, nach aktuellen Erkenntnissen Lehrbücher, weit über "Stoffsammlungen" hinausgehend, als wirkliche Lernhilfen zu gestalten. Dabei ist das Zusammenspiel didaktischer Ansprüche mit visuellen Hilfen durch Zeichnungen und Fotos mit sorgfältiger Textgestaltung entscheidend.

In den letzten Jahren wurden z. B. verschiedene Lehrbücher im Sinn des sg. **Programmierten Unterrichts** gestaltet (kurze Informationssequenzen, Aufgaben für den Lernenden, Erfolgsbestätigung etc.).

Unter der Bezeichnung **"Arbeitsbücher"** werden manchmal schriftliche Materialien verstanden, welche sich z. B. auf ein bewährtes Fachbuch beziehen und dieses in seiner Funktion als Lehrstoffsammlung durch Lernzielangaben, Lernfragen, Kontrollfragen mit angegebenen Lösungen etc. didaktisch ergänzen.

Sogenannte **Arbeitsblätter** oder **Arbeitsmappen** bestehen z.B. aus einem Ringordner, in dem unbeschriftete Skizzen, Diagramme u.ä. eingeheftet sind. Die entsprechenden vollständigen Skizzen und Diagramme werden dann im Laufe der Lehrveranstaltung z. B. mit dem Overheadprojektor projiziert und der Stoff erarbeitet. Die Lernenden brauchen dabei die unvollständigen Skizzen in ihren Arbeitsblättern nur zu ergänzen und zu vervollständigen. In den Ringordner können Schreibblätter für weitere Bemerkungen eingesetzt werden, sodaß zuletzt beim Studenten eine ausführliche und komplette Mitschrift vorhanden ist.

Die Wirksamkeit und der Erfolg des Lernens aus schriftlichem Studienmaterial hängt weitgehend davon ab, wie gut die Texte gestaltet sind, anhand derer gelernt werden soll. In (12) wird die **"Verständlichkeit"** von Texten durch die Dimensionen "Einfachheit", "Gliederung-Ordnung",

"Kürze-Prägnanz" und "Zusätzliche Stimulanz" charakterisiert.

Die Dimension **"Einfachheit"** bezieht sich auf die sprachliche Formulierung, vor allem auf die Einfachheit von Satzbau und Wortwahl. Gute Textverständlichkeit wird durch kurze, einfache Sätze erreicht - lange verschachtelte Sätze sollen vermieden werden. Es sollen geläufige Wörter verwendet werden; sind Fachwörter erforderlich, sollen diese womöglich immer gleich erklärt werden.

Die Dimension **"Gliederung-Ordnung"** betrifft die Übersichtlichkeit des Textes. Beachtet werden muß einerseits die "innere", andererseits die "äußere" Gliederung und Ordnung.

Ein Text hat dann eine gute "innere" Gliederung, wenn die Sätze folgerichtig aufeinander bezogen sind, die Informationen in einer sinnvollen Reihenfolge dargeboten werden - kurz wenn der "rote Faden" deutlich sichtbar wird.

Mit der "äußeren" Gliederung und Ordnung ist gemeint, daß der Aufbau des Textes sichtbar gemacht wird. Dazu gehören die sichtbare Unterscheidung von Wesentlichem und weniger Wichtigem, z. B. durch Hervorhebungen, Unterstreichungen, Balken, Rahmen, farbige Flächen etc. Zur guten Gliederung gehört auch die übersichtliche Gruppierung zusammengehöriger Textteile (z. B. durch überschriftete Absätze), die Verwendung von gliedernden Vor- und Zwischenbemerkungen usw.

Wichtig ist auch die Schriftwahl. Schrift ist dann gut lesbar, wenn die einzelnen Buchstaben deutlich voneinander unterschieden, aber dennoch so aufeinander bezogen sind, daß leicht erfaßbare Wortbilder entstehen. Ein Wort von mittlerer Länge soll mit "einem Blick" erfaßbar sein. Ist die Schrift zu klein, so wird dem ungeübten Leser die Erkennbarkeit der einzelnen Buchstaben erschwert. Ist die Schrift zu groß, wird die Erkennbarkeit des Wortbildes schwieriger.

Je länger die Zeilen werden, desto mehr Augensprünge muß das Auge machen. Geübte Leser verkraften Zeilen mit sechzig bis siebzig Anschlägen - einem Zehn- oder Elfjährigen erschweren so lange Zeilen die Aufnahme des Stoffes.

Der Raum zwischen den einzelnen Zeilen (der sog. Durchschuß) soll so sein, daß das Auge leicht den Weg zum nächsten Zeilenbeginn findet.

Die Dimension **"Kürze-Prägnanz"** erfaßt den Sprachaufwand im Verhältnis zum Lehrziel. Gedrängte, zu kurze Darstellungen bilden ein Extrem, weitschweifige das andere. Nicht notwendige Einzelheiten, Abschweifen vom Thema, umständliche Erklärungen, Füllwörter und Phrasen sollten vermieden werden.

Mit der Dimension **"Zusätzliche Stimulanz"** wird erfasst, ob und in welchem Ausmaß der Text anregende "Zutaten" enthält. Damit sind

Maßnahmen gemeint, welche beim Leser persönliche Anteilnahme, Interesse hervorrufen sollen. Stimulierend wirken können Beispiele aus der Erlebniswelt des Lesers, witzige Formulierungen, direktes Ansprechen u. a. Bei schlecht gegliederten Texten wirkt aber ein Zuviel an "zusätzlicher Stimulanz" eher verständniserschwerend.

2.5.2 WANDBILDER UND WANDKARTEN

Wandbilder (Lehrbildtafeln) sind auf Leinwand oder Karton gedruckte, für Lehr- und Lernzwecke bestimmte Darstellungen. Das die Aktivitäten des Lehrers ergänzende Wandbild (für übliche Klassenzimmer sollte es etwa 1,5 x 1,5 m groß sein) sollte erst dann präsentiert werden, wenn der visualisierte Lehrstoff zur Sprache kommt. Nachher kann es einige Zeit im Unterrichtsraum hängen bleiben und dadurch den Lehrstoff den Schülern länger vor Augen halten. Eine dauernde "Ausschmückung" des Unterrichtsraumes mit Wandbildern bringt meistens keinen positiven didaktischen Effekt.

Wandkarten, d. i. großformatige Karten insb. für den Geografieunterricht, sind dem Maßstab entsprechend stark generalisiert und meistens von relativ grober grafischer Gestaltung, um gute Lesbarkeit auch aus größerem Abstand zu gewährleisten.

2.5.3 VERVIELFÄLTIGUNGSVERFAHREN

In Schulen und anderen Ausbildungsstätten müssen häufig verschiedene Unterlagen vervielfältigt werden. Es sind dies etwa Lehrmaterialien zu bestimmten Themen, Arbeitsblätter, administrative Unterlagen etc. Die erforderlichen Stückzahlen sind dabei meistens gering. Üblicherweise genügen einige Kopien, nur selten übersteigt der Bedarf einige wenige hundert Stück.

In diesem Abschnitt werden wir darum einige Verfahren für die Vervielfältigung von Unterlagen in kleineren Stückzahlen beschreiben. Bei den einzelnen Verfahren werden wir auch darauf hinweisen, ob sich neben der Erstellung von Kopien auf Papier auch Kopien auf durchsichtige Folien (Transparentfolien - s. Abschnitt 2.8.5 "Zur Overheadprojektion") herstellen lassen.

a) Thermokopierverfahren

Die Außenansicht eines üblichen Thermokopiergerätes zeigt Abb. 12. Das Prinzip des eigentlichen Thermokopierprozesses ist in Abb. 13 dargestellt. Ein Kopiermaterial mit wärmeempfindlicher Schicht (C) - Kopierpapier oder Transparentfolie - wird gemeinsam mit der Vorlage (B) an einem schmalen Streifen gebündelter Infrarotstrahlen hoher

Intensität vorbeigeführt.

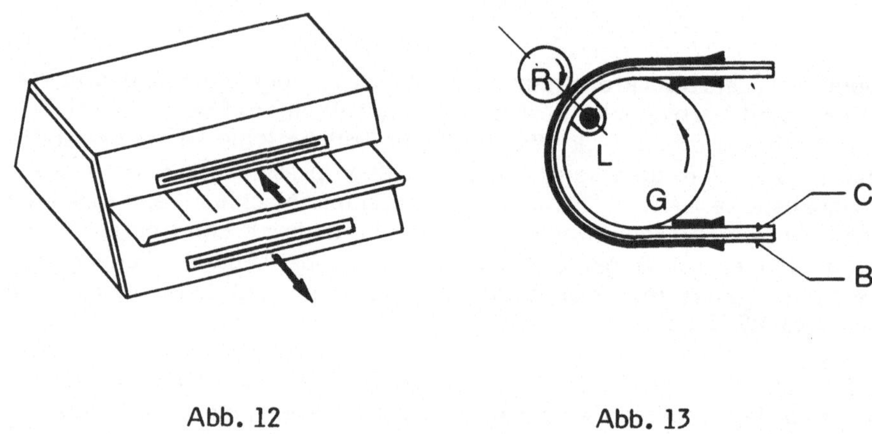

Abb. 12 Abb. 13

Als Quelle der Infrarotstrahlen (L) dient eine Infrarotlampe. Die Vorlage wird gemeinsam mit dem Kopiermaterial mit Hilfe einer Andruckrolle (R) um den Glaszylinder (G) geleitet.

Die Infrarotstrahlen durchdringen das Kopierpapier und fallen auf die zu kopierende Vorlage. Während sie von den weißen Stellen der Vorlage mit geringer Wärmeentwicklung reflektiert werden, entsteht an den schwarzen Stellen der Vorlage ein Wärmestau. Durch diesen Wärmestau, d. h. die Konzentration der Wärmeenergie an den Bildstellen, wird - je nach Verfahren - entweder Farbe erzeugt oder abgeschmolzen.

Ein Verfahren arbeitet mit speziell beschichtetem Kopierpapier bzw. mit speziellen Transparentfolien. Durch die Hitzeeinwirkung wird die wärmeempfindliche Schicht des Kopiermaterials geschwärzt bzw. pigmentiert, - eine Kopie der Vorlage entsteht. Je nach Typ der Beschichtung entsteht eine Kopie mit schwarzer Zeichnung auf weißem Grund, bei Transparentfolien auch schwarzzeichnend auf getöntem Grund, farbig zeichnend auf (schwach gleichfarbig getöntem) klarem Grund, oder farbig negativ zeichnend.

Ein zweites, das sog. Abschmelzverfahren, verwendet außer dem Kopierpapier oder der Transparentfolie noch ein Farbträgerblatt. Dieses Farbträgerblatt wird mit der Vorlage und dem Kopiermaterial gleichzeitig durch das Gerät gezogen. Dabei werden durch die Erhitzung Farbpartikel abgeschmolzen - die Kopie entsteht. Bei diesem Verfahren können - durch mehrmalige Wiederholung des Vorganges - auf dieselbe Kopie oder Folie auch verschiedene Farben abgeschmolzen werden. Ein mehrfarbiges Bild entsteht.

Aus der prinzipiellen Darstellung des Thermokopierprozesses in Abb. 13 ist ersichtlich, daß Kopiermaterial und Vorlage in geeigneter Weise aufeinandergepreßt sind, damit sie sich nicht gegeneinander verschieben können (sog. Durchlaufverfahren). Dies bedeutet, daß nur Blattvorlagen verarbeitet werden können. Vorlagen aus Büchern sind hier nicht unmittelbar kopierbar.

Wegen geringer Fähigkeit Wärme aufzustauen, werden Kugelschreiberbeschriftung, manche Tinten sowie farbige Teile der Vorlage entweder überhaupt nicht, oder nur schlecht mitkopiert. Satte schwarze Beschriftung wird gut kopiert.

Die Kopierzeit beträgt einige wenige Sekunden. Für die Erstellung einer oder einiger weniger Kopien ist dieses Verfahren daher gut geeignet. Für größere Anzahlen von Kopien sind andere Verfahren vorteilhafter.

Didaktisch vorteilhaft ist manchmal die Verwendung von sog. "Doppelzweckfolien" beim Thermokopierverfahren. Diese Folien ermöglichen es, von einer Vorlage gleichzeitig ein Transparent sowie eine Matrize für Umdrucke zu erstellen. Sinnvoll ist diese Vorgangsweise dann, wenn neben einem für die Projektion bestimmten Transparent gleichzeitig Arbeitsblätter für die Schüler hergestellt werden sollen. Die Matrize wird als "Umdruck-Vorlage" verwendet, d. h. auf einen Spirit-Umdrucker (s. weiter) gespannt und ermöglicht die preiswerte Erstellung einer größeren Anzahl von Papierabzügen.

b) Lichtpausverfahren

Dieses Verfahren stammt als sog. "Blaupausverfahren" (Verwendung von Eisensalzen) schon aus dem Jahr 1840. Seit etwa 1920 ist das, vornehmlich von der Firma Kalle, Wiesbaden, entwickelte Diazo-Lichtpausverfahren üblich.

Die zu kopierende Vorlage muß auf durchsichtigem Papier angefertigt werden. Das Kopiermaterial - Papier oder Transparentfolie - ist mit einer lichtempfindlichen Schicht aus Diazo-Verbindungen versehen.

Die prinzipielle Vorgangsweise beim Diazo-Lichtpausverfahren ist in Abb. 14 angedeutet. Die durchsichtige Vorlage wird unter einer Glasplatte mit Hilfe einer einfachen Vorrichtung - z. B. nach Abb. 14 a) - mit dem Kopiermaterial zusammengepreßt. Anschließend folgt die Belichtung (Abb. 14 b), am allereinfachsten mit Sonnenlicht. Nachdem der UV-Anteil im Tageslicht gering ist, dauert aber diese Belichtung relativ lange. Daher werden in der Praxis üblicherweise künstliche UV-Strahler (Ultraviolettstrahler), etwa Quecksilber-Hochdrucklampen oder Leuchtstoffröhren verwendet. Im Kontakt mit der durchsichtigen Vorlage werden die Diazo-Verbindungen an den bildfreien Stellen durch die UV-Strahlung zerstört. An den Bildstellen bleiben sie jedoch erhalten und können später Farbstoffe bilden. Dazu wird an die UV-Bestrahlung ein Entwicklungsvorgang angeschlossen.

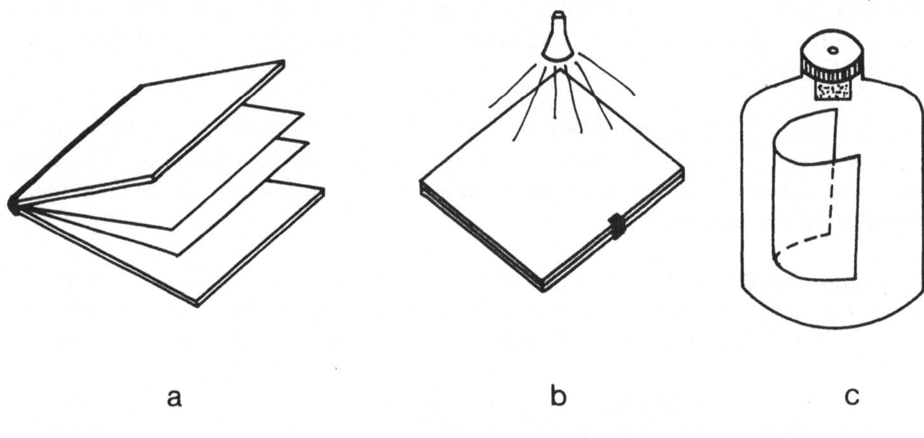

Abb. 14

Für den Entwicklungsvorgang gibt es verschiedene Möglichkeiten. Bei einfachen Einrichtungen werden Ammoniakdämpfe verwendet. Das Kopiermaterial wird in einem geschlossenen Behälter Ammoniakdämpfen ausgesetzt. In Abb. 14 c) ist dies ein einfacher Glasbehälter mit einem in Ammoniak getränkten Schwamm. Die Ammoniakdämpfe beschleunigen die Kupplung der Diazoverbindungen zu Azo-Farben.

Größere Lichtpausgeräte verwenden meist das sog. Durchlaufprinzip. Vielfach wird von Vorlage und Kopiermaterial eine große durchsichtige Trommel umschlungen, in deren Mitte ein UV-Strahler angebracht ist.

Neben den schon lange verwendeten Lichtpauspapieren sind in den letzten Jahren auch gut brauchbare Kopiermaterialien zum Herstellen von projizierfähigen Transparenten verfügbar. Ähnlich wie beim Thermokopierverfahren werden Folien "farbig auf glasklarem Grund" sowie "farbig auf getöntem Grund" angeboten.

Vorteilhaft bei Lichtpausverfahren ist die Möglichkeit der Erstellung guter Kopien mit einfachen Mitteln. Von Nachteil sind der relativ hohe Zeitaufwand, die Kosten der Diazopapiere bzw. Transparente, sowie Farbänderungen der Kopien bei längerem Lagern.

c) Elektrostatisches Kopierverfahren

Bei diesem Verfahren wird die Zunahme der elektrischen Leitfähigkeit von Foto-Halbleitern bei Belichtung ausgenützt. Das Prinzip des eigentlichen Kopierprozesses ist aus der Abb. 15 ersichtlich.

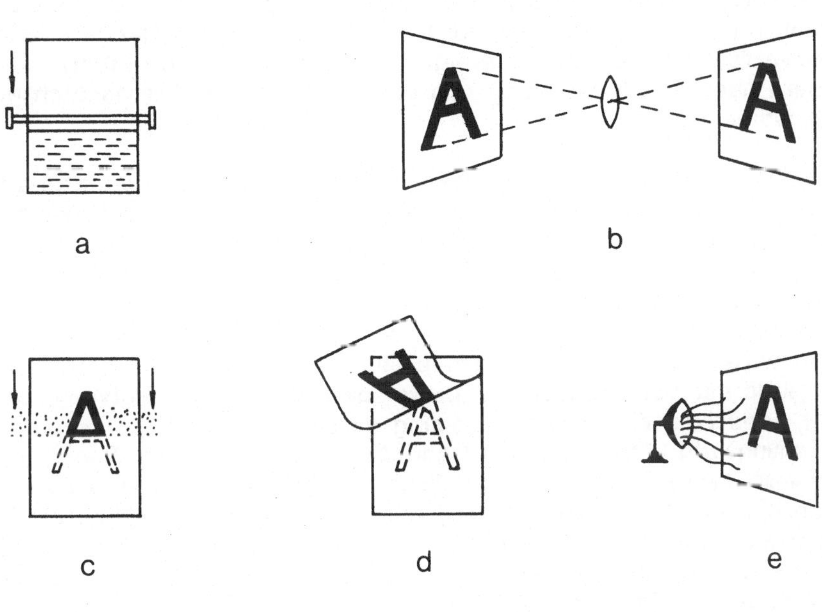

Abb. 15

Eine dünne Schicht fotoleitenden Materials (z. B. Selen-Schicht auf einer Platte oder Trommel) wird im Dunkeln elektrostatisch positiv aufgeladen. In Abb. 15 a) ist dies am Beispiel einer Platte, welche unter Drähten mit hoher elektrischer Spannung durchläuft, angedeutet. Die elektrische Ladung hält sich, solange kein Licht einfällt. Die Leitfähigkeit von Fotohalbleitern ist nämlich im Dunklen sehr gering.

In einem weiteren Schritt (vgl. Abb. 15 b) wird die elektrostatisch aufgeladene Fotohalbleiterschicht belichtet. Dies kann, wie in der Abbildung angedeutet, durch optische Projektion, aber auch im Kontaktverfahren geschehen. Durch die Belichtung steigt die elektrische Leitfähigkeit der belichteten, d. i. bildfreien Stellen - die zuvor aufgebrachte elektrische Ladung kann abfließen. Nur an den unbelichteten Stellen - diese entsprechen den Bildstellen der Vorlage -bleibt die Ladung erhalten, weil hier ja der Fotohalbleiter noch "dunkel", mithin isolierend, ist. So entsteht auf der Foto-Halbleiterschicht ein unsichtbares, ein sog. latentes, Ladungsbild der Vorlage.

Würde die Fläche nunmehr mit entgegengesetzt elektrisch aufgeladenem Farbpulver bestreut oder mit Farbflüssigkeit berieselt, so würde der Farbträger nur an den noch elektrisch aufgeladenen, dem Bild der Vorlage entsprechenden, Teilen der Fotohalbleiter-Fläche haften. Durch Einbrennen bzw. Einschmelzen würde direkt die Kopie entstehen. Solche "Direktverfahren" wurden bei einigen Geräten technisch realisiert - sie erfordern aber die Verwendung von speziellem, halbleiterbeschichteten Kopierpapier.

Beim häufig verwendeten Verfahren der **Xerografie** wird gleichfalls das elektrostatische Kopierprinzip verwendet, es kann aber auf normales Papier kopiert werden. Der prinzipiell mit den Schritten a) und b) der Abb. 15 begonnene Vorgang wird bei der Xerografie mit weiteren Schritten fortgesetzt.

Vorerst wird die Platte mit dem unsichtbaren positiven elektrischen Ladungsbild der Vorlage mit Farbpulver bestäubt. Dieses Pulver (Toner) ist mit negativer elektrischer Ladung versehen und haftet darum auf dem Ladungsbild (Abb. 15 c). Anschließend wird ein Blatt Papier oder eine transparente Folie auf die Platte aufgelegt. Dieses Kopiergut wird positiv elektrisch aufgeladen, sodaß das negative Farbpulver auf ihm haften bleibt (Abb. 15 d). Zuletzt wird das Farbpulver als nun sichtbares Abbild (Kopie) der Vorlage auf das Papier oder die Folie "aufgeschmolzen" (Abb. 15 e).

Ein "Xerox-Kopiergerät" ist stark vereinfacht in der Abb. 16 dargestellt. Auf die durchsichtige Arbeitsplatte (1) wird die Vorlage (Blatt- sowie Buchvorlagen möglich) aufgelegt. Mit (2) ist das unter der Arbeitsplatte bewegliche Belichtungssystem bezeichnet. Die gleichfalls bewegliche Projektionseinrichtung (3) wirft das Bild der Vorlage auf die Selentrommel (4). Mit (5) und (6) wird die elektrostatische Aufladung der Selenschicht bzw. des Kopiergutes durchgeführt. (7) ist die Tonerkassette mit entsprechendem Mechanismus, (8) das Papiermagazin, (9) die Einrichtung zum "Aufschmelzen" des Bildes, (10) das Ablagefach für die Kopien.

Beim "Xerox-Verfahren" kann jedes Kopiergut, sofern es sich elektrostatisch aufladen läßt, verwendet werden. Damit sind auch Transparent-Folien als Kopiermaterial möglich. Die Grundtönung der Transparente ist frei, ebenso im Prinzip die Farbkomponente des Farbpulvers. Üblicherweise sind die Kopien schwarz auf weißem Papier oder auf glasklarer Folie.

Eine neue konstruktive Entwicklung arbeitet sogar mit drei Tonern und ermöglicht die Anfertigung farbiger Kopien. Diese "Farbkopierer" stehen einstweilen nur in Kopierzentren; Farbkopien von Fotos oder Dias werden von diesen Zentren kurzfristig durchgeführt.

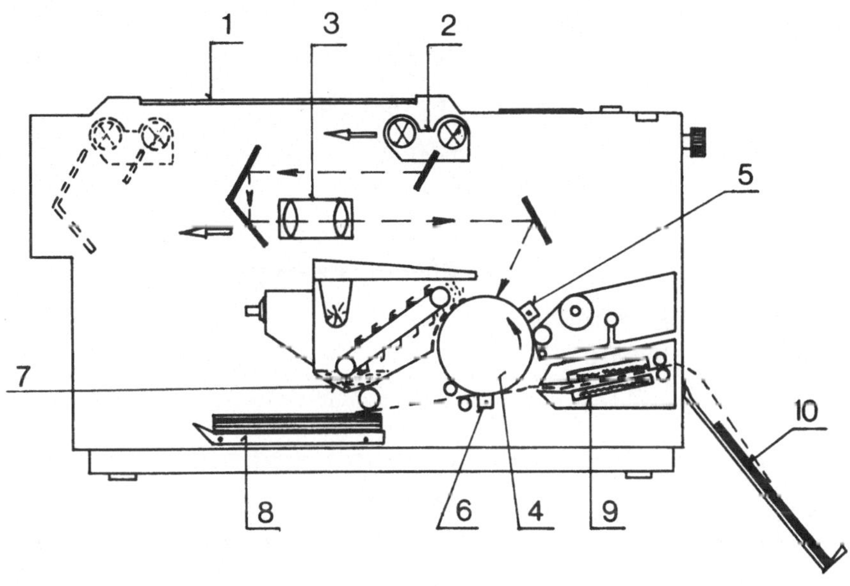

Abb. 16

Übliche, d. h. "schwarz/weiß" Kopiergeräte nach dem elektrostatischen Verfahren sind in den verschiedensten Ausführungen weit verbreitet und finden auch im Bildungsbereich sehr häufig Anwendung.

d) Umdruckverfahren

Das Prinzip dieses Verfahrens soll Abb. 17 veranschaulichen. Ein Blatt Kunstdruckpapier wird auf ein Farbblatt (Carbonblatt) gelegt und von vorne beschriftet. Durch den Druck von Stift, Schreibmaschinentypen u. ä. wird das Kunstdruckpapier von hinten genau dort eingefärbt, wo von vorn beim Beschriften Druck aufgebracht wurde. Später wird - beim Herstellen der Umdrucke - durch lösungsmittelgetränktes (saugfähiges) Papier Farbe angenommen, womit die Umdrucke entstehen.

Die Vorlage wird meistens mit Hilfe von im Handel erhältlichen Spiritcarbon-Schreibsätzen erstellt - diese bestehen aus einem Blatt Kunstdruckpapier (K) und einem Carbonbogen (C), welche an einer Querseite zusammengeleimt sind. Das Papier wird beschriftet oder bezeichnet - am besten mit einem harten Bleistift unter Anwendung von kräftigem, gleichmäßigem Druck. Bei Beschriftung mit Schreibmaschine sollte man eine Unterlage z. B. aus Zeichenpapier oder einen speziellen Plastikbogen verwenden. Die Unterlage gleicht den Nachteil einer zu weichen oder zu harten Schreibmaschinenwalze aus. Auf der Rückseite des Papiers ist die durch Einfärbung vom Carbonbogen entstehende Spiegelschrift gut sichtbar.

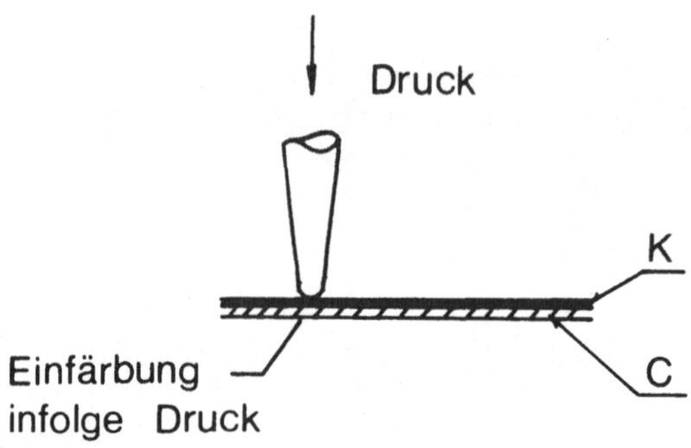

Abb. 17

Ein Vorteil des Umdruckverfahrens besteht in der Möglichkeit, daß man in einem Arbeitsgang verschiedene Farben drucken kann. Dazu legt man bei der Erstellung der Vorlage unter das Blatt Kunstdruckpapier für jede Farbe ein entsprechendes Spirit-Carbon-Blatt. Bei untergelegtem roten Carbon-Blatt werden die Bildteile eingezeichnet, welche rot auf dem Umdruck erscheinen sollen, bei untergelegtem grünen Carbon-Blatt werden die grün gewünschten Teile eingezeichnet usw. Die Vervielfältigung geschieht dann in einem Durchgang, indem die Vorlage auf die Trommel des Umdruckers gespannt und die einzelnen Abzugspapiere durch das Gerät durchgezogen werden.

Die Anordnung eines Spirit-Umdruck-Gerätes zeigt vereinfacht Abb. 18. Vom Anlegetisch (1) wird jedes Blatt Abzugspapier in das Gerät gezogen, mit einer alkoholischen Flüssigkeit (2) befeuchtet (3) und gegen die auf der Trommel (4) befestigte Vorlage (5) gepreßt. Dabei löst sich von der Spiegelschrift der Vorlage ein wenig Farbstoff ab und überträgt sich seitenrichtig auf das Abzugspapier. Die fertigen Abzüge (Umdrucke) werden in der Auffangmulde (6) des Gerätes gestapelt.

Wie wir schon erwähnt haben, können Umdruck-Vorlagen auch unter Verwendung spezieller Thermo-Spirit-Carbon-Folien mit Hilfe eines Thermokopiergerätes erstellt werden.

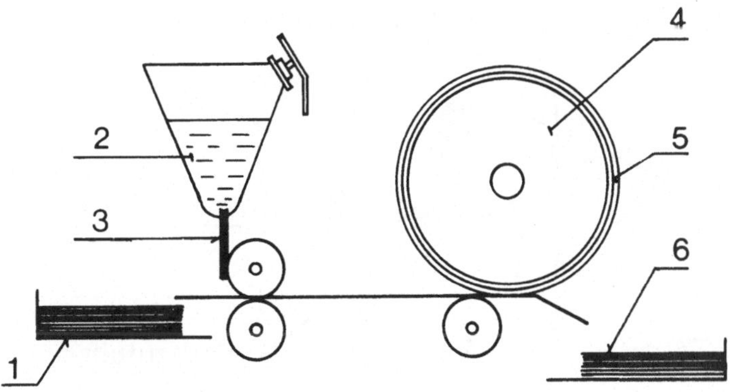

Abb. 18

e) Schablonenverfahren

Das Prinzip dieses Verfahrens ist in Abb. 19 angedeutet. Über zwei große Trommeln (1) ist ein Farbtuch (2) gespannt, welches durch zur Verteilung der Farbmasse dienende Farbwalzen (3) eingefärbt wird. Die Vorlage (Schablone) (4) besteht aus speziellem, mit Wachs beschichteten Papier, auf dem die Wachsschicht in den Bildstellen unterbrochen wurde. Die Schablone wird auf das Farbtuch gespannt. Während der Durchläufe durchdringt die Farbe die Schablone an den beschrifteten (bezeichneten) Stellen. Das Abzugspapier wird vom Anlegetisch (5) zwischen Schablone und Gegendruckwalze (6) gezogen, wobei sich die in den beschrifteten Stellen durch die Schablone dringende Farbe auf das Abzugspapier abdruckt. Die fertigen Abzüge werden in einer Auffangmulde (7) des Gerätes gestapelt.

Zur Erstellung der Vorlage - Schablone - wird ein Vervielfältigungssatz verwendet. Dieser besteht in der Regel aus drei Bögen, dem eigentlichen Schablonenpapier, einem Carbonpapier sowie einem Deck- bzw. Schutzblatt. Das Schablonenpapier ist ein spezielles Seidenpapier mit Wachsbeschichtung, welche das Eindringen der Farbe an den unbeschrifteten Stellen verhindern soll. Die Beschriftung führt man mit einem harten Schreibgerät (spezielle Schablonenschreiber oder Zeichenräder) durch. Das Schreibgerät durchbricht die Wachsschicht und schafft damit durchlässige Stellen für die Farbe . Die Schablone läßt sich auch gut mit der Schreibmaschine beschreiben - es empfiehlt sich, ohne Farbband mit gleichmäßigen Anschlägen zu schreiben. Das Carbonpapier dient dazu, auf der Rückseite des Deckblattes einen Abdruck des Geschriebenen zur Kontrolle sichtbar zu machen.

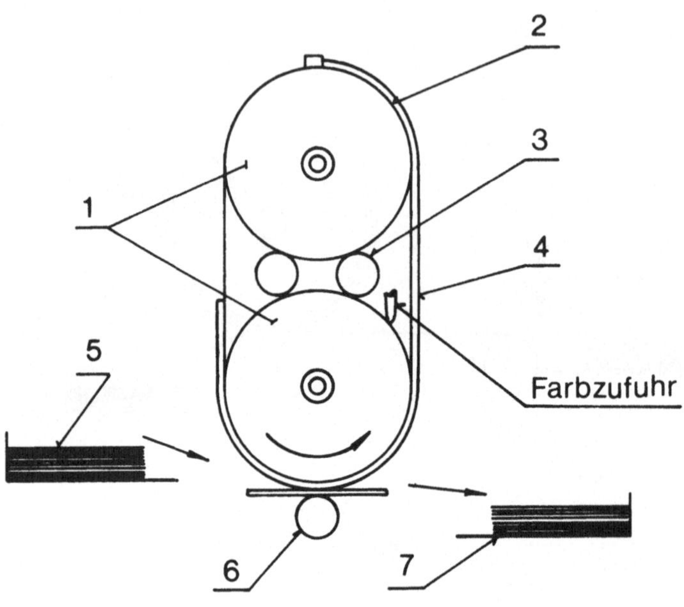

Abb. 19

Nachdem beim Schablonenverfahren die Möglichkeit ständiger Farbzuführung besteht und die Schablonen relativ fest sind, sind beachtlich höhere Auflagen als bei dem im vorhergehenden Abschnitt d) beschriebenen Spirit-Umdruckverfahren möglich. Je nach Gerätetyp sind bis zu einige tausend Kopien mit einer Schablone erreichbar.

f) Offsetverfahren

Das Offsetverfahren ermöglicht Drucke sehr guter Qualität und je nach verwendetem Druckträger auch recht hohe Auflagen. Mit Papierfolien als Druckträger können einige hundert, mit Metallfolien bis an die zehntausend Abzüge erreicht werden.

Das Prinzip des Offsetverfahrens ist in der Abb. 20 dargestellt. Dieses Verfahren basiert auf dem Phänomen, daß Wasser und Fett sich nicht mischen (Abb. 20 a). In Abb. 20 b) ist der eigentliche Druckträger - eine Papier- oder Metallfolie angedeutet. Die zu vervielfältigende Abbildung auf dem Druckträger ist fettannehmend - Abb. c). Die nichtbeschrifteten Stellen des Druckträgers sind fettabstoßend und feuchtigkeitsannehmend. Beim Druck wird der Druckträger fortlaufend angefeuchtet und eingefärbt. Dabei wird Feuchtigkeit nur von den nichtbeschrifteten (Abb. 20 d), Farbe nur von den beschrifteten (Abb. 20 e) Stellen angenommen.

Nachdem die Schrift auf dem Druckträger nicht spiegelverkehrt ist, muß der Druck über einen Zwischenträger ablaufen. Erst vom Zwischenträger erfolgt der Druck auf das eigentliche Druckpapier. Bei den meisten Offsetdruckern ist der Zwischenträger eine Walze - die stark vereinfachte Darstellung eines solchen Druckers zeigt Abb. 21. In dieser Abbildung ist mit (1) die Walze für den eigentlichen Druckträger bezeichnet, mit (2) die "Wasser-Rolle", mit (3) die "Einfärbe-Rolle". Die "Zwischenträger-Walze" (offset) trägt in unserer Abbildung die Bezeichnung (4) - zwischen dieser und der "Andruck-Walze" (6) wird das zu bedruckende Papier (5) durchgezogen. Bei manchen Kleinoffsetmaschinen ist der Zwischenträger ein besonderes Blatt Papier. Dieses Blatt wird gemeinsam mit der Druckfolie eingespannt.

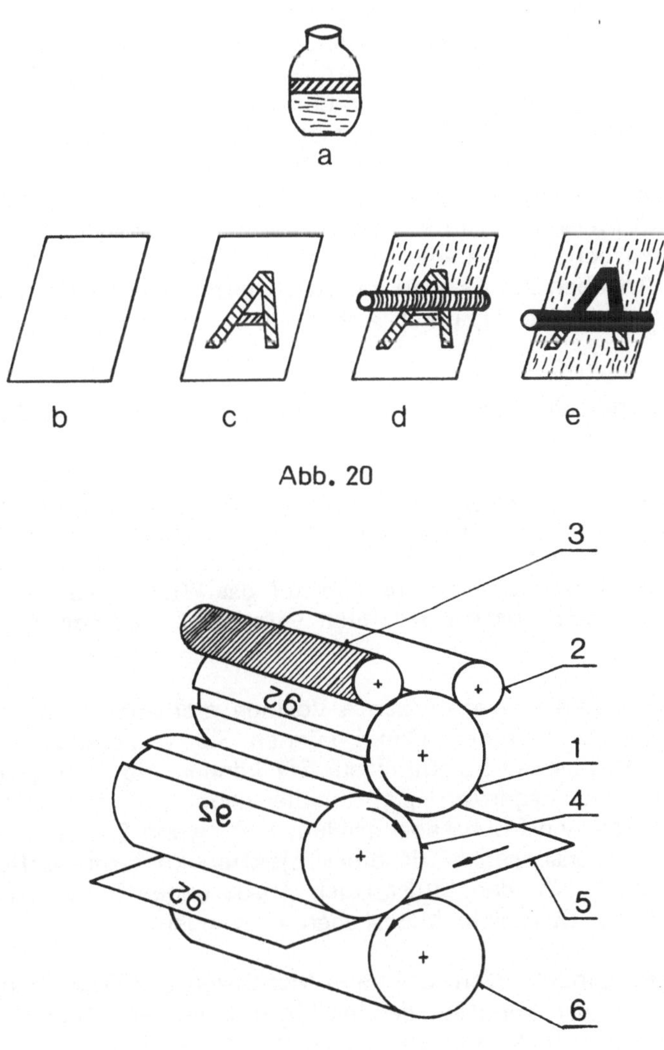

Abb. 20

Abb. 21

Die einfachsten Druckträger für Kleinoffsetmaschinen sind Papierfolien, welche eine Direktbeschriftung mit Schreibmaschinen (spezielles Farbband) oder auch Handbeschriftung mit besonderen Kugelschreibern bzw. Offset-Fettstiften oder Offset-Tusche ermöglichen.

Für größere Auflagen werden Metallfolien verwendet.

Die im Vergleich mit Umdruck- und Schablonenvervielfältigungsgeräten erreichbare bessere Qualität bei Offsetmaschinen muß durch deren höheren Preis und höhere Komplexheit erkauft werden.

g) Zur didaktischen Gestaltung von Kopiervorlagen

Fragen des Medieneinsatzes und der Mediengestaltung können sinnvoll nur aus dem unterrichtlichen Zusammenhang beantwortet werden. Bei der Gestaltung von Medien, bei der Gestaltung der eigentlichen Informationsträger - also auch bei der didaktischen Gestaltung von Kopiervorlagen - müssen alle Unterrichtsprozeß-Einflußgrößen (s. Abschnitt 1.1) beachtet werden. Die von Ihnen gestalteten Vorlagen sollen den Zielen Ihrer Lehrveranstaltung, dem Lehrstoff, den psychologischen und biologischen Merkmalen Ihrer Studenten, der vorgesehenen Lehrmethode etc. entsprechen. Dies wird von Fall zu Fall unterschiedlich sein -die folgenden Angaben zur Gestaltung von Kopiervorlagen dürfen daher nur als Anregungen, als Tips zur allgemeinen Vorgangsweise verstanden werden.

Bei der Bearbeitung von Kopiervorlagen könnten Sie etwa in folgenden Schritten vorgehen:

- **Alles Unwichtige wegschneiden.** Bei der Gestaltung der Kopiervorlage werden Sie sich häufig an vorhandene gedruckte Materialien, z. B. an Artikel und Abbildungen aus Fachzeitschriften, Prospekten u. ä. halten. Konzentrieren Sie sich auf das Wichtigste. Schneiden Sie alles, was nicht Ihren Lehrzielen entspricht, aus der Vorlagenkopie weg!

- **Montieren.** Die so vereinfachte Vorlage montieren (kleben) Sie auf ein weißes Grundblatt. Dabei können Sie verschiedene Vorlagenkopien miteinander kombinieren. Sie können die Vorlagen auch mit eigenem Text ergänzen. Achten Sie dabei auf die erforderlichen Strichdicken und Buchstabengrößen, insb. wenn Sie von Ihren Vorlagen auch Transparente für die Projektion kopieren wollen (s. Abschnitt 2.8.2 "Zu den bildseitigen Forderungen"). Für Ergänzungen können Sie z. B. Abreibebuchstaben verwenden.

- **Abdecken.** Einzelheiten, die beim Montieren und Wegschneiden nicht entfernt werden konnten, decken Sie mit weißem Korrekturlack ab. Mit Korrekturlack sollten Sie auch grobe Kanten aufgeklebter Vorlagenkopien überdecken etc.

- **Hervorheben.** Wichtige Zeichnungsteile, Merksätze u. ä. sollten Sie grafisch hervorheben. Verwenden Sie dazu z. B. Linien und Umrandungen aus selbstklebenden Abrollstreifen.

2.6 TAFELN

Wir verwenden hier absichtlich nicht den traditionellen Begriff "Schultafel", da dieser häufig noch mit der Assoziation "schwarzes Brett" verbunden ist. Moderne Tafeln (man kann sie als "Systemtafeln" bezeichnen) bilden durch ihre vielseitige Konstruktion ein wertvolles Hilfsmittel für den Unterricht.

Die Tafel erfüllt die Funktion eines Kurzzeitspeichers für visuelle Informationen, d.h. für Informationen, die nicht für längere Zeit unterrichtlich wirksam zu bleiben brauchen. Die Tafel ist eines der einfachsten Mittel für den Lehrenden, sein gesprochenes Wort durch grafische Darstellungen zu unterstützen.

Zu den Vorteilen der Tafel gehören z. B. neben ihrer Dauerhaftigkeit die einfache Handhabung, die Möglichkeit des augenblicklichen Einsatzes ohne Verdunkelung, ohne Vorbereitung elektrischer Anschlüsse etc.

Von Nachteil ist bei der Tafel, daß sich der Lehrende beim Schreiben von den Adressaten abwenden muß, ein erläuterndes Besprechen während des Schreibens auf der Tafel ist schwierig.

2.6.1 ZU DEN TAFELARTEN

Bei den üblichen Tafelausführungen ist auf einer Tragkonstruktion (etwa verleimte Spezialplatten mit Hohlzellenfüllung und Rahmen) als eigentliche Schreibfläche eine **Lack-** oder **Kunststoffschicht** aufgetragen.

Auf der Tragkonstruktion werden manchmal z. B. auch **Emailflächen** oder **Glasflächen** montiert. Bei den immer häufiger verwendeten Tafeln mit Glasoberfläche werden spezialangefertigte Glasplatten verwendet, welche auf der Rückseite mit nichtglänzendem Farbstoff behandelt werden. Auf der Rückseite können auch verschiedene Lineaturen angebracht werden - diese sind, ebenso wie der Farbhintergrund, geschützt gegen Abnutzung. Die gleichmäßige Oberflächenrauhung der Glasfläche ermöglicht einen deutlichen, farbintensiven Kreidestrich. Für die Schreibfläche werden meistens ruhige, dunkle Farben bevorzugt. Diese ergeben mit hellen Kreidefarben einen subjektiv angenehmen Eindruck. Aber auch weiße Tafeloberflächen kommen in Frage - selbstverständlich bei schwarzer oder anderer passender Beschriftung.

Manche Tafelausführungen haben neben der Beschreibbarkeit noch den Vorteil der Haftung. **Hafttafeln** werden mit verschiedenen Oberflächen gefertigt.

Bei sogenannten **Tuchtafeln** besteht die Haftwirkung auf der Haftfähigkeit von angerauhten Materialien (Sandpapier, Filz, Flanell) an der flanellartigen Tafeloberfläche.

Magnettafeln haben als Haftgrund eine dauermagnetische, d.i. magnetisierte Fläche, auf welcher eisenhaltige Gegenstände haften. Von Lehrmittelherstellern werden eisenhaltige und eisenbeschichtete Papiere und Folien angeboten, aus denen verschiedene Figuren ausgeschnitten werden können, mit denen auf der Tafel manipuliert werden kann. **Magnethafttafeln** haben als Haftgrund Stahl- oder Eisenbleche und sind dadurch Haftgrund für Permanentmagnete, spezielle Magnetpapiere etc.

Bei **fest montierten Tafeln** sollte die Möglichkeit gegeben sein, die Tafelblätter so zu bewegen, daß sie bequem und voll ausgenützt werden können (Berücksichtigung nicht nur der Lehrer-, sondern auch der Schülergröße). Vorteilhaft ist es, wenn sich die Tafelblätter nicht nur vertikal, sondern auch horizontal verschieben lassen. Dies ermöglicht eine sinnvolle Einbindung von Projektionsflächen in die Tafelordnung (bei Bedarf werden z.B. die Tafelflächen auseinandergezogen und die Projektionsfläche erscheint). Wichtig ist es, daß Tafeln und Projektionsfläche gleichzeitig und ohne gegenseitige Beeinträchtigung eingesetzt werden können.

Fahrbare Tafeln (in der Regel kleinere Schreibfläche auf einfachem Gestell mit kleinen Rädern) ermöglichen eine flexible Unterrichtsgestaltung. Man kann sie z. B. einfach bei Gruppenunterricht einsetzen, man kann je nach Bedarf eine oder mehrere Tafeln aufstellen und so die benötigte Tafelfläche realisieren, etc.

Eine spezielle, überwiegend in der betrieblichen Ausbildung verwendete Tafelart bildet der **flip-chart.** Es ist dies im Prinzip ein überdimensionierter Papierblock (etwa 70 x 100 cm), der in einem relativ leicht transportierbaren, freistehenden Stativ (Staffelei) aufgehängt ist. Die Papierblätter sind meistens mit einer Klemmleiste befestigt, so daß sie über die Oberkante der Staffelei umgeschlagen werden können.

Diese Tafelart ermöglicht die Darbietung **vorher** vorbereiteter Zeichnungen. Bei sich häufiger wiederholenden Präsentationen von Serien von Bildblättern kann die Verwendung von flip-charts einige Vorteile bringen.

2.6.2 ZUM EINSATZ DER TAFELN

Um die Schrift auf der Tafel gut lesen zu können, ist eine, vom Beobachterabstand abhängige, minimale Schriftgröße erforderlich. In Abb. 22 wird eine Empfehlung angegeben.

Es ist empfehlenswert, die Tafelfläche (insbesondere bei großen Tafelanordnungen, wie z. B. in Hörsälen) in Felder zu unterteilen, die in ihren Proportionen dem Seitenformat der Studentenhefte entsprechen. Damit wird einerseits das Mitschreiben erleichtert (z. B. lange Gleichungen finden in einer Zeile vielleicht auf der Tafel, nicht aber im Heft des Studenten Platz), andererseits der Text übersichtlicher.

Es ist ebenfalls empfehlenswert, z. B. den linken Bereich der Tafel für die den Text gliedernden Überschriften, Hauptpunkte, Thesen, usw. zu reservieren. Wird weiterer Tafelplatz benötigt, läßt man diesen links angeordneten Textteil stehen und wischt nur die weitere Fläche ab. Unterstreichungen, Aufteilung des Textes, Verwendung von Farbkreiden etc. dienen (soweit sie nicht übertrieben eingesetzt werden) einer besseren Übersicht und Klarheit des Tafelbildes. Womöglich soll das Tafelbild nur die wichtigsten Informationen beinhalten; Stichworte können lange Sätze ersetzen, Skizzen sagen manchmal genausoviel wie eine detaillierte hochentwickelte Zeichnung.

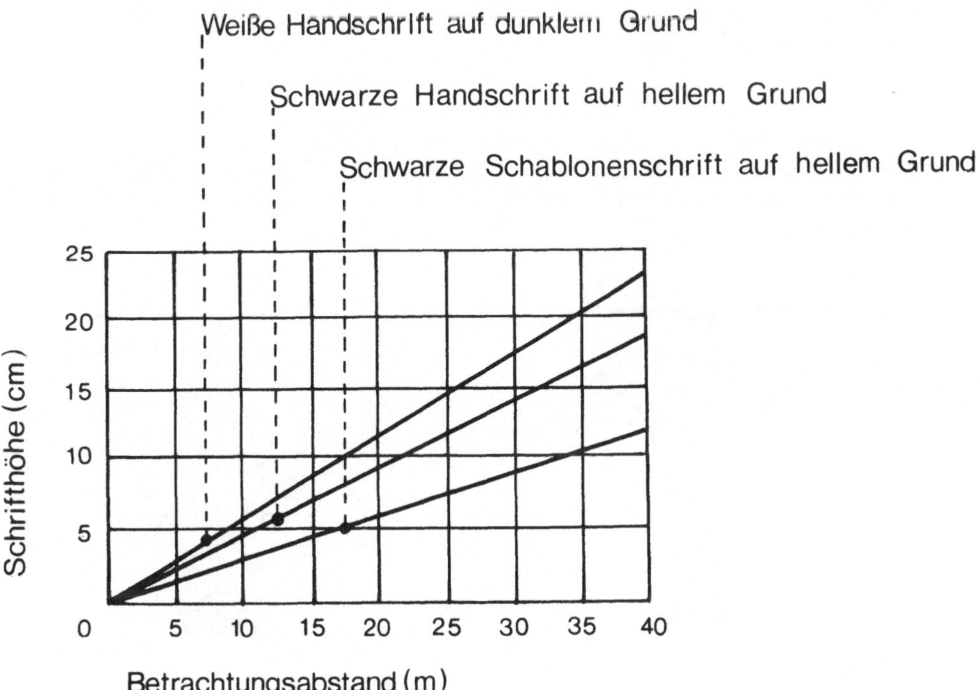

Abb. 22

Hafttafeln bieten zusätzlich einen gewissen Überraschungseffekt, welchen der schrittweise Auf- bzw. Abbau der einzelnen Darstellungselemente enthält. Der Lehrende kann neben der Tafel stehen und die richtige Figur im richtigen Augenblick am vorgesehenen Ort auflegen.

Eine Projektionsfläche als integraler Bestandteil der Tafelanordnung erhöht die didaktischen Kombinationsmöglichkeiten.

2.7 PROJEKTIONSFLÄCHEN

Für die Qualität der optischen Projektion, ganz gleich, ob es sich um Filmprojektion oder um Dia-, Overhead- oder Epiprojektion handelt,bildet die verwendete Projektionsfläche eine wichtige Einflußgröße. Sie soll den vom Projektor auf sie ausgestrahlten Lichtstrom möglichst verlust- und verzerrungsfrei auf die Zuschauer zurückwerfen.

2.7.1 ZU DEN ARTEN VON PROJEKTIONSFLÄCHEN

Die weitaus häufigste Art der optischen Projektion ist in Abb. 23 dargestellt; Projektor und Zuschauer befinden sich auf der gleichen Seite der Projektionsfläche. Nach den Reflexionseigenschaften unterscheiden wir **diffus-reflektierende** (Abb. 23 a) und **gerichtet-reflektierende** (Abb. 23 b) Flächen.

Diffus reflektierende Projektionsflächen ermöglichen einen breiten Beobachtungswinkel. Gerichtet reflektierende Flächen werfen das Licht gebündelt zurück - gute Sicht (mit größerer Helligkeit als bei Diffus-Flächen) haben aber nur die Zuschauer, die nicht weit vom Bildmittenstrahl sitzen.

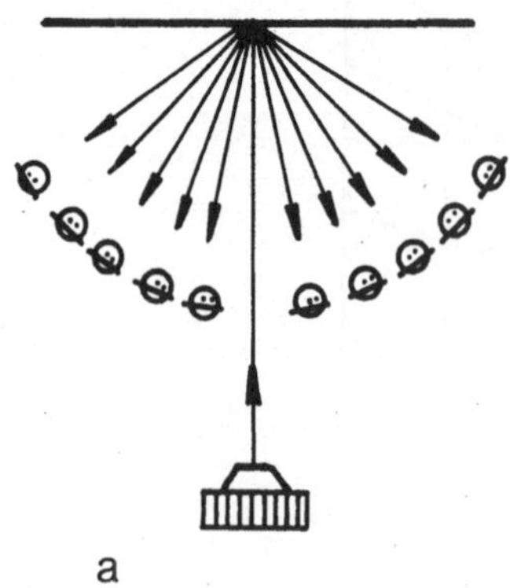
a

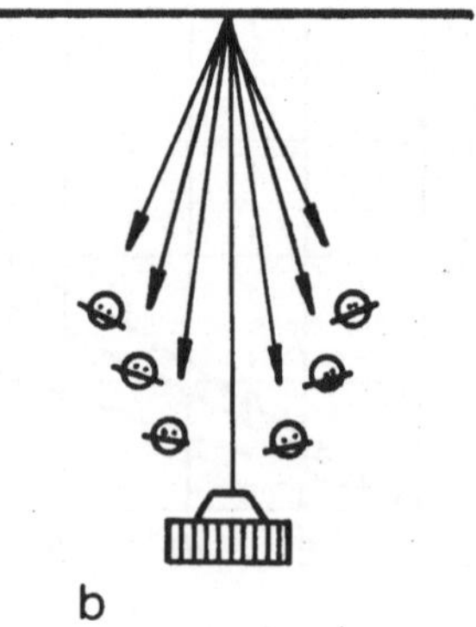
b

Abb. 23

Die Abhängigkeit der Bildhelligkeit vom seitlichen Betrachtungswinkel für verschiedene Projektionsflächen wird üblicherweise in der in Abb. 24 angedeuteten Form dargestellt. Auf die senkrechte Achse wird der relative Reflexionsgrad aufgetragen, d. h. die Reflexion wird in bezug auf ein bestimmtes Material ausgedrückt. Als Bezugswert wird meistens die Reflexion einer Bariumoxyd-Platte (Barytweiß) mit 100 % angenommen. Auf die waagrechte Achse wird der Betrachtungswinkel aufgetragen, wobei als Ausgangsrichtung die Bildwandnormale (0) genommen wird.

Aus der Abb. 24 ist leicht zu entnehmen, daß z. B. die mit 1 bezeichnete Kurve einer Projektionsfläche entspricht, bei welcher die in der Richtung der Projektionsachse sitzenden Zuschauer das Bild mit großer Helligkeit sehen können. Die Reflexion beträgt hier mehr als das Vierfache der Reflexion bei Barytweiß. Demgegenüber würden aber alle Zuschauer, welche sich außerhalb eines Bereiches von etwa±20° befänden, stark benachteiligt sein, da hier die Reflexion der gegebenen Projektionsfläche unter 100% absinkt. Diese Projektionsfläche gehört zu den stark gerichtet reflektierenden. Die Projektionsflächen mit den Kennlinien 3 und 4 strahlen das Licht in einem breiten Winkel relativ gleichmäßig ab, es handelt sich demnach um diffus reflektierende Flächen.

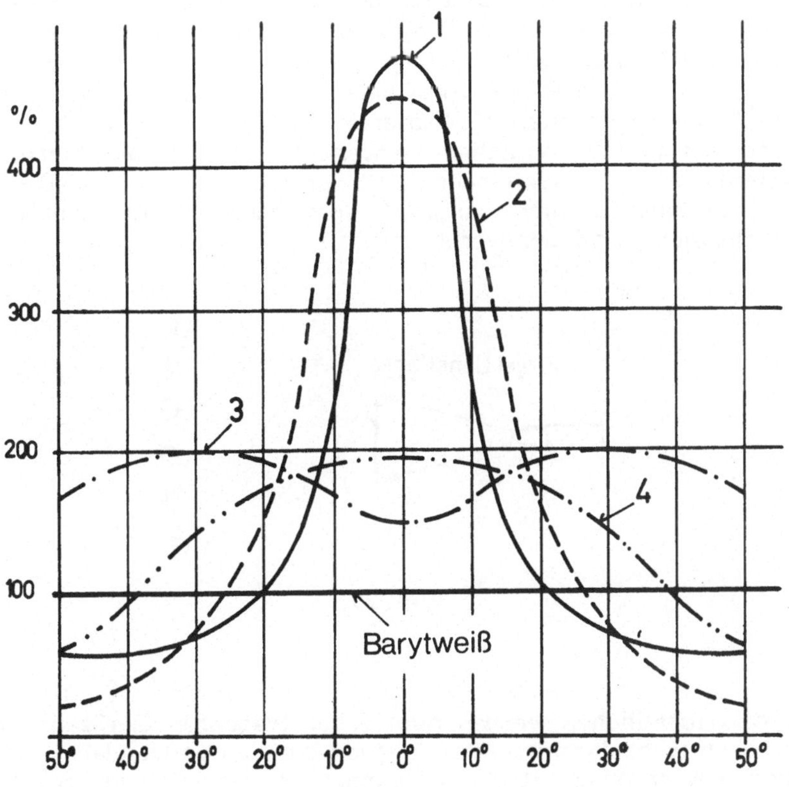

Abb. 24

Die konkrete Auswahl der Projektionsfläche sollte, insbesondere bei größeren Unterrichtsräumen, vom Spezialisten - Unterrichtstechnologen getätigt werden. Für einfache Fälle gibt es folgende Faustregel:

- **Diffus reflektierende Projektionsflächen sind im allgemeinen für breitere Räume vorzuziehen**
- **Gerichtet reflektierende Flächen sind besser für lange und schmälere Räume geeignet**

In der Regel wird in verdunkelten oder wenigstens verdämmerten Räumen projiziert. Manchmal ist die Bildprojektion auch bei Tageslicht erwünscht. Neben bestimmten Projektoren (z. B. "Overheadprojektoren", auf die wir noch zu sprechen kommen werden) können hier auch sg. **Hellraum**-Projektionsflächen behilflich sein.

Es gibt z. B. Projektionsflächen, die mit feinen, gleichmäßigen Rillen versehen sind. Seitlich einfallendes Licht wird von den erhöhten Stegen der Rillen teilweise wieder seitlich reflektiert und dringt nur wenig in die Täler der Rillen ein, sodaß in diesen ein relativ annehmbares Bild entsteht. Manchmal werden auch gewölbte Projektionsschirme eingesetzt.

Ein anderer Lösungsansatz besteht darin, daß das Bild von hinten auf eine matte, lichtdurchlässige Projektionsfläche geworfen wird. Diese als Rückprojektion bezeichnete Vorgangsweise ist in der Abb. 25 prinzipiell angedeutet. Die Projektionsfläche wird hier zwischen Projektor und Zuschauer angeordnet, als Material werden Mattglasscheiben oder lichtdurchlässige Plastikflächen verwendet. Diese Projektionsflächen reflektieren seitlich auffallendes Licht nur relativ wenig, sodaß Fremdlicht die Bildqualität nicht zu stark vermindert. Durchleuchtung mit Fremdlicht muß vermieden werden.

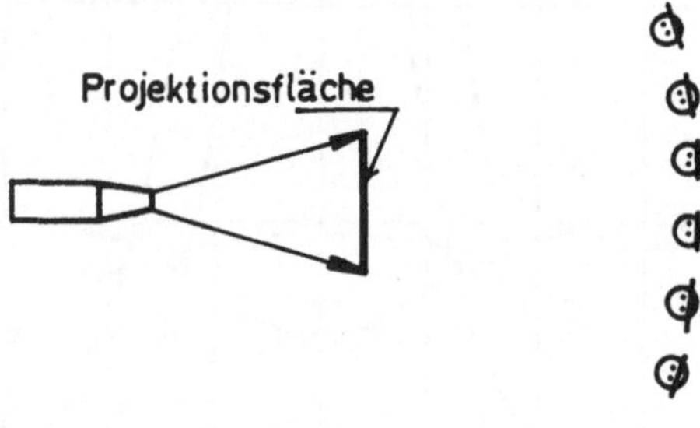

Abb. 25

Rückprojektionsflächen werden häufig bei tragbaren Geräten oder in Mediotheken (Einzelarbeitsplätze - study-carrels) verwendet. Eine entsprechende Anordnung mit Umlenkspiegel ist prinzipiell in der Abb. 26 angedeutet.

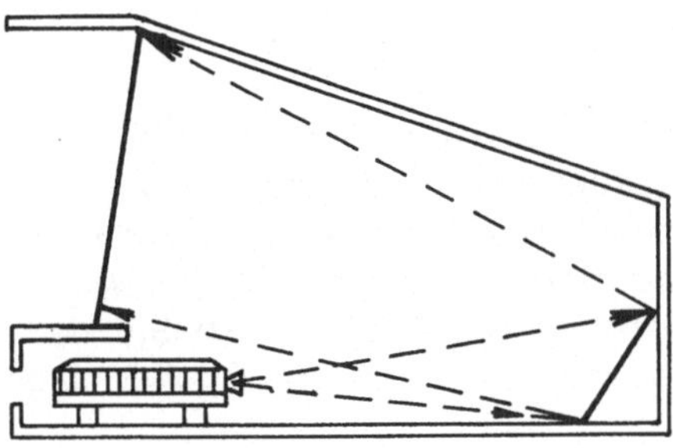

Abb. 26

2.7.2 ZUM EINSATZ VON PROJEKTIONSFLÄCHEN

Die konstruktiv einfachste Form von Projektionsflächen ist die z.B. von Geografie-Wandkarten bekannte. Hier wird die Projektionsfläche einfach an der Tafel oder am Kartenständer aufgehängt. Häufig werden auch durch Federzug aufrollbare Projektionswände verwendet, die in einem Staubschutzkasten untergebracht sind. Modelle mit Spannvorrichtungen (z.B. Kreuz- oder Scherenspreize) gewährleisten die Planlage der Projektionsfläche. Vorteilhaft sind fest installierte Projektionsflächen. Immer häufiger verwendet werden mit Schultafeln kombinierte Projektionsflächen.

Für eine zufriedenstellende Bildprojektion ist u.a. die richtige gegenseitige Anordnung des Projektors und der Projektionsfläche erforderlich. Mit dieser Problematik werden wir uns, im Zusammenhang mit der erforderlichen Bildgröße, der Gestaltung der Betrachterfläche u.a., ausführlicher im nächsten Kapitel befassen.

Vorerst aber wollen wir noch kurz eine didaktisch interessante Projektionsmöglichkeit, die sog. **Vergleichsprojektion**, erwähnen. Didaktisch ist es vorteilhaft, mehrere, vom Lehrinhalt her miteinander eng verknüpfte bildliche Darstellungen gleichzeitig nebeneinander darzubieten. Dadurch wird dem Lernenden die Möglichkeit zu einer **vergleichenden** Betrachtung gegeben. Reguläres und anomales Verhalten, Gesamt- und Teildarstellungen, komplexe und vereinfachte Darstellung von Gegenständen etc. sind sinnvoll in einer optischen Gegenüberstellung, d.h. nebeneinander, zu zeigen. Vorteilhaft kann die Projektion einer Aufgabenstellung bei gleichzeitiger Projektion einer guten und schlechten Lösung sein, usw. Mit der Vergleichsprojektion im Unterricht befaßt sich u.a. V. ASCHOFF in (3).

KONTROLLFRAGEN

Diese Fragen sollen Sie zum Überdenken der behandelten Problematik anregen und Sie evtl. auf bestimmte Probleme oder Gedanken aufmerksam machen. Bemühen Sie sich, bitte, die Fragen womöglich ausführlich zu beantworten. Vergleichen Sie danach Ihre Antworten mit den am Ende des Buches angedeuteten Lösungen.

K 1 Um zu verhindern, daß die elektrische Stromstärke gefährlich anwächst, werden ins Lichtnetz Sicherungen eingebaut. Diese Sicherungen unterbrechen den elektrischen Stromkreis, wenn eine bestimmte Stromstärke überschritten wird.

Sie wollen im Unterricht die Wirkungsweise einer üblichen Schmelzsicherung erklären. Welche der bisher angeführten Medien würden Sie zur Unterstützung Ihrer verbalen Erklärung verwenden?

K 2 Mit der äußeren Gliederung und Ordnung von Texten ist gemeint, daß der Aufbau des Textes sichtbar gemacht wird. Nennen Sie bitte mindestens fünf Maßnahmen, welche die sichtbare Unterscheidung von wesentlichen und weniger wichtigen Textteilen ermöglichen.

K 3 Neben Vervielfältigungsverfahren, bei denen Kopien direkt von einer Vorlage erstellt werden, sind auch viele Verfahren bekannt, bei denen Kopien durch den Umweg über einen Druckträger entstehen. Nennen Sie bitte wenigstens drei Vervielfältigungsverfahren, welche mit Druckträgern arbeiten.

K 4 Bei manchen Vervielfältigungsverfahren lassen sich Kopien sowohl auf Papier als auch auf durchsichtige Folien erstellen. Kopiergeräte, welche dies ermöglichen,werden häufig auch zur Herstellung von Transparentfolien für die Overheadprojektion verwendet. Nennen Sie bitte mindestens drei Vervielfältigungsverfahren, welche die Herstellung von Overhead-Transparenten ermöglichen.

K 5 Sie unterrichten in einer üblichen Schulklasse. Die letzte Schülerreihe ist von der Tafel etwa 9m entfernt. Die Tafelfläche ist dunkelgrün, zum Schreiben verwenden Sie eine übliche weiße Kreide.

Mit wie großen Buchstaben mindestens müssen Sie die Tafel beschreiben, damit auch die Schüler in den letzten Reihen ohne Anstrengung den Tafeltext lesen können?

K 6 Die Vergleichsprojektion bildet bei der Darbietung vieler Lehrstoffe ein nützliches Hilfsmittel.

Beschreiben Sie, bitte, das Prinzip der Vergleichsprojektion und nennen Sie einige Beispiele (womöglich aus Ihren eigenen Unterrichtsfächern) für die Verwendung dieser Projektion.

2.8 OPTISCHE PROJEKTION

Der Erfolg des Lehr- und Lernprozesses hängt neben der richtigen Auswahl der visuellen Lehrinhalte auch von den Darstellungsmöglichkeiten und Bedingungen ab. Visuelle Lehrinhalte können, unabhängig von ihrem didaktischen Wert, die Aufgabe der Wissensvermittlung nur dann zufriedenstellend erfüllen, wenn sie von den Adressaten unbehindert und mit allen bildwichtigen Details wahrgenommen werden können.

Um eine womöglich mühelose Wahrnehmung projizierter Bilder zu sichern, muß eine Reihe von Forderungen erfüllt werden; wir können global zwischen **raumbedingten, bildseitigen** und **objektseitigen** Forderungen unterscheiden. Optimale Betrachtungsergebnisse sind nur bei gleichzeitiger Einhaltung aller Forderungen zu erwarten. Herstellungsbedingungen für Projektionsvorlagen, Projektions- und Sichtbedingungen müssen ein aufeinander abgestimmtes System bilden.

Bevor wir uns den einzelnen Projektoren (objektseitige Forderungen) zuwenden, wollen wir kurz die raumbedingten und bildseitigen Forderungen besprechen.

2.8.1 ZU DEN RAUMBEDINGTEN FORDERUNGEN

Der Unterrichtsraum soll so gestaltet sein, daß visuelle sowie auditive Informationen von den Adressaten gut aufgenommen werden können. Visuelle Lehrinhalte können nur dann gut wahrgenommen werden, wenn alle Teilnehmer im sog. **Sichtbereich** ihre Zuschauerplätze haben. Als Sichtbereich eines Unterrichtsraumes wird die Fläche verstanden, in dem jedem Zuschauer optimale Sichtverhältnisse geboten werden.

In einschlägigen Untersuchungen wurden vorerst Randbedingungen festgelegt, welche die "optimalen" Sichtverhältnisse definieren. Von diesen Randbedingungen ausgehend wurden die Begrenzungslinien des Sichtbereiches berechnet. Diese Berechnungen sind z. B. in den Arbeiten von ASCHOFF (2) oder von MELEZINEK (16) angeführt. Wir werden hier nur die vereinfachten Ergebnisse, gewissermaßen Faustregeln für den praktizierenden Lehrer, zusammenfassen.

Der resultierende Sichtbereich für die optische Projektion von Steh- und Laufbildern auf eine ebene Projektionsfläche ist in Abb. 27 vereinfacht dargestellt.

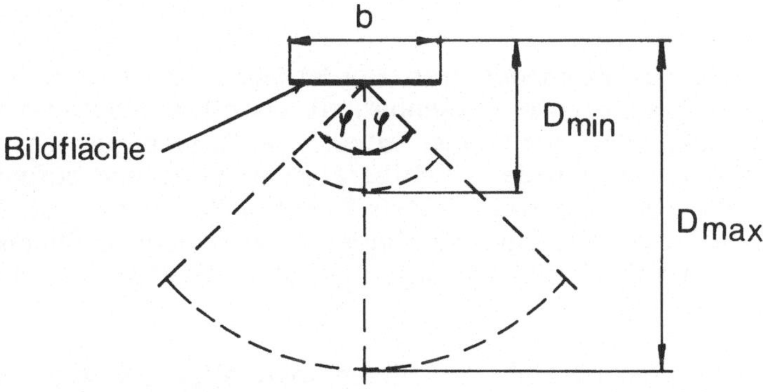

Abb. 27

Der Sichtbereich ist durch vier Begrenzungslinien, eine **vordere** (D_{min}) eine **hintere** (D_{max})und zwei **seitliche** (φ), umgrenzt. Für die Abmessungen des Sichtbereichs gelten folgende vereinfachte Werte:

$$D_{min} = 2\ b$$

$$D_{max} = 6\ b$$

$$\varphi = 45^{\circ}$$

Mit "b" ist dabei die Breite des projizierten Bildes bezeichnet.

Aus den angegebenen Faustregeln ist z. B. ersichtlich, daß, wenn Sie in Ihrem Unterricht etwa Dias so projizieren, daß die Breite des projizierten Bildes b = 1,5m beträgt, die in der hintersten Reihe sitzenden Schüler nicht weiter als etwa D_{max} = 6b = 6 x 1,5m = 9m von der Projektionsfläche entfernt sein sollten.

Als ergänzendes Merkmal sollte gelten, daß die Unterkante des projizierten Bildes womöglich hoch über der Oberkante des Podiums liegen soll. Bei dieser Anordnung wird der Lehrende von den Lichtstrahlen des Projektors nicht geblendet und verdeckt nicht die Sicht für die Zuschauer.

2.8.2 ZU DEN BILDSEITIGEN FORDERUNGEN

Die Einhaltung der raumbedingten Forderungen bildet eine wichtige Voraussetzung für die gute Erkennbarkeit visuell angebotener Lehrinhalte, reicht aber allein nicht aus. So nützt z. B. eine gut angeordnete Projektionsfläche und ein dem Sichtbereich entsprechend aufgestelltes Gestühl wenig, wenn die projizierten Bilder selbst nicht gut erkannt werden können. Die dargebotenen Bilder können etwa unübersichtlich gestaltet sein, die Strichdicke zu klein gewählt, die Buchstabenhöhe zu gering sein etc.

Für die gute Erkennbarkeit der Bilder inkl. aller wichtigen Details müssen u. a. auch die eigentlichen dargebotenen Bilder bestimmten Forderungen gerecht werden, wir sprechen von **"bildseitigen"** Forderungen.

Visuelle Darstellungsarten sind vielfältiger Natur, wir wollen uns hier auf Grafiken beschränken - auf sog. Schaubilder im Sinne von einfachen Zeichnungen wie Tabellen, Kurvendiagrammen, Stabdiagrammen etc.

Als kleinstes Detail dieser Darstellungsarten, das noch innerhalb des Auflösungsvermögens des menschlichen Auges liegen muß, wollen wir von der **Strichdicke** d ausgehen. Die Überlegungen bzw. Berechnungen zur minimalen Strichdicke d sowie zur **minimalen Buchstabenhöhe** h sind z. B. bei A. MELEZINEK (14) zu finden. Wir wollen hier nur die vereinfachten Ergebnisse angeben:

$$d = 2‰\, b$$

$$h = 2\%\ b$$

Die Dicke eines Striches muß also mindestens 2 Promille der Bildbreite b, die Buchstabenhöhe mindestens 2 Prozent der Bildbreite betragen, wenn die Schrift bzw. die Zeichnungen auch vom hinteren Ende des Sichtbereiches noch erkannt werden sollen.

Für ein projiziertes Bild der Breite b = 2m sollte die Strichdicke also mindestens 4mm und die Buchstabenhöhe mindestens 4cm betragen.

Die angegebenen Strichdicken und Buchstabenhöhen für projizierte Bilder gelten auch für die Erstellung von Vorlagen für Dias, Filme etc. Als Bezugsgröße wird dabei nicht die Breite des projizierten Bildes, sondern die Breite der Bildvorlage genommen. In der folgenden Tabelle sind, unseren Faustregeln entsprechend, Strichdicken und Schriftgrößen

(Höhen der großen Buchstaben) für verschiedene quergestellte DIN-Vorlagenformate zusammengestellt.

	DIN A 1 =85x60cm	DIN A 2 =60x42cm	DIN A 3 =42x30cm	DIN A 4 =29,7x21cm
Strich-dicke (mm)	= 1,7	= 1,2	= 0,8	= 0,6
Buchstaben-höhe (mm)	= 17	= 12	= 8	= 6

Wenn Sie also für Ihren Unterricht z. B. ein einfaches Dia erstellen wollen und die entsprechende Vorlage für dieses Dia (von dieser Vorlage werden Sie das Dia fotografieren) auf ein Zeichenblatt mit dem Format DIN A1 quergestellt zeichnen wollen, müssen Sie mit einer Strichdicke von mindestens 1,7mm und mit einer Buchstabenhöhe von mindestens 17mm arbeiten.

Sind beim Herstellen von Vorlagen farbige Darstellungen vorgesehen, müssen die Strichdicken und Buchstabenhöhen mit Rücksicht auf gute Erkennbarkeit der einzelnen Farben gegenüber schwarz vergrößert werden. Empfohlen werden folgende Multiplikationsfaktoren:

Farbe	Multiplikationsfaktor
Schwarz	1
Rot	1,25
Blau	1,25
Gelb	1,5

In der Praxis empfiehlt es sich, jede Vorlage noch vor dem Fotografieren auf gute Erkennbarkeit hin zu überprüfen. Die einfachste Kontrolle besteht in der Prüfung der Bildvorlage aus einer Entfernung, die dem größten Betrachtungsabstand bei der späteren Projektion proportional entspricht. Bei dieser Prüfung werden die Verhältnisse bei der Projektion nachgebildet. Anstelle der wirklichen Betrachtung des projizierten Bildes aus dem größten zulässigen Abstand D_{max}= 6b wird die Bildvorlage aus einer entsprechend kürzeren Entfernung direkt betrachtet. Kann z. B. ein Normalsichtiger eine quergestellte DIN-A4-Bildvorlage aus etwa 2 Meter (genauer 6 x 30 = 180cm) Abstand in allen Einzelheiten gut erkennen, dann ist die Vorlage geeignet.

Die ungefähren Prüfabstände für quergestellte Vorlagen einiger wichtiger Formate sind in der folgenden Tabelle zusammengefaßt:

Format	A 1	A 2	A 3	A 4	A 5	A 6
Prüfabstand	5 m	3,5 m	2,5 m	2 m	1,2 m	0,9 m

Achten Sie, bitte, bei der Erstellung von Vorlagen auf **die Übersichtlichkeit**! Für hervorzuhebende Teile der Bilder sollen Strichdicke und Buchstabenhöhe gegenüber den Angaben in unserer Tabelle angemessen vergrößert werden. Im allgemeinen sollten Sie Ihre Bilder womöglich nie so vollschreiben, wie es die Faustregeln für die Strichdicke und Buchstabenhöhe ermöglichen, sondern **pro Zeile nicht mehr als etwa sechs Wörter** und **pro Bild nicht mehr als etwa acht Zeilen** vorsehen. Bei größeren Textmengen wird das Bild unübersichtlich.

Ein Schaubild soll so angelegt sein, daß auf einen Blick das Wesentliche erkennbar ist. Überschrift und Kernpunkt der Themen hervorheben! Womöglich wenig geschriebenen Text - kurze Sätze, eher nur Stichworte!

Die gesamte grafische Gestaltung muß erlernt werden. Bei kritischer Betrachtung bekommen Sie relativ schnell einen Blick für die richtige Darstellung.

2.8.3 ZU DEN OBJEKTSEITIGEN FORDERUNGEN

Nachdem wir einige Hinweise zu den raumbedingten und bildseitigen Forderungen bei der klassischen optischen Projektion (für die TV-Projektion gelten andere Bedingungen, siehe z. B. (14) besprochen haben, wollen wir uns den **objektseitigen** Forderungen zuwenden. Diese Forderungen variieren stark mit den verschiedenen Geräten und Gerätetypen. Wir werden darum die einzelnen Geräte in der Folge sukzessive besprechen. Vorher wollen wir aber noch ein gemeinsames Problem andeuten, und zwar die Aufstellung der Projektoren.

Visuelle Lehrinhalte können nur dann zufriedenstellend mit Hilfe optischer Projektion vermittelt werden, wenn

- Projektoren mit Objektiven geeigneter Brennweite benutzt
- und die Projektoren am richtigen Ort aufgestellt werden.

Näher ist diese Problematik z. B. in (14) beschrieben - hier wieder nur vereinfacht die für den Praktiker wichtigsten Ergebnisse.

Der Strahlengang bei der optischen Projektion ist vereinfacht in Abb. 28 dargestellt. Die Breite des zu projizierenden Bildes (z. B. also des Dias) ist mit b', die Breite des projizierten Bildes mit b bezeichnet. Die Brennweite des Objektives ist mit f, die Entfernung Brennpunkt/Projektionswand mit e und der Abstand zwischen dem zu projizierenden Bild und der Projektionsfläche mit p bezeichnet.

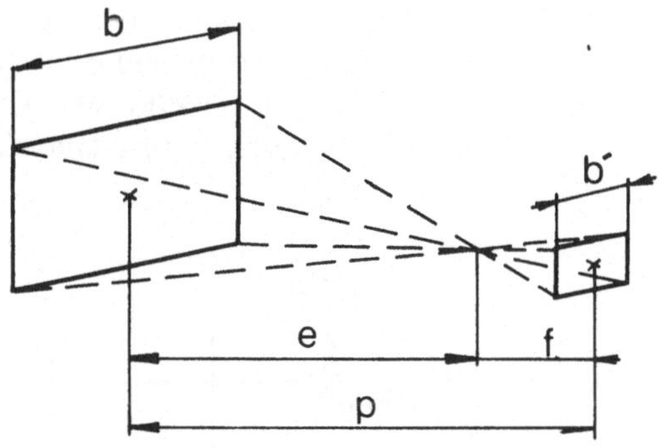

Abb. 28

Aus der vereinfachten Darstellung in unserer Abbildung ist leicht zu entnehmen:

$$\frac{b}{b'} = \frac{e}{f}$$

Nachdem üblicherweise (insb. bei der Dia- und Filmprojektion) die Brennweite viel kleiner ist als der Abstand e, kann man für die übliche Praxis ohne wesentlichen Fehler p = e setzen, sodaß:

$$\frac{b}{b'} = \frac{p}{f}$$

Mit Hilfe dieser Gleichung läßt sich einfach der erforderliche Projektionsabstand p (also der richtige Aufstellungsort des Projektors) oder die Brennweite f des Projektorobjektives bestimmen.

In den Abb. 29 und 30 sind die Verhältnisse beispielhaft grafisch dargestellt. Abb. 29 zeigt die Zusammenhänge für die Projektion üblicher Dias, d. h. bei einer Breite der zu projizierenden Bilder von b'= 36mm, wobei für jede Brennweite eine der Kurven gilt. Abb. 30 erfasst die Verhältnisse bei der Overheadprojektion, und zwar für Projektoren mit einer Arbeitsfläche von 25 x 25cm (b' = 25cm).

Die Kurven ergeben rasche Anhaltspunkte, aber keine exakten Werte. Insb. bei Overheadprojektoren ergeben sich aus unseren Kurven nur ungefähre Angaben. Brennweiten bei 30 cm und Projektionsabstände von 2 bis 3 m entsprechen nur sehr ungenau unserer Annahme p = e. Nachdem es in der Praxis dem Lehrenden aber primär nur auf Abschätzungen der Aufstellungsbedingungen ankommt, sind die Kurven durchaus praktikabel. So kann z. B. der Abb. 29 schnell entnommen werden, daß eine gewünschte Breite des projizierten Bildes von b = 1,6m mit einem Diaprojektor für Dias mit b′ = 36 mm und einer Brennweite von f = 120 mm dann erreicht werden kann, wenn der Projektor in einer Entfernung von etwa p = 5,5 m von der Projektionsfläche aufgestellt wird.

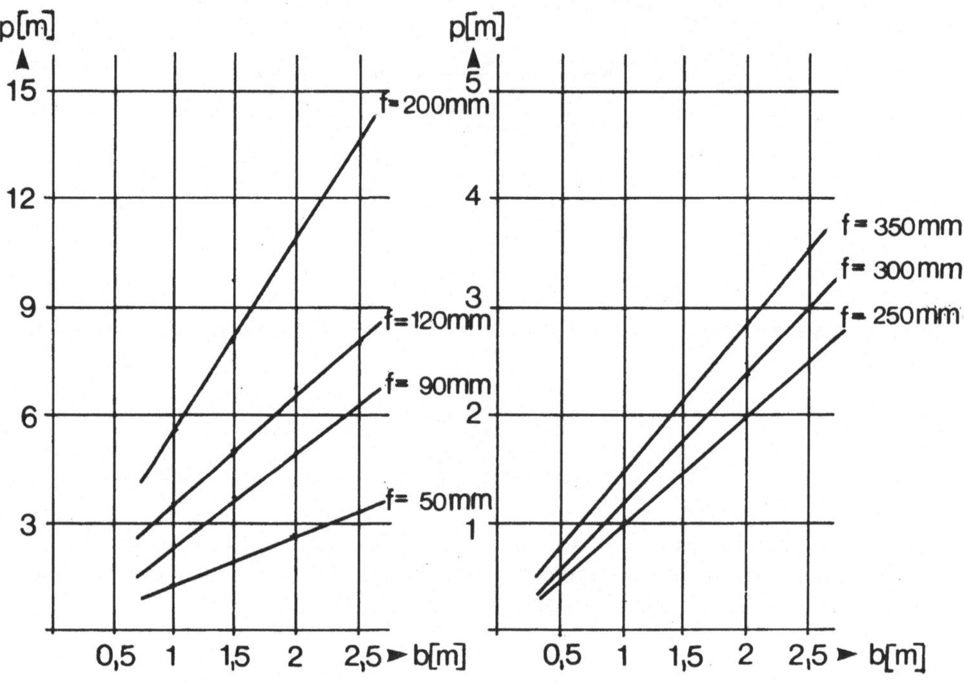

Abb. 29

Abb. 30

KONTROLLFRAGEN

K 7 In Ihrem Klassenzimmer sitzen die Schüler der hintersten Reihe etwa 9m von der Projektionsfläche entfernt. Sie wollen im Unterricht einige Diabilder zeigen.
Wie groß sollte die Breite b der projizierten Bilder etwa sein?

K 8 Sie veranschaulichen Ihre Erklärung im Unterricht durch die Projektion eines kurzen Filmes sowie einiger Diabilder. Die Breite der projizierten Bilder auf der Projektionsfläche beträgt etwa 1,5m.

Aus Ihren eigenen Erfahrungen mit der Projektion wissen Sie, daß Zuschauerplätze mit zu kleinem Betrachtungsabstand ungünstig sind. Unangenehm ist insb., daß bei zu kurzem Betrachtungsabstand der Zuschauer den Kopf weit zurücklehnen muß, wodurch leicht eine Ermüdung der Kopf- und Nackenmuskulatur sowie evtl. darauffolgende Kopfschmerzen eintreten können. Unangenehm ist weiterhin, daß der Zuschauer das gesamte Bild nicht allein durch Augenbewegungen erfassen kann, sondern daß er dazu den Kopf drehen muß. Bei der Berechnung der vorderen Begrenzung des Sichtbereiches wird von der Forderung, diese unangenehmen Erscheinungen zu vermeiden, ausgegangen.

Wie weit von der Projektionsfläche werden Sie bei der in Ihrem Fall erforderlichen Bildgröße (Bildbreite b = 1,5m) die erste Schülerreihe anordnen, um die eben beschriebenen unangenehmen und sicher die Informationsaufnahme und das Lernen erschwerenden Umstände zu vermeiden? Bestimmen Sie die minimale Entfernung D_{min} der ersten Gestühlreihe von der Projektionsfläche!

K 9 Bei der Projektion sind nicht nur Zuschauerplätze mit zu kleinem Abstand von der Projektionsfläche, sondern auch Plätze mit zu großem Abstand ungünstig. Warum?

K 10 Sie wollen für Ihren Unterricht ein einfaches Diabild selbst anfertigen. Die Vorlage für das Dia (von dieser Vorlage werden Sie das Dia fotografieren) wollen Sie auf ein Zeichenblatt mit dem Format DIN A4, d. i. etwa 30 x 21cm, quergestellt zeichnen.

Welche minimale Strichdicke müssen Sie beim Zeichnen verwenden?

K 11 Sie haben sich einen zu Ihrem Unterrichtsthema gut passenden sog. Super-8 Film besorgt. Bei diesem heute häufig verwendeten Filmformat ist das Bildfenster des Projektors etwa 5,4mm breit. Die Breite der zu projizierenden Bilder können Sie also mit etwa b'=5,4mm annehmen.

An Ihrer Schule steht ein Projektor mit einem Objektiv der Brennweite f = 25mm zur Verfügung. (Die Brennweite können Sie entweder direkt am Objektiv des Projektors ablesen, oder auch in der Bedienungsanleitung finden.)

Die Breite des projizierten Bildes soll 1,5m werden. In welcher Entfernung von der Projektionsfläche stellen Sie den Projektor auf?

2.8.4 ZUR DIAPROJEKTION

Die diaskopische Projektion (üblicherweise verkürzt als Diaprojektion bezeichnet) ist eine im Bildungswesen häufig verwendete Projektionsart. Es ist dies die Projektion von durchsichtigen, unbeweglichen - meist in fotografischen Verfahren gewonnenen - Bildern, sog. **Diapositiven.** Diese bilden bei der Diaprojektion den eigentlichen **Informationsträger.** Die für die Projektion der Diapositive erforderlichen Geräte bezeichnet man als **Diaprojektoren.**

a) Zu den Informationsträgern

Unter der Bezeichnung **Diapositiv** (manchmal auch **Dia** oder englisch **Slide** genannt) versteht man ein durchsichtiges, zur Projektion bestimmtes fotografisches Bild.

Das gebräuchlichste **Diaformat** ist 24 x 36mm und wird in Rahmen (Diarahmen) mit dem Format 50 x 50mm gerahmt - s. Abb. 31.

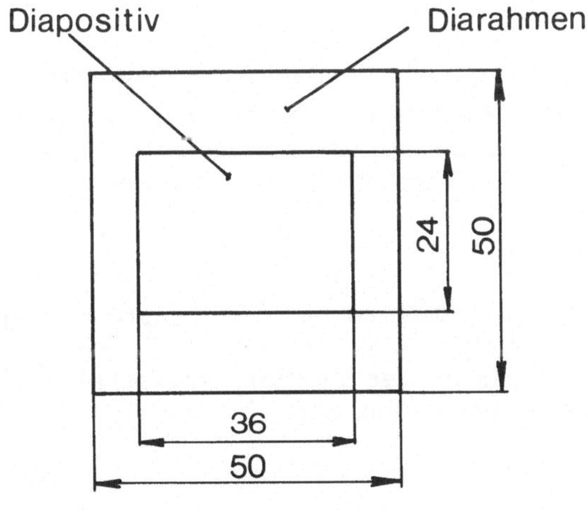

Abb. 31

Neben diesem meistverwendeten Format gibt es noch verschiedene andere - z. B. 18 x 24mm und 40 x 40mm, beide meistens 50 x 50mm gerahmt, sowie auch Großformate in Rahmen 7 x 7cm, 8,5 x 8,5cm und Kleinformate in Rahmen 3 x 3cm etc.

Als Material für **Diarahmen** wird meist Kunststoff, Metall oder Pappe verwendet, wobei man Ausführungen mit und ohne Glasplatten unterscheidet.

Neben als Einzelbilder eingefaßten Diapositiven sind auch Diapositivreihen auf Bildbändern erhältlich. Man spricht in diesem Fall von **Diastreifen** oder **-strips**; auf einem einzigen Filmstreifen sind hier alle Bilder aneinanderkopiert. Das am häufigsten verwendete Format der einzelnen Dias ist auch hier 24 x 36mm; manchmal ist auch das sog. Halbformat 18 x 24mm anzutreffen.

Bei Diastreifen ist das Verlieren einzelner Bilder nicht möglich, die Reihenfolge der einzelnen Bilder ist ohne Irrtum gegeben, das Gewicht ist kleiner (keine Rahmen) etc. Neben diesen Vorteilen haben Diastreifen auch Nachteile - z. B. besteht nicht die Möglichkeit, die Reihenfolge der einzelnen Bilder zu ändern, also Diaserien gezielt und flexibel an Adressatengruppen, Lehrziele und Fächer anzupassen, Informationen laufend zu aktualisieren etc.

Kurz noch zur Beschaffung von Dias:

Diapositive bzw. Diastreifen werden von verschiedenen Lehrmittelfirmen vertrieben und angeboten. Dias kann man aber auch ausleihen, z. B. aus dem Bestand verschiedener Firmen oder anderer Institutionen (etwa ausländische Botschaften) oder auch aus Verleihstellen der Länder und des Bundes.

Dias kann man auch selbst erstellen - der Gegenstand selbst oder die Vorlage wird einfach **fotografiert.** Erforderlich ist lediglich eine Fotokamera, das Filmmaterial und genügend Licht. Mit der Herstellung von Dias werden wir uns im Abschnitt 2.8.4 d) befassen.

b) Zu den Projektoren

Derzeit wird von den verschiedenen Herstellern eine große Anzahl an Diaprojektoren angeboten. Auch wenn sich die einzelnen Fabrikate in der Konstruktion sowie in der Leistung unterscheiden, basieren sie auf **gemeinsamen Prinzipien** (s. Abb. 32).

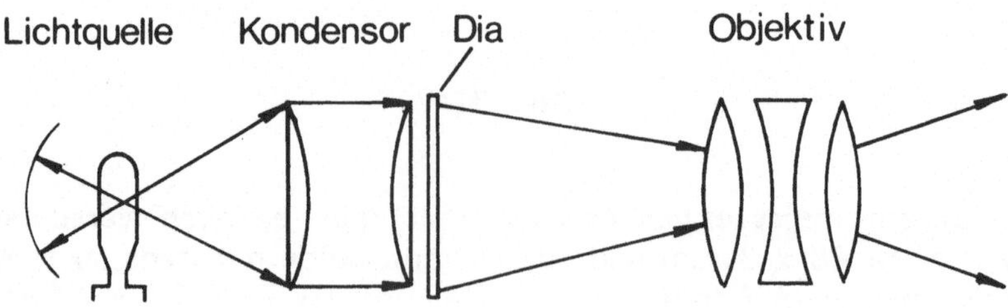

Abb.32

Das von der Lichtquelle (Lampe und Spiegel) ausgestrahlte Lichtbündel wird durch den Kondensor gesammelt, **durchstrahlt** (Durchlichtprojektion) nun schon als Bündel annähernd paralleler Lichtstrahlen das zur Projektion bestimmte Bild - das Dia - und wird durch das Objektiv auf die Projektionsfläche geworfen.

Von der Konstruktion her kann man zwischen nichtautomatischen und automatischen Diaprojektoren unterscheiden.

Bei den **nichtautomatischen** Projektoren werden die gerahmten Dias einzeln mit der Hand in den Diawechsler des Projektors eingelegt und in den Projektor geschoben. Für die Projektion von Diastreifen wird eine drehbare Filmführung für das Bildband verwendet. Einen nichtautomatischen Projektor (auf der Säule eines Overheadprojektors montiert) zeigt das Foto in Abb. 33.

Abb. 33

Zu den nichtautomatischen Projektoren werden verschiedene Zusatzvorrichtungen geliefert, wie z. B. Vorsätze für die Projektion von Mikro-Präparaten, Zubehör für Projektion von Reagenzgläsern etc.

Automatische Diaprojektoren (hier wird manchmal zwischen halb- und vollautomatischen Projektoren unterschieden) sind mit speziellen **Diamagazinen** ausgestattet. Die Dias werden in das Magazin eingelegt und dann aus dem Magazin mittels eines Diagreifers nacheinander in den eigentlichen optischen Projektionsteil des Gerätes eingeführt.

Leider gibt es derzeit auf dem Markt verschiedene Diamagazine. Die Abb. 34 zeigt einen Kodak-Carousel-Diaprojektor mit **Rundmagazin.** (Der eigentliche Projektor ist rechts im Bild; im linken Teil des Bildes sind auswechselbare Objektive - sog. Wechselobjektive.) Diese Rundmagazine nehmen bis zu 80 Dias auf. Die einzelnen Dias fallen aus dem Rundmagazin durch die Schwerkraft in den eigentlichen Vorführschacht (Fallschachtprinzip).

Abb. 34

Der Transport der Dias wird entweder durch Betätigung eines Schalters am Projektor oder über Kabel bzw. drahtlos (Funk, Ultraschall, etc.) durch "Fernbedienung" ausgelöst. Bei manchen Projektoren ist nicht nur der Diatransport, sondern auch die Scharfeinstellung fernbedienbar etc.

Für spezielle Zwecke gibt es Diaprojektoren mit automatischer Bildanwahl (Dial access, Random access). Durch Tastendruck z. B. auf einer Zehnertastatur ist es möglich, jedes beliebige Bild eines Diamagazins direkt anzuwählen.

Überblendeinheiten beseitigen die manchmal störend wirkende Dunkelpause zwischen zwei nacheinander projizierten Dias. Die bei Überblendeinheiten verwendeten zwei Projektoren arbeiten abwechselnd. Während ein Projektor projiziert, wird im anderen, dunklen, Projektor automatisch das Dia gewechselt und dieser Projektor verharrt in Wartestellung. Im Augenblick des Wechselimpulses erscheint dann das Bild des "wartenden" Projektors und das Bild des ersten Projektors erlischt. Neben der eben beschriebenen "harten" Überblendung, bei welcher ein projiziertes Bild plötzlich das andere ablöst, bestehen auch Möglichkeiten der "weichen" Überblendung. Bei weicher Überblendung verschwindet das eine Bild langsam von der Projektionsfläche, während das darauffolgende gleichzeitig erscheint.

Die Abb. 35 zeigt einen automatischen Diaprojektor mit **Stangenmagazin.** Diese geraden Magazine haben üblicherweise ein Fassungsvermögen bis 50 Dias. Stangenmagazine benötigen etwas weniger Aufbewahrungsraum als Rundmagazine.

Abb. 35

Innerhalb einer Ausbildungsinstitution ist es vorteilhaft, Diaprojektoren mit einem einheitlichen Magazin-System zu verwenden. Die Dias müssen dann vor der Projektion nicht erst in andere Magazine umgefüllt werden.

Die Anpassung an die räumlichen Verhältnisse wird durch einfach auswechselbare Objektive - sog. **Wechselobjektive** - erleichtert (s. Abb. 34). Zu den eigentlichen Diaprojektoren werden verschiedene Objektive angeboten. Z.B. mit Brennweiten von 28 mm oder 35 mm über Objektive für übliche Schulraumgrößen, d.h. z.B. mit Brennweiten von 150 mm oder 180 mm, bis zu Objektiven für die Projektion in größeren Räumen

(Brennweiten 250 mm und mehr).

Für den mobilen Einsatz, d. h. wenn Diabilder in verschieden großen Räumen vorgeführt werden müssen, sind sogenannte **Zoom-Objektive** vorteilhaft. Diese Objektive (auch Vario-Objektive, Transfokatoren, Gummi-Linsen u. ä. genannt), haben variable, d.i. verstellbare Brennweiten.

c) Zum Einsatz der Diaprojektion

Fragen des Einsatzes von Medien im Unterricht können sinnvoll nur aus dem **unterrichtlichen Gesamtzusammenhang** gesehen und beantwortet werden. Zu berücksichtigen sind die Ziele der Lehrveranstaltung, der Lehrstoff, die psychologisch und biologisch relevanten Merkmale der Adressaten usw. Unsere Überlegungen zum Einsatz einzelner Medien, z.B. also zum Einsatz der Diaprojektion im Unterricht, dürfen also in diesem Verständnis nur als Teilaussagen, als Anregungen verstanden werden.

Ist man im Unterricht bis zum möglichen Einsatz projizierter Medien gekommen, muß vorerst entschieden werden, ob neues Bildmaterial selbst erstellt werden muß oder ob vorhandenes Material verwendet werden soll bzw. verwendet werden kann.

Die ausgewählten oder selbsterstellten Dias sollen einen **integralen Bestandteil** der Lehrveranstaltung bilden. Planlos, insb. ohne deutlichen Zusammenhang und in zu großer Anzahl eingesetzte Bilder verfehlen meistens den erwünschten Zweck. Die technisch einfache Darbietungsmöglichkeit moderner Diaprojektoren kann leicht zu einer Hypertrophie, zu einem Übermaß visueller Eindrücke führen.

Dias können in allen Phasen der Lehrveranstaltungen eingesetzt werden. Vielleicht gleich zu Beginn der Unterrichtseinheit zur Motivierung, zur gezielten Herbeiführung einer Problemsituation, im Lauf der Stunde zur Illustrierung des Stoffes etc.

Die **technische Seite** der Bildprojektion muß bei der eigentlichen Lehrveranstaltung ganz unauffällig, nebensächlich und schnell ablaufen. Der Unterrichtsraum und die erforderlichen Geräte und Hilfsmittel müssen **vor** Beginn der Lektion in Ordnung gebracht werden. Insbesondere muß dafür gesorgt werden, daß der Projektor, die Projektionsfläche sowie das Gestühl richtig angeordnet werden (s. "Raumbedingte Forderungen" - 2.8.1 u.a.). Die erforderliche Verdunkelung und eine evtl. Arbeitsbeleuchtung (Mitschrift) muß vorbereitet bzw. überprüft werden. Die Dias müssen in der richtigen Reihenfolge bereitstehen, evtl. weitere Behelfe, Arbeitsblätter usw. sollen bereitliegen, etc.

Bei der **eigentlichen Präsentierung** der Dias soll dem Adressaten genügend Zeit gelassen werden, um die Bilder gründlich zu erfassen. Der Vorteil der statischen Projektion gegenüber der dynamischen (Film) soll genützt werden - Sie können das projizierte Bild so lange stehenlassen, wie es für Ihre Studenten im konkreten Fall erforderlich ist.

Erst wenn die Adressaten das Bild erfasst haben, sollten Sie die visuelle Information verbal ergänzen. Der "offensichtliche" Inhalt der Dias muß aber nicht verbal wiederholt werden, es sollten eher zusätzliche Informationen gebracht, Zusammenhänge erarbeitet, Details diskutiert werden u. ä.

Wenn über Sachverhalte gesprochen wird, die den Bildinhalt der Dias nicht betreffen, empfiehlt es sich, den Projektor abzuschalten. Projizieren Sie das Bild nur dann und so lange, solange der visuelle Lehrinhalt erarbeitet wird. Nützen Sie das Spezifikum der Projektion, daß das projizierte Bild aus seiner Umgebung **deutlich hervorgehoben** - optisch differenziert wird. Diese Eigenschaft der Projektion ist von Vorteil, wenn die Aufmerksamkeit auf einen Lehrinhalt gelenkt werden soll.

d) Zur Herstellung von Diapositiven

Das übliche Verfahren zur Herstellung von Dias beruht auf der **Fotografie.** Gegenstände, Landschaften, etc. werden mit den gängigen fotografischen Techniken aufgenommen. Für die didaktische Wirkung eines Dias ist u.a. folgendes zu beachten:

- Bildwichtiges soll mehr Fläche einnehmen. Wichtige Einzelheiten können durch geeignete Wahl des Bildausschnitts, richtigen Helligkeits- und Farbkontrast etc. hervorgehoben werden.

- Unwichtige Einzelheiten sollen weggelassen werden. Dies ist durch geeignete Standort- und Objektivwahl, Einstellung der Bildschärfe auf das Wesentliche, Wahl eines kontrastierenden Hintergrundes etc. erreichbar.

Gutes Fotografieren kann erlernt werden. Anfänger sollten jedenfalls von einem Sujet vorerst mehrere Aufnahmen machen und diese von verschiedenen Beobachtern bewerten lassen (Was zeigt dieses Dia?). Auswählen sollten Sie dann das Dia mit der einheitlichsten und eindeutigsten Aussagewirkung.

Häufig werden Dias durch die fotografische Aufnahme von eigens hergestellten Vorlagen erstellt. Zu empfehlen ist hiefür eine Spiegelreflexkamera, weil die Schärfeeinstellung problemlos ist. Die Kamera sollte man nach Möglichkeit an einem Reprostativ befestigen (Abb. 36).

Erleichtert wird die Anfertigung von Dias durch die Verwendung spezieller Geräte, z.B. des sg. Kodak Visualmakers (Abb. 37). Eine einfache Kamera wird hier auf ein spezielles Gestell befestigt und dann genügt es, einen Blitzwürfel aufzustecken (bei moderneren Ausführungen auch Elektronenblitz) und auszulösen. Die Entfernungseinstellung entfällt, da eine entsprechende Vorsatzlinse für die durch das Gerät gegebene Entfernung fix eingebaut ist. Die richtige Belichtung ist durch die Anordnung des Blitzwürfels und eines Reflektors im Gestell gleichfalls automatisch gegeben. Alles, was zum Gerät gehört, ist zweckmäßig in einem kleinen Koffer untergebracht.

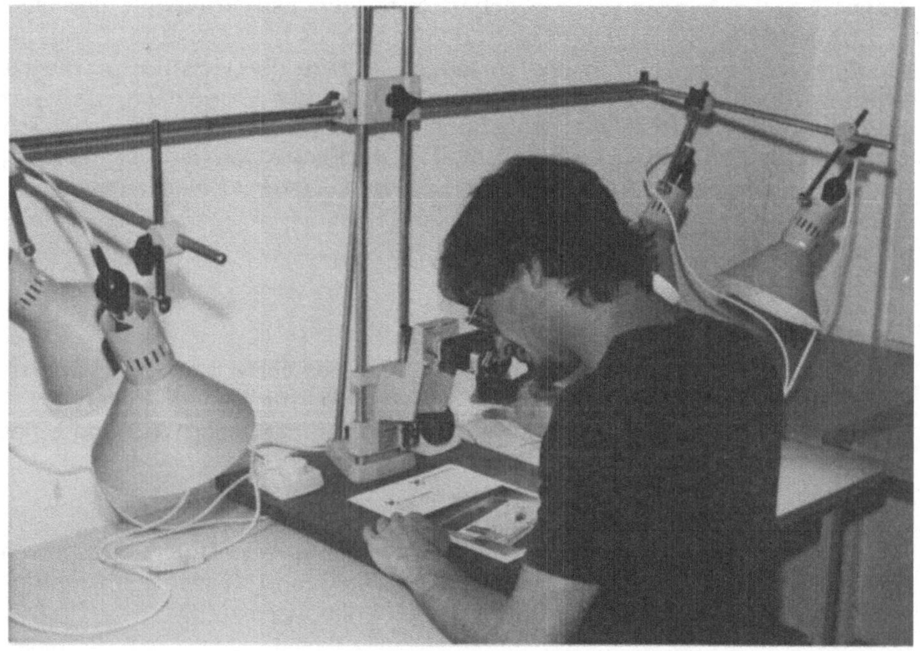

Abb. 36

Nun noch einige Tips zur Gestaltung von Vorlagen für Diapositive:

- Halten Sie Zeichenblock und mattes Farbpapier in abgestuften Farbtönen bereit - weiterhin Schere und scharfes Messer für die Montage.
- Sollten Sie mit Ihrer Handschrift nicht ganz zufrieden sein, halten Sie geeignete Abreibebuchstaben (z.B. Letraset) oder Magnet-bzw. Legebuchstaben bereit.
- Erstellen Sie alle Vorlagen womöglich im gleichen Format (Querformat, Seitenverhältnis 2 : 3)
- Verwenden Sie Farben nur funktionell, d.h. nicht zur bloßen "Aus-

Abb. 37

schmückung". Beschränken Sie sich auf wenige Farben, halten Sie diese aber bei einer zusammengehörigen Bildfolge sinngemäß ein.

- Denken Sie bei der Beschriftung an die in Abschnitt 3.8.2 zusammengefaßten wichtigsten bildseitigen Forderungen (Strichdicke, Buchstabenhöhe, Übersichtlichkeit).
- Denken Sie immer daran: eine für gedruckte Publikationen geeignete Abbildung ist häufig für die direkte Übernahme zur Diaprojektion nicht geeignet. Z.B. die in Abb. 38 dargestellte Schaltung ist typisch für gedruckte Veröffentlichungen. Als Dia ist sie nicht geeignet - s. Abb. 39 a). Zu erwägen wäre hier die Darstellung der Schaltung in Form eines Blockdiagramms - s. Abb. 39 b).

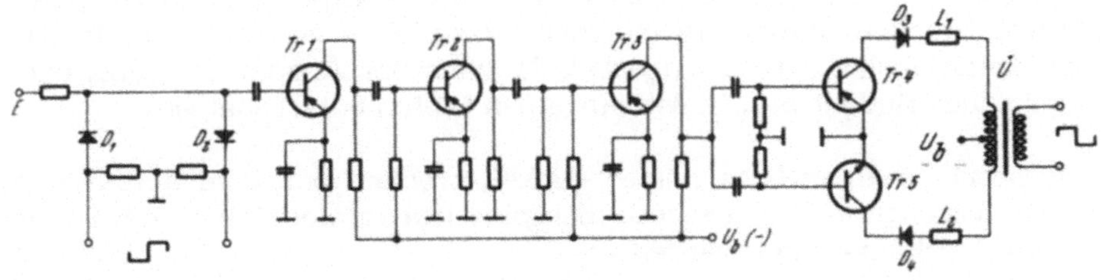

Abb. 38
(aus Bitterlich, W.: Einführung in die Elektronik. Springer Verlag, Wien-New York, 1967)

In manchen (eher in Ausnahme-) Fällen kann man Dias auch durch **direkte Beschriftung** erstellen. Bei solchen "write on slides" befindet sich in einem Spezialrähmchen 50 x 50 mm eine Schreibfläche aus einer robusten, speziell zum Beschriften angerauhten Folie. Diese lässt sich direkt mit weichen Bleistiften, Faserschreibern, Tusche etc. beschreiben. Die Informationsmenge, welche man auf diese Weise darstellen kann, ist natürlich sehr begrenzt und auch die Bildqualität ist meistens eher mäßig. Der Vorteil solcher Dias ist die einfache und schnelle Herstellung.

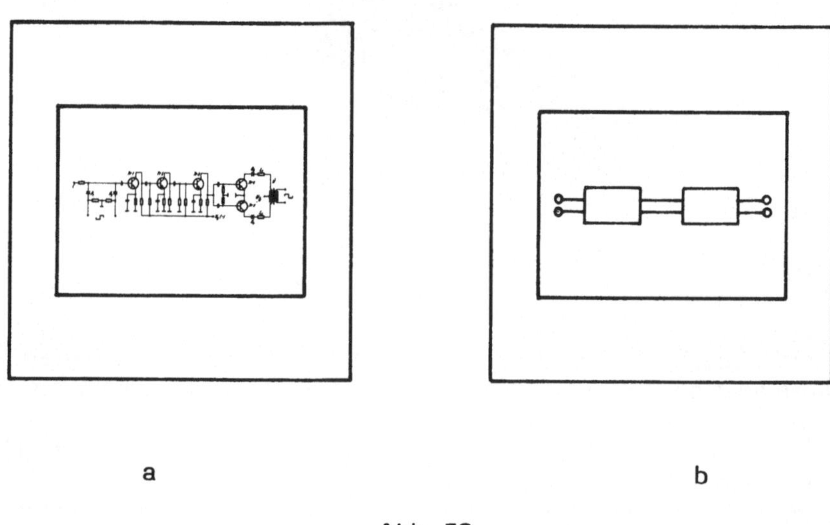

a b

Abb. 39

e) Zur Aufbewahrung von Diapositiven

Die Art der Aufbewahrung hängt immer von der gegebenen Situation ab und wird sich sicherlich je nach Benutzungshäufigkeit, Benutzungsflexibilität (werden immer die gleichen Diaserien verwendet oder häufig individuelle Serien zusammengestellt?), nach der Anzahl der Dias, dem vorhandenen Budget etc. in den einzelnen Fällen unterscheiden.

Grundsätzlich sollen Dias immer **dunkel, trocken** und **kühl** aufbewahrt werden und innerhalb einer Ausbildungsinstitution womöglich in Rahmen gleicher Marke gerahmt werden.

Diastreifen lagert man am besten in kleinen walzenförmigen Kassetten aus Plastik oder Metall mit gutem Verschluß. Für Einzeldias ist, insbesondere solange noch nicht sehr viele Dias vorhanden sind, eine Lagerung direkt in den Magazinen oder in den Originalschachteln möglich. Dies ist nicht nur einfach, sondern auch preiswert.

Für größere Mengen von Dias sind für die Archivierung **Dia-Leuchtkästen** zu empfehlen. Diese dienen meist als Archiv und Leuchtpult zugleich. Die einzelnen Fächer, in denen die Dias angeordnet sind, können einfach vor das Leuchtpult gezogen werden. Dadurch wird ein leichtes und schnelles Aufsuchen und Entnehmen der einzelnen Dias ermöglicht.

Gleich welche Aufbewahrungsform gewählt wird, ist es wichtig, die Dias sorgfältig zu kennzeichnen. Diastreifen bereiten hier weniger Probleme - Einzeldias können demgegenüber leicht in Unordnung geraten. Jedes Dia sollte mit einer entsprechenden Bezeichnung (Thema, Fach, Seriennummer etc.) versehen werden. Günstig ist z.B. die Kennzeichnung aller Dias zu einem Thema, zu einer Vorlesung u.ä. mit einer bestimmten Farbe.

2.8.5 ZUR OVERHEADPROJEKTION

Die Overheadprojektion hat sich in den letzten Jahren zur am häufigsten verwendeten Projektionsart im Bildungswesen entwickelt. Vom technischen Prinzip her handelt es sich bei der Overheadprojektion, analog wie bei der Diaprojektion, um ein "Durchlichtverfahren". Das von der Lichtquelle ausgestrahlte Lichtbündel durchstrahlt das zu projizierende transparente Bild und wird durch ein Objektiv mit Umlenkspiegel "over head" (über den Kopf bzw. über die Schulter) des Vortragenden auf die Projektionsfläche geworfen.

Von diesem Kennzeichen wird auch die häufigste Bezeichnung dieser Projektionsart, nämlich **Overheadprojektion,** abgeleitet. Es gibt aber noch verschiedene andere Namen für diese Projektionsart sowie für die entsprechenden Projektionsgeräte. Dies ist u.a. auf die vielen Verwendungsmöglichkeiten dieser Geräte zurückzuführen. Wir wollen hier einige weitere Bezeichnungen zusammenfassen.

Die Bezeichnung **Tageslichtprojektion** oder **Hellraumprojektion** wird von einem bestechenden Vorteil gegenüber anderen Projektionsarten und Geräten abgeleitet. Die Lichtquelle ist so stark, daß die Projektion ohne größere Qualitätsverluste auch in nichtverdunkelten Räumen stattfinden kann.

Man spricht auch von der **Großdiaprojektion** - ausgehend von der Fähigkeit, transparente Vorlagen zu projizieren, die größer sind als die üblichen Diapositive. Dem üblichen Dia-Format von 24 x 36 mm steht hier das häufigste Format von 190 x 250 mm gegenüber.

Ein wesentlicher Unterschied zu anderen Projektoren besteht auch darin, daß die unmittelbare Herstellung der Informationsträger (der die Information tragenden Transparente) vor den Augen der Adressaten direkt möglich ist. Lehrende können direkt beim Einsatz, unmittelbar während des Unterrichts, die transparente Folie beschreiben. Dies führte zur Bezeichnung **Schreibprojektion, Arbeitsprojektion** u.ä.

Wir werden uns im weiteren an die Bezeichnung **Overheadprojektion** halten. Die entsprechenden Geräte werden wir als **Overheadprojektoren** bezeichnen, die eigentlichen Informationsträger im allgemeinen als **Overhead Transparente** bzw. **Transparentfolien.**

a) Zu den Informationsträgern

Bei der Overheadprojektion können grundsätzlich verschiedene Informationsträger verwendet werden. Die üblichsten sind die sog. **Transparentfolien** - entweder als Rollenfolien oder in Form von in einzelne Blätter geschnittenen Blattfolien. Als Material wird meistens glasklares, farbloses Polyazetat, Polyester, evtl. auch Acrylglas u. a. verwendet.

Rollenfolien sind unterschiedlich - etwa 5 bis 50 m - lang und etwa zwischen 21 und 26 cm breit. Das Folienband ist um eine Rolle gelegt, welche einfach an einer Seite des Projektorgehäuses befestigt wird. An der entgegengesetzten Projektorseite wird eine zweite (leere) Rolle angebracht. Durch Drehen einer kleinen Kurbel oder eines Handrades kann das Folienband einfach über das Bildfenster (die Arbeitsplatte des Projektors) hinweg von einer Rolle abgewickelt und auf die andere aufgewickelt werden.

Blattfolien werden in der Regel auf **Papprahmen** befestigt - meistens mit hitzebeständigem Klebeband festgeklebt. Die üblichen Rahmenmaße (s. Abb. 40) sind bei quadratischen Rahmen etwa 290 x 290 mm außen und 250 x 250 mm innen. Die Abmessungen der rechteckigen Rahmen sind außen 225 x 310 mm, innen 190 x 250 mm. Die Abmessungen der rechteckigen Rahmen entsprechen der österreichischen Schulnorm.

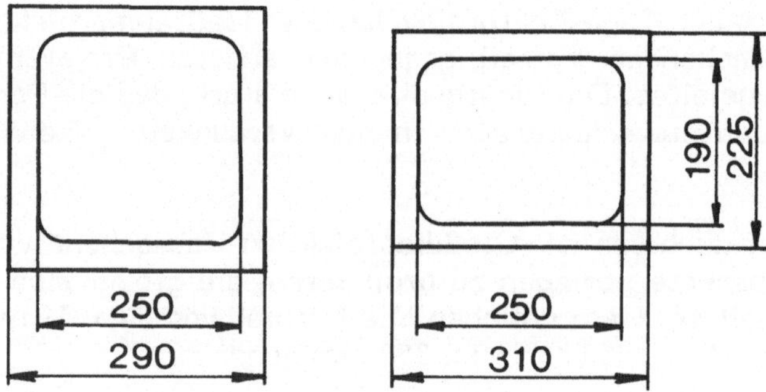

Abb. 40

Die Rollenfolien sowie die Blattfolien sind zunächst "leer", d.h. ohne Informationsinhalt. Die Eintragungen (geschriebenes Wort, Zeichnungen etc.) werden vor oder während der Lehrveranstaltung mit speziellen Faserschreibern vom Unterrichtenden selbst vorgenommen **(selbstgezeichnete Transparente).**

Unter Verwendung von Spezialfolien können mit Kopiergeräten **Transparentkopien** der verschiedensten nichtdurchsichtigen Vorlagen aus Büchern, Prospekten etc. sehr schnell (in einigen Sekunden) hergestellt (kopiert) werden.

Es können selbstverständlich auch fertige - derzeit schon von vielen Verlagen angebotene - Transparentfolien zu verschiedenen Lehrstoffen **gekauft** werden.

Polarisationstransparente ermöglichen es, im projizierten Bild auf optischem Wege **Bewegungsvorgänge** zu simulieren. Erreicht wird dieser Effekt dadurch, daß man einerseits normale Transparentfolien an entsprechenden Stellen mit einer speziellen Polarisationsfolie hinterlegt und andererseits in den Strahlengang des Overheadprojektors ein rotierendes Polarisationsfilter einfügt.

Flache Gegenstände, auf die Arbeitsplatte des Overheadprojektors gelegt, ergeben auf der Projektionsfläche ein **Schattenbild.** So wird z.B. eine Elektronenröhre, ohne ihr Glasgehäuse auf die Arbeitsplatte des Projektors gelegt, vergrößert dargestellt (gewissermaßen als Röntgenbild - Konturendarstellung). Als Scherenschnitte können z.B. Landschaftsprofile dargestellt werden. Schattenbilder von Eisenfeilspänen können die Wirkungsweise von Magneten illustrieren, etc. Aus verschiedenfarbigen Plastikplatten können **Funktionsmodelle** bestimmter Geräte (Zahnradgetriebe, Pumpe etc.) mit beweglichen Teilen hergestellt, auf die Arbeitsplatte des Overheadprojektors gelegt und projiziert werden.

b) Zu den Projektoren

Von den Herstellern werden verschiedene Ausführungen von Overheadprojektoren angeboten. Die einzelnen Fabrikate sind zwar in der Leistung und Ausstattung unterschiedlich, nützen aber das gleiche Prinzip, die Durchlichtprojektion, welche wir schon beim Diaprojektor kennengelernt haben.

Die übliche Ausführungsform von Overheadprojektoren ist in Abb. 41 prinzipiell skizziert. Der Lichtstrom von der Lichtquelle (Projektionslampe 1 und Spiegel 2) leuchtet über einen speziell ausgeführten Kondensor (die sogenannte Fresnel-Linse 3) gleichmäßig die Arbeitsplatte (Glasplatte 4) aus. Durch den auf der Arbeitsplatte aufgelegten Informationsträger (Transparentfolie 5) hindurch wird der Lichtstrom über den Objektivkopf (in unserem Beispiel gebildet aus zwei Projektionslinsen 6,7 und einem Umlenkspiegel 8) zur Projektionsfläche abgestrahlt. Der Objektivkopf ist an einer Säule (9) beweglich (Scharfstellung des projizierten Bildes) angebracht. Der schematisch angedeutete Ventilator (10) dient der Wärmeabfuhr.

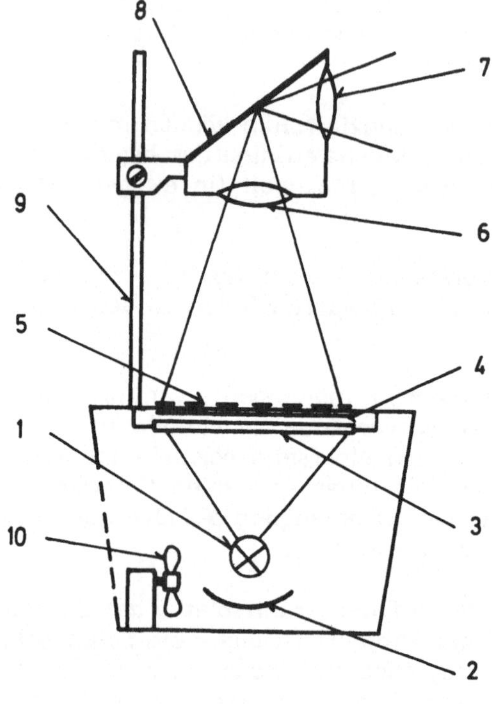

Abb. 41

Ein typischer Overheadprojektor ist auf dem Foto in Abb. 42 dargestellt.

Es gibt verschiedene Konstruktionen von Overheadprojektoren - z.B. mit Ellipsoidspiegel, mit Objektivkopf, in welchem nicht nur das Objektiv und der Umlenkspiegel, sondern auch noch die Lichtquelle untergebracht ist, etc. Eine spezielle Konstruktion mit Doppelobjektiv und speziellen Fresnel-Linsen bietet sogar plastische, räumliche Bilder. Eine ausführliche Übersicht der Eigenschaften verschiedener Overheadprojektoren gibt z. B. VANOUCEK in (20).

Die Projektionsfläche für die Overheadprojektion soll, ähnlich wie bei allen Projektionsarten (s. Abschnitte 2.7 und 2.8.3), womöglich hoch angeordnet werden, um allen Zuschauern freie Sicht zu garantieren. Nachdem Overheadprojektoren relativ nahe zur Projektionsfläche aufgestellt werden, wird schräg nach oben projiziert. Dadurch entsteht aber ein trapezförmiges Bild mit breiter Oberkante. Um das Entstehen einer solchen Verzerrung zu verhindern, empfiehlt es sich, eine neigbare Projektionsfläche zu verwenden. Solche Projektionsflächen werden in verschiedener Ausführung angeboten. Eine relativ einfache Anordnung zeigt Abb. 43. Eine Leichtbauplatte mit leicht gekörnter Oberfläche, mit heller Dispersionsfarbe gestrichen, ist hier hoch, etwas schräg zur Ecke, oder in der Ecke des Unterrichtsraumes montiert. Die Platte ist oben mit Schnüren über zwei Laufrollen oder Ringe so befestigt, daß ihre Neigung leicht verändert werden kann. Eine solche Anordnung ermöglicht gute Sichtbedingungen bei unverzerrtem Bild und hat den Vorteil, daß die Projektionsfläche **gleichzeitig** mit der Tafel genutzt werden kann. (D. h. die Tafel wird von der Projektionsfläche nicht verdeckt.)

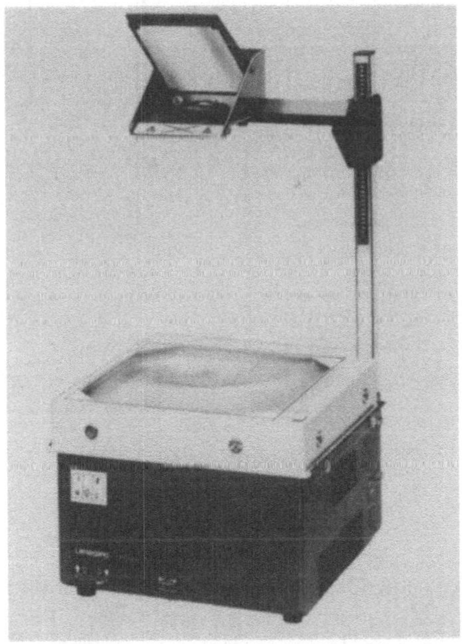

Abb. 42

c) Zum Einsatz der Overheadprojektion

Ein wichtiger Vorteil der Overheadprojektion besteht darin, daß der Lehrende praktisch ununterbrochen **Blickkontakt** mit den Adressaten hat, da er sich bei der Arbeit mit dem Projektor nicht (zur Tafel) abwenden muß. Dadurch wird der ständige Kontakt mit den Adressaten (Rückkoppelung - feedback) unterstützt.

Wie bei jeder Projektion, wird auch bei der Overheadprojektion das projizierte Bild aus seiner Umgebung hervorgehoben. Vom hellen projizierten Bild wird eine gewisse **Konzentrationswirkung** auf die Zuschauer ausgeübt. Nützen Sie diese Wirkung gezielt! Wenn Sie nicht zum Bild sprechen, schalten Sie den Projektor ab.

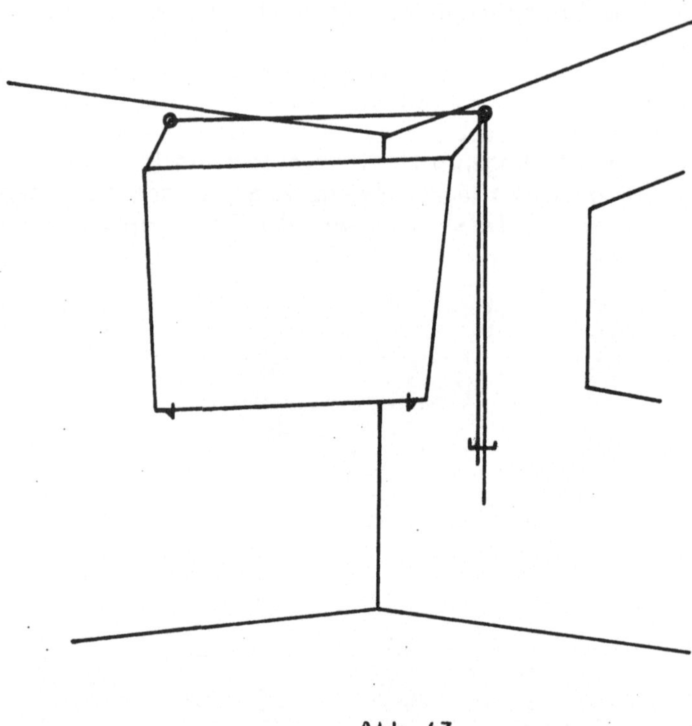

Abb. 43

Bei der Verwendung des Overheadprojektors ist es nicht sinnvoll, Teile des Bildes mit dem Zeigestock, bzw. mit dem Finger, auf der Projektionsfläche zu zeigen (analog wie bei der Tafel). Bei dieser Vorgangsweise müssen Sie sich von den Adressaten abwenden und können auch die Projektionsfläche beschmutzen oder zerkratzen. **Zeigen Sie bei der Overheadprojektion direkt auf der Transparentfolie.** Die Vergrößerung des Zeigers (z. B. des Bleistiftes) erscheint deutlich als Schattenbild auf dem projizierten Bild.

Teile vorgefertigter Transparentfolien können sehr einfach, z. B. durch Auflegen eines gewöhnlichen Blattes Papier, abgedeckt werden. Der abgedeckte Folienteil erscheint nicht auf der Projektionsfläche, sichtbar werden nur die nichtabgedeckten Teile. Durch schrittweises **Aufdecken** (Aufbau in Denkschritten) kann eindrucksvoll aus einzelnen Teilen eine komplizierte Gesamtordnung, z. B. eine elektrische Schaltung, ein Flußdiagramm u. ä. entwickelt werden. Die Aufmerksamkeit der Adressaten wird so immer nur auf die gerade besprochenen Bildteile gerichtet, während der Lehrende auf der durchleuchteten Arbeitsplatte des Projektors das ganze Bild sehen kann.

Zum Abdecken kann entweder ein beliebiges Papierblatt verwendet werden oder man kann, wenn die Transparentfolie häufiger verwendet wird, auf dem Rahmen mit im Handel erhältlichen einfachen Scharnieren oder einem speziellen Klebeband passende Abdeckblätter befestigen. So kann man etwa mit Hilfe eines in Streifen geschnittenen Deckblattes (s. Abb. 44) schrittweise den Verlauf einer Kurve zeigen, einzelne Tabellenblätter präsentieren etc.

Zum **teilweisen** Abdecken bestimmter Bildteile eignen sich transparente **Farbfolien.** Durch solche werden Bildteile nicht unsichtbar gemacht, sondern farbig ausgegliedert.

Eine spezifische Möglichkeit eröffnet das **Abdecken mit einer Blankofolie,** d. i. mit einer leeren, nichtbeschriebenen Transparentfolie. Eine Blankofolie, über das für den Dauergebrauch vorgesehene Transparent gelegt, erlaubt jede nachträgliche Ergänzung oder Abänderung des Transparentinhaltes, wobei das Transparent selbst unverändert bleibt. Als Beispiel kann etwa ein Transparent mit Koordinatensystem für den Dauergebrauch - kombiniert mit einer darübergelegten Blankofolie, auf die Meßergebnisse eines Experimentes eingetragen werden - erwähnt werden.

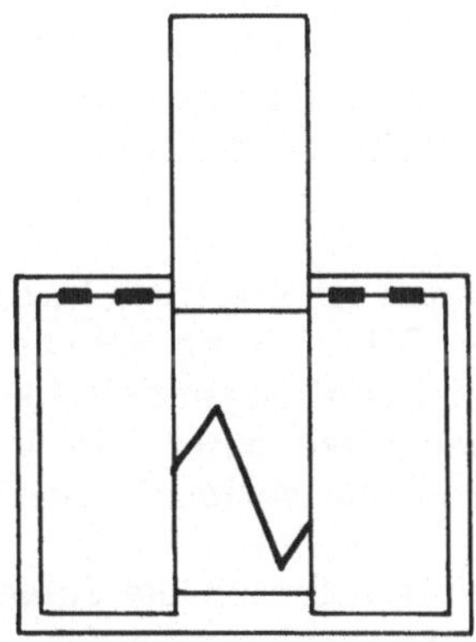

Abb. 44

Bei der sog. **Overlay-Technik** (Überlege-Technik) werden zusätzlich zur Grundfolie noch weitere Folien (Overlay-Folien) am Rahmen befestigt. Abb. 45 zeigt ein Overlay-Transparent, bestehend aus einer Grundfolie und vier durch Scharniere befestigten Überlegefolien.

Beim Einsatz von Overlay-Transparenten projiziert man zuerst die

Grundfolie und legt dann bei fortlaufender Besprechung der Themen die erste, zweite usw. Overlay-Folie auf.

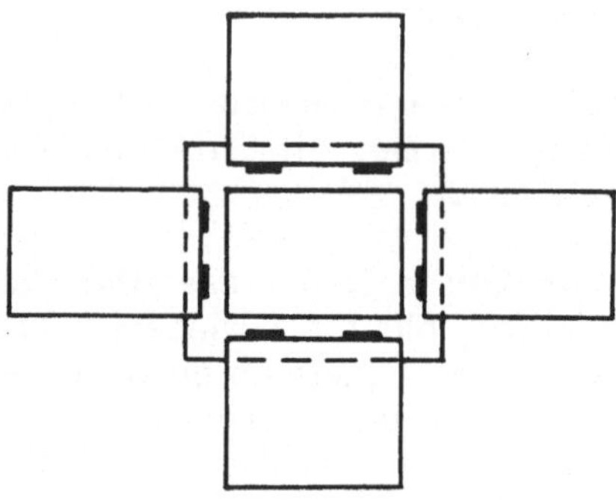

Abb. 45

Anstelle der eben beschriebenen synthetisierenden Methode kann man selbstverständlich auch eine analysierende Vorgangsweise wählen (Aufdecktechnik - vom durch alle gleichzeitig projizierten Folien dargestellten Gesamtbild zu den Teilbildern der einzelnen Overlay-Folien bis zur alleinigen Grundfolie).

Aus dem bisher Besprochenen ist ersichtlich, daß der an und für sich für die Projektion statischer Bilder vorgesehene Overheadprojektor zusätzlich auch einige Dynamisierungsmöglichkeiten bietet. Bestimmte **"Bewegungseffekte"** können etwa durch die Verwendung von Polarisationsfolien und rotierenden Polarisationsfiltern erreicht werden.

Gewisse weitere Möglichkeiten bieten die **Schiebetechnik** und die **Drehtechnik.** Durch Hin- und Herschieben einer entsprechend gestalteten Deckfolie über der Grundfolie entsteht eine geradlinige Bewegung. Drehbewegungen kommen dadurch zustande, daß die Deckfolie um eine Drehachse über der Grundfolie gedreht wird.

Auf weitere Einsatzmöglichkeiten der Overheadprojektion wird z. B. in (1, 17) detaillierter eingegangen. Wir wollen hier nur noch auf eine Gefahr hinweisen, zu der z. B. das Vorhandensein von vielen vorgefertigten Transparenten führen könnte. Durch die Verwendung von zu vielen Transparenten in einer Unterrichtsstunde können die Studenten dadurch, daß sie in kurzer Zeit zuviel mitschreiben müssen, in eine passive Arbeitsweise gedrängt werden.

Aus dieser Sicht ist eine **Kombination der Overheadprojektion mit gedruckten Arbeitsblättern** für die einzelnen Studenten überlegenswert. Technisch wird dies durch Verwendung eines Thermokopiergerätes sowie eines Umdruckers zusätzlich zum Overheadprojektor erreicht. Mit Spezialfolien kann mit Hilfe eines Thermokopiergerätes sekundenschnell von einer Vorlage einerseits ein Transparent für die Overheadprojektion, andererseits gleichzeitig ein Umdruck-Original hergestellt werden. Das Umdruck-Original wird in den Umdrucker eingespannt, und sofort können saubere Abzüge für alle Studenten erstellt werden.

Ein Gerätesystem, bestehend aus Thermokopiergerät (a), Umdrucker (b) und Overheadprojektor (c) ist in Abb. 46 dargestellt.

Für einen solchen multimedialen Einsatz können das Transparent sowie die Arbeitsblätter gewissermaßen "unvollständig" gestaltet werden. Sie könnten z. B. eine komplette Zeichnung beinhalten, aber nur einen unvollständigen Text. Die fehlenden Textstellen (oder Zeichnungsteile) werden dann im Lauf des Unterrichtes erarbeitet; vom Lehrenden auf einer Blanko-Folie, von den Studenten in ihren Arbeitsblättern. Das vorwiegend darbietende Verfahren der Stoffvermittlung wird auf diese Art durch ein "erarbeitendes" ersetzt, die monodirektionale durch bidirektionale Kommunikation ergänzt oder abgelöst.

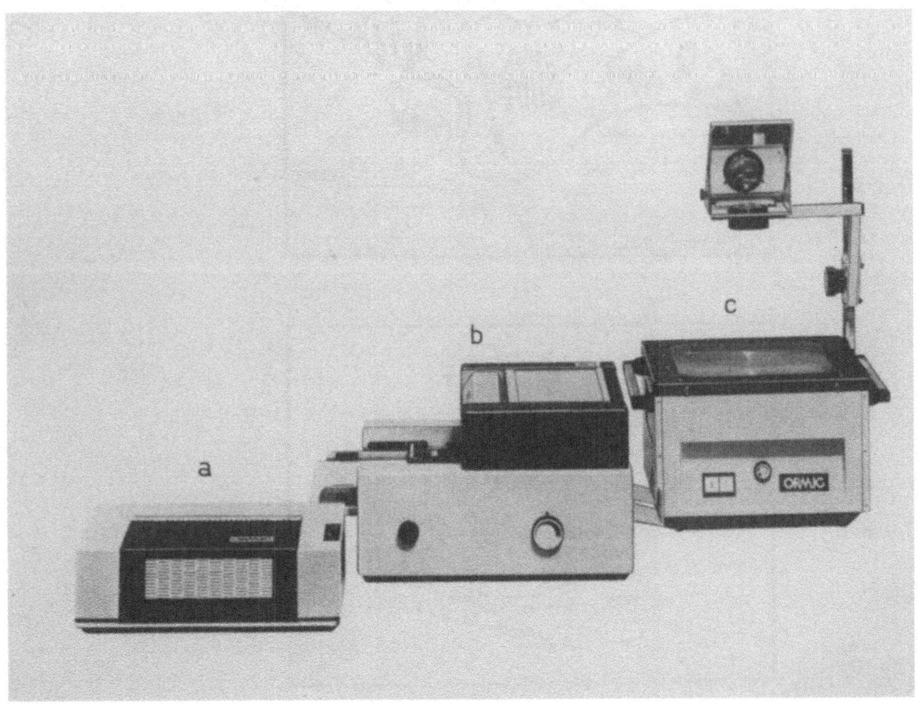

Abb. 46

d) Zur Herstellung von Transparentfolien

Die üblichen Beschaffungsmöglichkeiten von Transparenten für den Unterricht bestehen, wie wir schon erwähnt haben,

- im Kauf von einsatzbereiten Transparenten
- im Kopieren von Vorlagen aus Büchern, Prospekten etc.
- in der Selbstanfertigung.

Das selbstentworfene und selbstgefertigte Transparent gehört zu den wertvollsten Informationsträgern auf dem Projektor. Dem einzelnen Lehrer steht damit genau die gewünschte Darstellung zur Verfügung. Gegen diesen Vorteil fallen eventuelle kleinere grafische u.a. Mängel meistens nicht entscheidend ins Gewicht.

Wir wollen nun einige Tips für die Selbstanfertigung von Transparenten zusammenfassen.

falsch

richtig

Abb. 47

Die Darstellung der Lehrinhalte soll einfach und übersichtlich sein. Das Wesentliche muß "auf den ersten Blick" klar erfaßbar sein. **Überladene Transparente wirken schlecht.** Grundsätzlich sollten auf einem Transparent nur die Informationen enthalten sein, die zur Darstellung der Inhalte und zur Erreichung der Ziele unverzichtbar nötig sind. Lassen Sie bei der Gestaltung Ihrer Folien alles Nebensächliche weg!

Als gestalterisches Beispiel ist in der Abb. 47 eine eher überladene und eine strukturell einfache Gestaltung von Transparenten zum Thema "Wasserkreislauf in der Natur" angedeutet.

Transparente sollen womöglich nicht nur fertige Informationen anbieten, sondern zu Aktivitäten anregen. Dies kann durch "unfertige" Transparente erreicht werden - durch eine solche Bildgestaltung, die Fragen stellt und Denkanstöße vermittelt. Zum Beispiel könnten in unserer prinzipiellen Darstellung eines Overheadprojektors in Abb. 41 die Nummern, welche die einzelnen Projektorteile bezeichnen, weggelassen werden. An ihre Stelle könnten waagrechte Striche zur ergänzenden wörtlichen Beschriftung der einzelnen Teile auffordern.

Bei der **Beschriftung** selbst, d.i. bei der Wahl der Strichdicke, Buchstabenhöhe etc. ist unbedingt auf gute Lesbarkeit zu achten (s. Abschnitt 2.8.2 -"Zu den bildseitigen Forderungen").

Für eine übersichtliche Gestaltung von Text-Transparenten:
Schreiben Sie pro Zeile nicht mehr als etwa 6 - 7 Wörter !
Schreiben Sie nicht mehr als 8 - 10 Zeilen pro Transparent !
Soweit Sie eine wenigstens halbwegs lesbare **Handschrift** haben, beschriften Sie ohne weiteres Ihre Folien mit der Hand. Verwenden Sie dabei Latein-, Druck- und Blockschrift in sinnvoller Kombination. Achten Sie auf klare Gliederung, Absätze, Unterstreichungen. Farbe, sinnvoll, funktionell eingesetzt, hilft betonen, einordnen, gliedern, unterscheiden.

Da die Oberfläche der Folien sehr glatt ist, manche Farbstoffe nur begrenzt haften und leicht zusammenrinnen, verwenden Sie nur speziell für Overheadfolien bestimmte Schreibmittel. Es steht ein großes Angebot speziell für die Beschriftung von Folien entwickelter **Stifte** zur Verfügung. Grundsätzlich werden Stifte, deren Schrift mit **Wasser zu löschen** ist (Aufschrift meistens: soluble), sowie Stifte, deren Schrift nicht mit Wasser, jedoch mit **Spiritus zu löschen** ist (Aufschrift meistens: permanent), angeboten. Beide Arten sind in verschiedenen Strichstärken und Farben erhältlich.

Beschriftung mit Farb-OH-Stiften ergibt in der Projektion volltransparente Striche leuchtender Farben. Die Farbgebung größerer Flächen mit Stiften erfolgt eher ungleichmäßig - hier sind **Farbfolien** zu empfehlen. Diese haften auf der Grundfolie entweder, nachdem sie glattgestrichen wurden, durch Adhäsion, oder mit Hilfe eines Haftbelags (Klebefolien). Aus den Farbfolien werden die gewünschten Formen ausgeschnitten und auf die Fläche der Basisfolie gelegt, die farbig erscheinen soll.

Übliche **Schreibmaschinen-Schrift** (Großbuchstaben sowie Kleinbuchstaben) ist für die Gestaltung von Transparenten **nicht geeignet.** Die Strichdicke sowie die Buchstabengröße sind zu klein. Schreibmaschinen mit speziell großen Lettern (Plakatbuchstaben) sind bedingt verwendbar. Die Buchstabengröße entspricht, die Strichdicke läßt zu wünschen übrig.

Zur Beschriftung von Folien kann man auch sog. **Abreibebuchstaben** verwenden. Diese werden durch einfaches Abreiben von ihrem Trägermaterial auf die Overheadfolie oder jede andere glatte Fläche übertragen. Diese Buchstaben sind unter verschiedenen Firmenbezeichnungen, z.B. Letraset, Transotype, im Handel erhältlich.

Das Angebot besteht nicht nur aus schwarzen Schriften. Es werden auch transparente Buchstaben in Farben angeboten. Darüber hinaus gibt es verschiedene grafische Symbole, Pfeile, Figuren etc. Einige Beispiele sind in Abb. 48 dargestellt.

MEDIEN

Medien

1,3;5:9 (&? £)

Abb. 48

Die Vorgangsweise bei der **Montage von Einfachtransparenten** auf Papprahmen ist in der Abb. 49 dargestellt.

Die Folie wird mit der Rückseite nach oben auf den Rahmen gelegt und mit Klebestreifen fixiert.

Mit hitzebeständigem Klebeband wird die Folie den Kanten entlang endgültig befestigt.

An der Rahmen-Vorderseite werden evtl. Archivvermerke angebracht.

Abb. 49

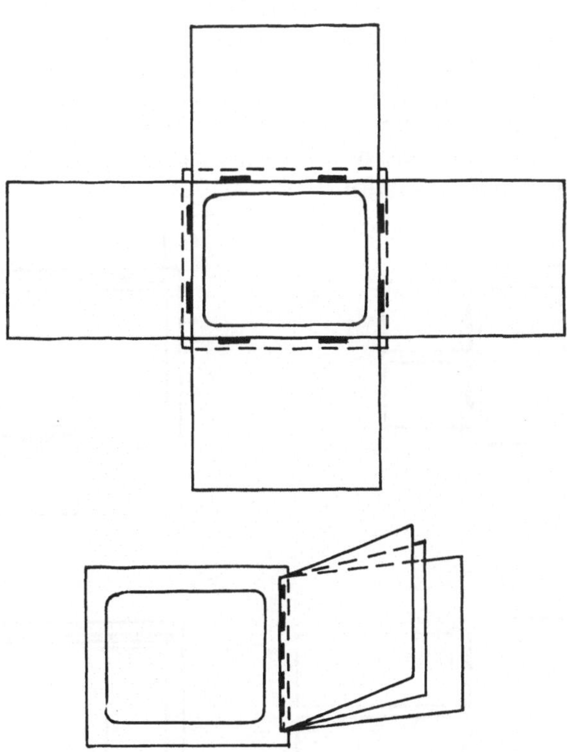

Abb. 50

Die Montage von **Mehrfachtransparenten (Overlay-Technik)** ist in Abb. 50 skizziert. Im oberen Teil des Bildes sind die Overlay-Folien von allen Seiten der Grundfolie montiert. Bei dieser Anordnung können die Overlays wechselweise aufgelegt werden. Wenn eine bestimmte Reihenfolge der Overlays zwingend erforderlich ist, können diese an einer Seite des Rahmens übereinander montiert werden (unterer Bildteil).

Die Montage von **Abdeckklappen** ist in Abb. 51 angedeutet. Die Abdeckklappen werden aus festem Papier in der gewünschten Form und Anzahl zugeschnitten und mit Hilfe von Aluminium-Scharnieren oder mit einem speziellen Klebeband am Rahmen montiert - Abb. 51 a), b), c). Abb. 51 d) zeigt die "Schiebeanordnung" einer Abdeckklappe.

Aluminium- sowie andere **Klebescharniere** (z.B. aus metallisiertem Polyester) und spezielle Klebebänder zur Befestigung von Overlay-Folien sind im Fachhandel erhältlich. Besonders einfach ist die Montage von Overlay-Folien mit speziellen, z.B. **glasfaserverstärkten Klebebändern.** Solche Bänder (etwa Scotch Filamentband) sind unempfindlich gegen die mechanische Beanspruchung, welche beim Auf- und Abblättern der Overlay-Folien entsteht, und sind leicht montierbar.

Die Overlay-Folie wird mit der bereits auf dem Rahmen montierten Grundfolie zur Deckung gebracht und durch einfaches Aufkleben mit dem Klebeband an der entsprechenden Stelle des Rahmens befestigt. Die Situation ist vereinfacht in der Abb. 52 skizziert. Die Grundfolie (1) ist an der Rückseite des Rahmens (2), die Overlays (4) sind an der Rahmen-Vorderseite mit glasfaserverstärkten Klebebändern (3) in der gewünschten Anordnung befestigt.

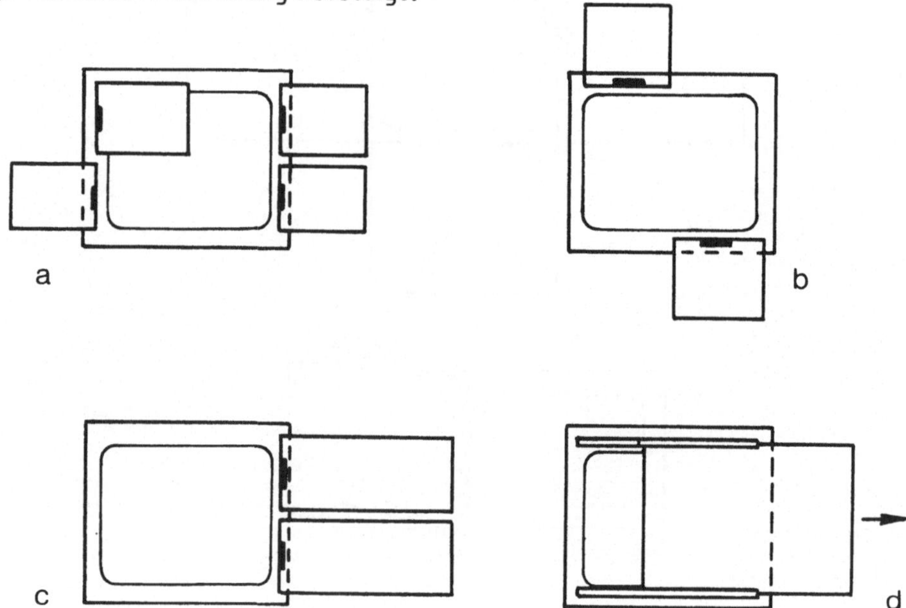

Abb. 51

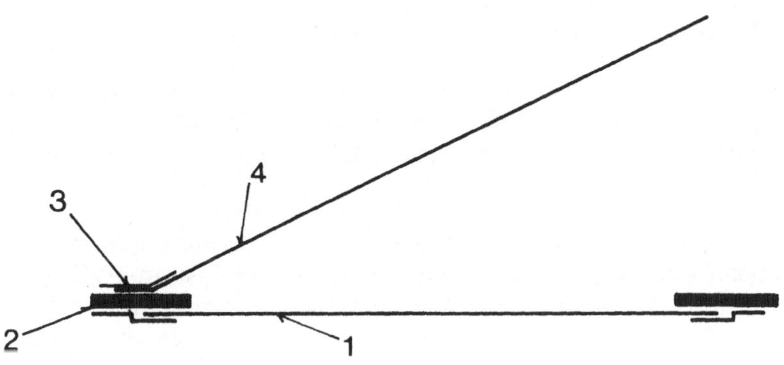

Abb. 52

Die Montage von Drehteilen ist anhand eines einfachen Beispieles (Uhr) in der Abb. 53 angedeutet.

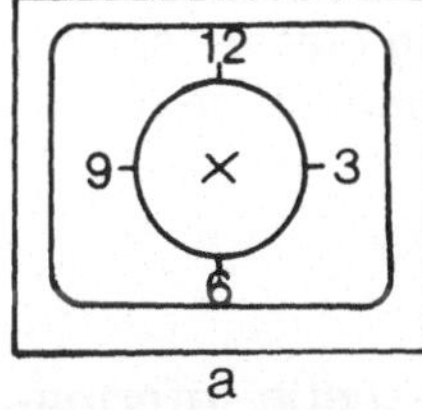

a

Montage der Grundfolie, z.B. Zifferblatt

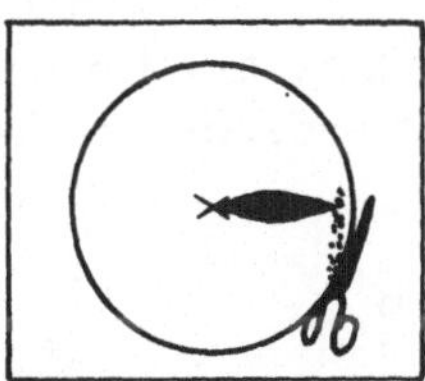

b

Zuschneiden der Drehteile auf die gewünschte Form. Herausschneiden der Drehpunkte × aus allen Folien.

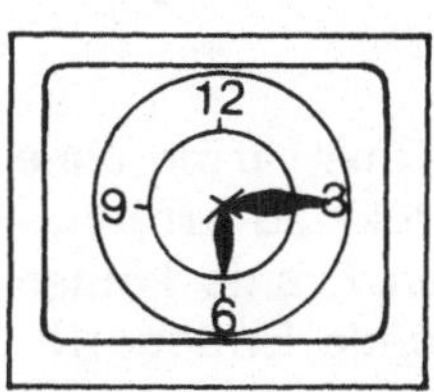

d

c

Als Drehachse einen kleinen Druckknopf durch die Folien stoßen und verschließen.

Abb. 53

e) Zur Aufbewahrung von Transparentfolien

Im allgemeinen gelten für die Aufbewahrung von Transparentfolien ähnliche Grundsätze wie für die Aufbewahrung von Diapositiven. Insbesondere: **trocken,** womöglich **kühl** und **staubfrei** lagern.

Kleinere Mengen von Transparentfolien können ziemlich gut in Aktenordnern oder Ringmappen aufbewahrt werden, auch wenn das Auffinden und die Entnahme bzw. Ablage gewünschter Transparente etwas Zeit kostet.

Für die Archivierung größerer Mengen von Transparentfolien werden verschiedene Archivsysteme angeboten. Z. B. aus festem PVC-Material hergestellte, mit Hängeschienen versehene Transparenthängetaschen, welche in Hängeregistraturen untergebracht werden. Solche Hängeregistraturen werden z. B. in Schreibtische oder Schränke eingebaut oder auf spezielle Transportwagen montiert. Verschiedenes Zubehör, wie z. B. Karteikarten und Karteitröge, Leuchtkästen etc., ermöglicht ein schnelles Auffinden der gewünschten Transparente.

2.8.6 ZUR EPIPROJEKTION

Die episkopische Projektion (abgekürzt Epiprojektion) gehört zu den "klassischen" optischen Projektionsarten; zum Unterschied von der Diaoder Overheadprojektion ermöglicht sie aber die unmittelbare Darbietung von **undurchsichtigen Bildern.** Die für die Darbietung dieser "originalen" Informationsträger erforderlichen Geräte bezeichnet man als **Episkope.**

a) Zu den Informationsträgern

In der täglichen Unterrichtspraxis ist es vorteilhaft, aktuelle Information, wie z. B. aus neuen Zeitschriften, Prospekten etc. direkt projizieren zu können, ohne sie vorher zu einem Diapositiv oder zu einem Overhead-Transparent umarbeiten zu müssen. Dies ist bei der Epiprojektion möglich.

Es ist sehr einfach, die für die Projektion vorgesehene Illustration ohne spezielle Vorbereitung in das Episkop einzulegen und direkt zu projizieren. Die Größe der Vorlagen unterliegt in der üblichen Praxis keinen bedeutsamen Einschränkungen. Die zur Verfügung stehende Einlegefläche ermöglicht je nach Typ des Episkopes Bildausschnitte von 16 x 14 cm, 19 x 16 cm, 30 x 30 cm u.ä. Es können lose Blätter, Bilder aus Büchern (der Einlegeraum der meisten Episkope ist einige cm hoch), aber auch flache reliefartige Gegenstände, wie z.B. Ätzungen, Leiterplatten für gedruckte Schaltungen elektronischer Geräte u.ä., direkt projiziert werden.

b) Zu den Projektoren

Zum Unterschied von der bei den Dia-, Overhead- sowie Filmprojektoren verwendeten sog. Durchlichtprojektion verwenden Epiprojektoren die sog. **Auflichtprojektion.**

Die zu projizierende Vorlage wird auf eine Platte am Boden des Episkopes gelegt und mit einer oder mehreren Lampen beleuchtet. Das von der Vorlage diffus reflektierte Licht (genauer gesagt ein Teil des Lichtes) wird über einen Spiegel zum Projektionsobjektiv geführt und auf die Projektionsfläche geworfen.

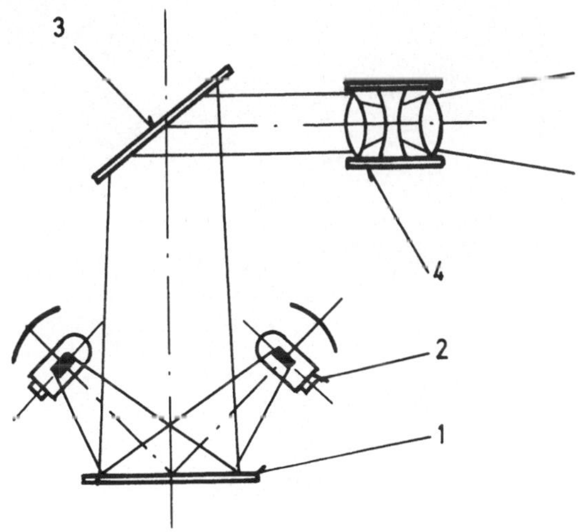

Abb. 54

Die prinzipielle Anordnung eines Episkopes ist in Abb. 54 dargestellt. Die Projektionsvorlage, d.h. hier also der undurchsichtige Informationsträger, ist mit 1 bezeichnet, die Lampen mit 2, der Umlenkspiegel mit 3 und das Objektiv mit 4.

Auch wenn sich die Episkope der einzelnen Hersteller in der Konstruktion untereinander unterscheiden, ist die in Abb. 54 angedeutete prinzipielle Anordnung bei allen Fabrikaten gleich. Das in der Abb. 55 dargestellte Foto zeigt ein im Bildungsbereich übliches Episkop. Abb. 56 zeigt eine spezielle Ausführung, ein sog. Front-Episkop, das auch als "Overhead-Episkop" bezeichnet werden könnte. Front-Episkope ermöglichen große Bilder auch bei kurzen Projektionsabständen.

Vom Prinzip her kann die bei Episkopen zum Einsatz kommende Auflichtprojektion nur eine geringere Lichtausbeute liefern als die Durchlichtprojektion bei Dia-und Overheadprojektoren. Beim Einsatz des Episkopes ist es daher fast immer erforderlich, den Unterrichtsraum voll zu verdunkeln. Moderne Episkope mit Hochleistungs-Metallhalogen-Entladungslampen können u. U. auch in nicht voll abgedunkelten Räumen eingesetzt werden.

Abb. 55

Abb. 56

c) Zum Einsatz der Epiprojektion

Der größte Vorteil der Epiprojektion besteht darin, daß die zu projizierenden Vorlagen praktisch in keiner Weise technisch vorbereitet werden müssen. Mit dem Episkop lassen sich Bilder, Zeichnungen, Buchseiten - kurz alles, was auf undurchsichtigen Vorlagen geschrieben, gezeichnet oder gedruckt ist - unmittelbar und vergrößert wiedergeben.

Manche Episkope ermöglichen sogar die Arbeit mit Vorlagen, welche größer sind als die eigentlich Bild-Nutzfläche des Projektors. Diese Episkope können von ihrem Grundgestell abgenommen und auf beliebig große Vorlagen, z.B. Baupläne, Landkarten etc., aufgesetzt und dort auch verschoben werden.

Transparente Vorlagen - auf weißes Papier gelegt - können gleichfalls projiziert werden.

Das Episkop kann auch als Vergrößerungsgerät, z.B. bei der Erstellung von **Lehrbildtafeln,** verwendet werden. Die gewünschte Vorlage aus einem Buch, Prospekt o. ä. wird auf geeignetes Zeichenpapier vergrößert projiziert und die Linien werden einfach nachgezogen. Auf diese Weise können auch zeichnerisch wenig Begabte ansprechende große Lehrbilder erstellen.

Beim Betrieb des Episkopes kommt es durch die notwendige Verwendung von Hochleistungslampen zu beachtlicher Wärmeentwicklung. Die Gefahr evtl. Beschädigung wertvoller Vorlagen durch Hitzewirkungen sollte nicht vergessen werden.

2.8.7 ZUR FILMPROJEKTION

Die bisher besprochenen Projektionsarten, d. i. die Dia-, Overhead- und Epiprojektion, ermöglichen im Prinzip nur die Darstellung unbeweglicher Bilder. Wir sprechen bei ihnen daher über die sog. statische Projektion bzw. statische Visualisierung. Bei der Filmprojektion wird dem Zuseher ein dynamischer, abwechslungsreicher, lebendiger Eindruck vermittelt. Der Film bildet daher, sinnvoll eingesetzt, ein sehr wirkungsvolles Medium für den Unterricht.

a) Zu den Informationsträgern

Das derzeitige Filmmaterial besteht aus schwer entflammbarer Azetylzellulose, auf der die eigentliche lichtempfindliche Schicht aufgebracht ist.

Es gibt verschiedene Filmformate. In professionellen Kinos wird entweder Breitwandfilm (70 mm) oder das Standardkinoformat (35 mm) verwendet. In den Schulen spielt heute noch eine führende Rolle der 16-

mm-Film, welcher durch annähernde Halbierung des Standardkinoformates entstand. Den 16-mm-Film bekommt man entweder beidseitig perforiert (Abb. 57 a), oder - für Vertonung - mit einseitiger Perforation. Durch eine weitere Halbierung kam man zum Film mit 8 mm Breite, zum sog. "Doppel-8" (Abb. 57 b). Im Jahr 1964 erschien der sog. Super-8-Film auf dem Markt (Abb. 58).

Das Bildformat bei 16-mm-Filmen ist 10,3 x 7,5 mm, bei Doppel-8-Filmen 4,9 x 3,6 mm. Der Super-8-Film hat gegenüber dem normalen 8-mm-Film ein um fast 50 Prozent größeres Bild - 5,69 x 4,22 mm - was eine bessere Wiedergabequalität ermöglicht. Ein weiterer Vorteil besteht beim Super-8-Film darin, daß der Filmstrich in der Mitte zwischen den Perforationslöchern liegt, und nicht genau in der Höhe der Perforationslöcher, wie beim normalen 8-mm-Film. Diese geänderte Anordnung der Perforation erhöht z. B. die Haltbarkeit bei Film-Klebestellen. Der Super-8-Film wird immer häufiger verwendet, dies ist u. a. auch auf seine handliche Anordnung in einer speziellen Kassette zurückzuführen.

Aus Japan kommt der sog. Single-8-Film. Dieser unterscheidet sich im Format nicht vom Super-8-Filmstreifen, wird aber in einem anderen Kassetten-Typ ausgeliefert.

Die Bildqualität nimmt naturgemäß bei den kleinere Bildformaten ab. Die Bildfläche beim 16-mm-Film beträgt etwa 78 mm, beim Super-8-Film etwa 24 mm und beim normalen 8-mm-Film nur etwa 17 mm. (Die Verhältnisse zeigt annähernd die Abb. 59.)

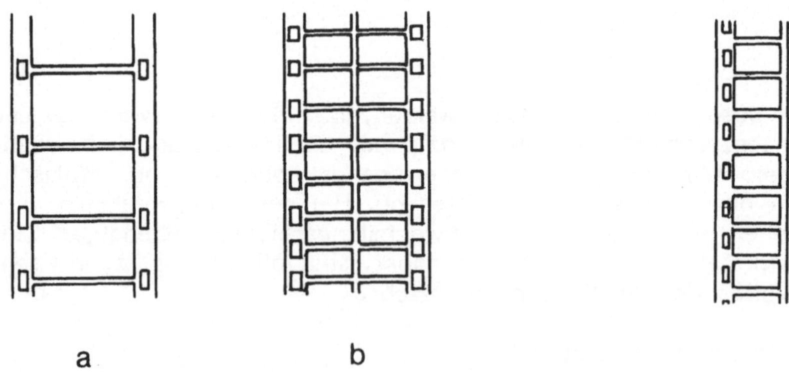

Abb. 57

Abb. 58

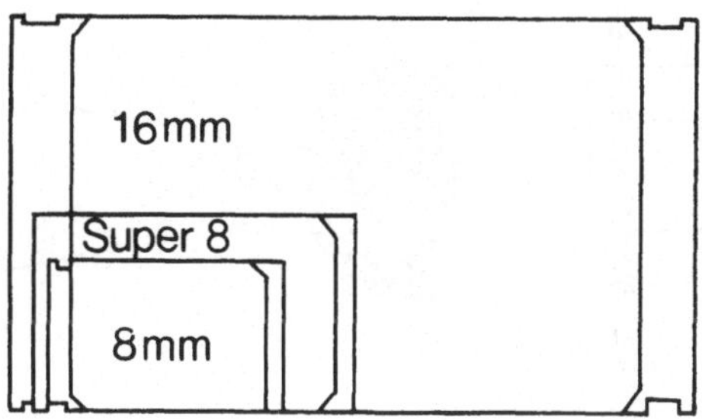

Abb. 59

Trotzdem kann ein Super-8-Film mit feinkörniger lichtempfindlicher Schicht fast ebensoviel Bildpunkte wiedergeben wie ein Fernsehbild - d. i. etwa 500 000 Punkte. Der 16-mm-Film ist in dieser Hinsicht dem Fernsehbild schon überlegen; der 35-mm-Film noch viel mehr - er ist, was die Auflösung betrifft, mindestens zweimal so leistungsfähig wie das übliche Fernsehbild.

b) Zu den Projektoren bzw. Kameras

Am Markt wird eine große Auswahl von Projektoren verschiedener Hersteller angeboten. Grundsätzlich wird je nach Filmformat zwischen 16-mm-Filmprojektoren, Super-8-mm-Filmprojektoren usw., sowie zwischen Stummfilm- und Tonfilmprojektoren unterschieden. In diesem Kapitel, welches der visuellen Gerätefamilie gewidmet ist, befassen wir uns nur mit der eigentlichen optischen Darbietung, in diesem Fall also nur mit Stummfilmprojektoren. Mit dem Tonfilm werden wir uns später, im Rahmen der audiovisuellen Gerätefamilie befassen.

Die einzelnen Projektortypen unterscheiden sich zwar in Leistung und Ausstattung, nützen aber das gleiche Prinzip - die Durchlichtprojektion - wie Diaprojektoren und Overheadprojektoren. Die Funktionsweise eines Filmprojektors unterscheidet sich von der eines Diaprojektors eigentlich nur dadurch, daß das Diapositiv durch einen zusammenhängenden Filmstreifen mit belichteten Einzelbildern ersetzt ist, von denen das nächste jeweils eine weitere Bewegungsphase darstellt. Durch die schnelle Aufeinanderfolge der Einzelbilder entsteht der Bewegungseindruck. Infolge der Trägkeit des Auges verschmelzen ab etwa 16 Bildwechseln pro Sekunde die Teilbilder zu einer fortlaufenden Bewegung.

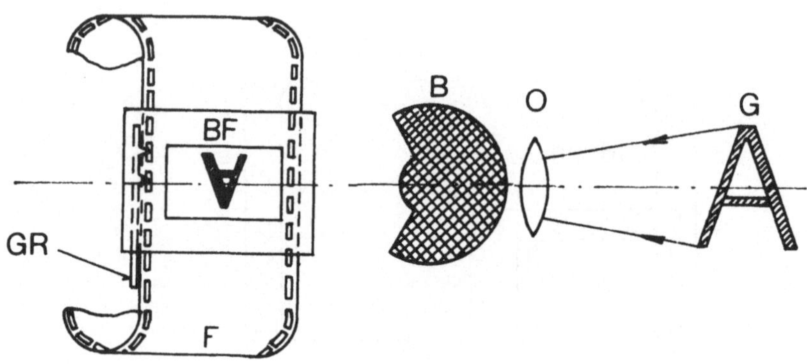

Abb. 60

Der Film wird mit Hilfe einer Filmkamera aufgenommen. Der prinzipielle Vorgang bei der **Aufnahme** ist in Abb. 60 angedeutet. Von einer Abwickelspule läuft der Film zum Bildfenster (BF). Der aufzunehmende Gegenstand (G) wird über das Objektiv (O) auf die lichtempfindliche Schicht des Filmes (F) im Bildfenster abgebildet. Die einfallenden Strahlen bewirken einen schnellen fotochemischen Vorgang - in der lichtempfindlichen Schicht entsteht ein latentes Bild. Im Augenblick der Belichtung muß der Film im Bildfenster völlig stillstehen. Im folgenden Augenblick wird das Bildfenster durch eine rotierende Blende (B) abgedunkelt; der Lichteinfall in die Kamera wird unterbrochen. Gleichzeitig, d. i. während der kurzen Dunkelphase, wird der Film mittels eines in die Filmperforation einfallenden Greifermechanismus (Gr) ruckartig weiterbewegt, und zwar so, daß im nächsten Augenblick, wo die Blende wieder den Lichtzugang öffnet, das nächste Filmfeld (Kader) im Bildfenster schon stillsteht. Der beschriebene Vorgang wiederholt sich periodisch.

Die Bewegungsphase wird also bei der Aufnahme in entsprechend viele Einzelbilder zerlegt. Bei der Projektion werden diese Einzelbilder normalerweise mit der gleichen Bildfrequenz vorgeführt, mit der sie aufgenommen wurden. Die Bildfrequenz beträgt gewöhnlich 18 oder 24 Bilder/sec. (Filme, die speziell für das Fernsehen gedreht werden, haben 25 Bilder/sec.)

Der Vorgang bei der **Filmprojektion** ist stark vereinfacht in Abb. 61 dargestellt.

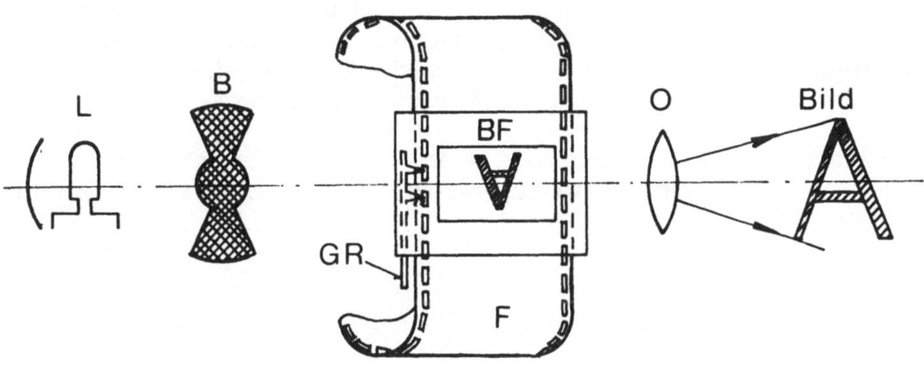

Abb. 61

Der zu projizierende Film läuft wieder von einer Abwickelspule zum Bildfenster (BF), an dem er durch eine Andruckplatte vollkommen plan vorbeigeführt wird. Nach kurzer Durchleuchtung (Projektion) mit dem von der Lichtquelle (L) kommenden Lichtbündel (bei Stillstand im Bildfenster) wird der Film, ähnlich wie bei der Aufnahme, mit einem Greifermechanismus (Gr) ruckartig weiterbewegt. Der Übergang von einer kontinuierlichen Bewegung des Films vor Erreichen des Bildfensters zur ruckweisen und danach wieder in eine kontinuierliche wird durch die Bildung von Filmschlaufen vor und nach dem Bildfenster ermöglicht.

Für eine kurze Dunkelphase während des Filmtransports sorgt wieder eine rotierende Blende (B). Zum Unterschied von der Kamerablende hat die Blende im Filmprojektor zwei oder drei Flügel. Diese Flügel ermöglichen es, eine völlige Flimmerfreiheit des projizierten Filmes zu erreichen. Bei der Projektion von etwa 16 Bildern pro Sekunde wird zwar schon der Eindruck einer fließenden Bewegung erreicht, aber die sich mit den einzelnen Bildern ändernde Lichtintensität macht sich subjektiv noch als Flimmern des Bildes bemerkbar. Erst etwa 50 Lichteindrücke pro Sekunde werden nicht mehr als Einzelimpulse empfunden, sondern als kontinuierliches Licht.

Um das Bildflimmern zu eliminieren, ist es erforderlich, das Bild in jeder Sekunde etwa fünfzigmal zu durchleuchten. Das wird durch die mehrflügelige Blende erreicht - sie unterbricht den Lichtfluß kurz, nicht nur während des Filmtransportes, sondern zusätzlich noch einmal oder zweimal während des Bildstillstandes. Bei einer dreiflügeligen Blende unterbricht ein Flügel den Lichtfluß während des Filmtransports, die beiden weiteren Flügel sorgen für zwei weitere Unterbrechungen (Dunkelpausen) während des Bildstillstandes. Bei einer Bildfrequenz von 16 B/s entstehen also 3 x 16 = 48 Lichtimpulse vom gleichen Bild. Bei einer Bildfrequenz von 24 B/s ergibt das gleiche Ergebnis eine zweiflügelige Blende - 2 x 24 = 48 in einer Sekunde projizierte Bilder.

Das Angebot an Filmprojektoren ist sehr groß. Zwei solche Projektoren zeigt Abb., 62, links einen Super-8-Projektor, rechts einen 16-mm-Filmprojektor.

Abb. 62

c) Zum Einsatz der Filmprojektion

Grundsätzliches

Für den Einsatz der Filmprojektion im Unterricht gelten viele der allgemeinen Überlegungen, welche wir schon beim Einsatz der Dia-, Epi- und Overheadprojektion erwähnt haben. Ein gravierender Unterschied besteht aber - der Unterschied zwischen der statischen Visualisierung der bisher beschriebenen Projektionsarten und der bei der Filmprojektion gegebenen dynamischen Visualisierung. Während die durch Dia-, Epi- oder Overheadprojektion dargebotenen Bilder **"verweilend"** betrachtet werden, handelt es sich bei der Filmprojektion im Prinzip um **"flüchtig"** präsentierte Darstellungen.

Der große Vorteil der dynamischen Darbietung bei der Filmprojektion kann didaktisch auch unerwünscht sein; das Bild verschwindet manchmal vielleicht zu schnell von der Projektionswand.

Die Spezifika des Films müssen erkannt, berücksichtigt und für den unterrichtlichen Einsatz der Filmprojektion sinnvoll genützt werden. Wie bei allen anderen Medien ist auch beim Einsatz von Filmen im Unterricht der Grundsatz der Medienoptimalität einzuhalten - d. h. jedem Medium soll nur der Stoff zugeordnet werden, der den spezifischen Eigenschaften des Mediums entspricht.

Film-Spezifika

Den prinzipiellen und schwerwiegendsten Vorteil der Filmprojektion haben wir schon wiederholt erwähnt - es ist dies die Möglichkeit, **dynamische Vorgänge, Bewegungsabläufe,** darzustellen. Manche Lehrinhalte sind durch Bewegung, durch bewegte Wirklichkeitsabläufe gekennzeichnet. Bei Lehrstoffen, deren inhaltliche Dynamik nur mit Bewegung in erforderlicher Deutlichkeit darstellbar ist, bringt der Einsatz der Filmprojektion erhebliche Vorteile.

Manchmal müssen im Unterricht Inhalte erörtert und erkannt werden, welche in ihren normalen Bedingungen sehr schnell oder sehr langsam ablaufen. Dies kann z. B. bei sehr schnell laufenden Maschinen oder bei langsamen chemischen oder biologischen Vorgängen, beim Pflanzenwachstum etc. der Fall sein. Hier bietet eine große Hilfe die sog. filmische Zeitraffung bzw. Zeitlupe.

Bei der **Zeitraffung** wird die Anzahl der Bilder (Belichtungen) pro Zeiteinheit bei der Aufnahme des Films gegenüber dem Normaltempo bei der Projektion herabgesetzt. Der Bewegungsablauf wird also mit weniger Bildern pro Sekunde aufgenommen, der Filmstreifen wird aber mit der Normalfrequenz vorgeführt. Das beschleunigt den Bewegungsablauf - rafft somit die Zeit. Durch die Zeitraffung können langsam ablaufende Bewegungen augenfälliger gemacht, z. B. langsam heraufziehende Gewitterwolken beschleunigt werden etc.

Bei Aufnahme mit einer Frequenz von 12 Bildern pro Sekunde und Filmwiedergabe mit der bei Super-8-Kameras üblichen Normalfrequenz von 18 B/s wird z. B. in zwei Sekunden vorgeführt, was sich innerhalb von drei Sekunden ereignet hat. (In drei Sekunden werden 12 x 3 = 36 Bilder aufgenommen, aber in zwei Sekunden -18 x 2 = 36 - projiziert.) Aufnahmegeschwindigkeit 6 B/s bei normaler Wiedergabegeschwindigkeit bedeutet eine dreifache Zeitraffung, 2 B/s bringen eine neunfache Zeitraffung im Vergleich zum Originalablauf usw. Nimmt die Filmkamera nur ein Bild pro Minute auf, so werden die im Laufe einer ganzen Stunde gefilmten Vorgänge bei der Projektion mit 18 B/s in 3,3 Sekunden wiedergegeben, es handelt sich in diesem Fall also um eine 1080fache Zeitraffung.

Bei der **Zeitlupe** wird die Anzahl der Bilder (Belichtungen) pro Zeiteinheit bei der Aufnahme heraufgesetzt. Bei Projektion mit Normaltempo erscheint dann der aufgenommene Bewegungsablauf langsamer als in Wirklichkeit. Werden z. B. 54 Bilder pro Sekunde aufgenommen, ergibt sich bei der Projektion mit 18 B/s eine Zeitdehnung - aus einer Aufnahmesekunde werden drei Projektionssekunden, der Bewegungsablauf wird entsprechend verlangsamt, alle seine Phasen können gewissermaßen "unter die Lupe genommen werden". Diese Möglichkeit der Filmprojektion kann sehr wirkungsvoll zur Veranschaulichung der Wirkungsweise schnellaufender Maschinen, bei der Demonstration von Bewegungsabläufen im Sport (Wurf- und Sprungformen), bei der Veranschaulichung verschiedener schnell ablaufender physikalischer Phänomene etc. eingesetzt werden.

Ein weiteres Film-Spezifikum bildet der **Trickfilm.** Diese Technik wird hauptsächlich dazu benutzt, komplizierte Vorgänge in vereinfachter Form erkennbar zu machen und Phänomene darzustellen, die man normalerweise nicht sehen kann. Ein Zeichentrickfilm kann z. B. den Physik-Unterricht im Kapitel Elektrizitätslehre anschaulicher gestalten, indem die Elektronenbewegungen veranschaulicht, der elektrische Strom in Analogie mit einem Wasserstrom im Trick gezeigt wird usw.

Die Filmkamera eingesetzt mit einem Mikroskop läßt die Welt der **Mikroobjekte** für einen großen Zuschauerkreis erkennbar werden, Filmaufnahmen beweglicher Mikroobjekte, wie z. B. Filme über Blutkörperchen, die Aktivität von Bakterien etc. nützen zweifellos ein Spezifikum des Films.

Die Filmprojektion ermöglicht es auch, **Makroobjekte** in das Klassenzimmer zu bringen. Aufnahmen großer Schiffe, Flugzeuge, Maschinen, großer Produktionsstätten können Exkursionen ersetzen, Filme aus dem Weltraum bisher Unbekanntes zeigen etc.

Filme können **räumlich** (z. B. für das Fach Geografie) sowie **zeitlich** (z. B. für das Fach Geschichte) entfernte Vorgänge darbieten, können Aufnahmen aus gesundheitsschädlichen Objekten präsentieren etc.

Der Einsatz des beweglichen Bildes, des Films, im Unterricht ist zweifellos aufwendiger als der Einsatz von statischen Bildern. Dennoch ist der Einsatz des Films im Unterricht in vielen Fällen gerechtfertigt und sinnvoll - überall dort, wo seine Spezifika zur Geltung kommen. Grundsätzlich gilt: Bewegung ist das Wesen des Films.

Realisierung des Filmeinsatzes

Durch den Filmeinsatz im Unterricht können verschiedene Ziele verfolgt werden. Typisch ist insbesondere der Einsatz des Films zur Einleitung einer Unterrichtseinheit, weiterhin zum Abschluß des Unterrichts und selbstverständlich als interner Bestandteil der Unterrichtseinheit.

Der Film als **"Einleitung"** soll in der Regel motivierend wirken, das Gefühl und die Teilnahme des Zuschauers anregen. Dies kann z. B. durch gekonnte Darstellung der Perspektiven des Fachgebietes, durch Darstellung attraktiver Anwendungsmöglichkeiten, moderne Technik u. ä. erreicht werden. Der Film kann bewußt Probleme aufwerfen, aber vorerst keine Lösung anbieten - also eine Diskussionsgrundlage bieten.

Der Film als **"Abschluß"** soll das Unterrichtsthema abrunden, vervollständigen. Ein Abschlußfilm kann eine vertiefende Zusammenfassung des Stoffes bringen, eine Wiederholung des Stoffes im breiteren Kontext, einen Ausblick auf weitere Anwendungsmöglichkeiten der besprochenen Phänomene, spezielle Anwendungsbeispiele etc.

Der Film als **"Arbeitsgrundlage"** soll einen organischen Bestandteil des Unterrichts bilden. Der Wortbestandteil "Arbeit" soll hier zum Ausdruck bringen, daß diese Form des Filmeinsatzes eine optimale Einfügung des Films in das Unterrichtsgeschehen zum Ziel hat. Dieser Gedanke wird präziser durch die englische Bezeichnung **"single concept film"** umschrieben; gemeint ist ein Film, der einen einzelnen Aspekt des Lehrstoffes zum Gegenstand hat, der sich "nahtlos" in die Unterrichtseinheit einfügt. Aus dieser Sicht sollte ein "Arbeitsstreifen", ein single concept film, etwa folgenden Ansprüchen gerecht werden:

- Nur solchen Lehrstoff beinhalten, für dessen Darbietung der Film spezifische Vorteile bringt - Medienoptimalität.
- Inhaltlich den Lehrplänen und Lehrbüchern entsprechen
- Nur Grundphänomene und -begriffe im Strukturgefüge des gegebenen Lehrstoffes beinhalten
- Genau den Vorkenntnissen der Adressaten entsprechen
- Nur eine der Unterrichtseinheit entsprechende Informationsmenge enthalten, d. h. in der Regel nur einige Minuten dauern
- Die Länge der einzelnen Einstellungen soll der Apperzeptionsgeschwindigkeit der Adressaten entsprechen sowie deren typischen Merkmalen

Eine wichtige Voraussetzung für den Einsatz von Filmen (sowie anderer Medien) in den Unterricht ist deren **Verfügbarkeit.** Der Film muß genau zu dem Zeitpunkt verfügbar sein, den die Unterrichtsplanung des Lehrenden vorsieht. Die beste Verfügbarkeit ist selbstverständlich dann gegeben, wenn die Filme direkt an den einzelnen Bildungsinstitutionen archiviert werden. Bei Super-8-Filmen erscheint dies in Anbetracht ihrer relativ geringen Kosten nicht unmöglich.

Die Vorgangsweise beim Einsatz des Films im Unterricht könnte etwa in den gleichen Schritten ablaufen, wie wir sie schon beim Einsatz der Diaprojektion zusammengefaßt haben.

Die **allgemeine Vorbereitung** sollte insbesondere die Überlegung beinhalten, ob der vorhandene Film sich überhaupt in das didaktische Unterrichtskonzept einpassen läßt. Zur ersten Beurteilung des Filmes kann man die Angaben eines entsprechenden Filmkataloges heranziehen, eine endgültige Entscheidung kann man aber erst dann treffen, nachdem man den Film gesehen hat. Der Lehrer muß sich den Film vor dem Einsatz im Unterricht unbedingt selbst ansehen.

Die **methodische Vorbereitung** stützt sich auf die Erkenntnisse, welche der Lehrende bei der Besichtigung des Films gewonnen hat - auf die Länge des Films bzw. einzelner Filmteile, die getrennt vorgeführt werden sollen, auf die eventuelle Notwendigkeit, neue Begriffe vor der Filmprojektion zu erklären etc. Bei Stummfilmen verbleibt dem Wort des Lehrers eine wichtige Rolle - er muß sich die Filmsituation merken, die er während der Projektion kommentieren will.

Die **technisch-organisatorische Vorbereitung** beinhaltet einerseits Vorbereitungen des Raumes, andererseits Vorbereitungen des Projektors. Bei der Filmprojektion muß der Raum verdunkelt oder wenigstens stark verdämmert werden. Das Gestühl, die Projektionsfläche sowie der Projektor müssen entsprechend den raumbedingten und objektseitigen Forderungen (s. Kapitel 2.8.1 und 2.8.3) angeordnet werden. Die erforderlichen Kabelverlegungen müssen so erfolgen, daß ein Stolpern verhindert wird, der Film muß eingelegt werden und eine Kontrolle der einwandfreien Funktion des Projektors durchgeführt werden usw.

Um Zeitverluste und Beschädigungen der Projektoren durch ihr Herumtragen in verschiedene Unterrichtsräume zu vermeiden, sollten die Projektoren womöglich auf die Dauer in den Schulräumen installiert sein. Für kleinere Schulräume, d. h. zum Beispiel für übliche Klassenzimmer, sind hiefür einfache Medienschränke gut geeignet. Es sind dies verschließbare Schränke, in denen die Projektoren (z. B. ein Filmprojektor und ein Diaprojektor) auf einfach ausschwenkbaren Fächern angeordnet sind. Die Projektoren stehen damit für den Unterricht praktisch augenblicklich zur Verfügung.

Für große Unterrichtsräume, wie z. B. Hörsäle, empfiehlt es sich, entweder einen etwa in der Mitte des Gestühls gelegenen Projektionsstand vorzusehen oder einen getrennten Bildwerferraum anzuordnen.

Besteht die Möglichkeit einer Dauerinstallation der Projektoren im Unterrichtsraum nicht, müssen diese von Fall zu Fall immer wieder neu im Raum aufgestellt werden. Dazu werden spezielle Projektortische verwendet, welche für den mobilen Einsatz meist leicht zusammenlegbar konstruiert sind. Diese Tische müssen eine feste Auflagebasis für den Projektor bilden und eine genügend große Auflagefläche für das Gerät haben. Der Projektortisch muß genügend hoch sein, um über die Köpfe der sitzenden Zuschauer hinweg projizieren zu können. Es können manchmal auch Projektionsaufsätze für Tische verwendet werden.

Die **eigentliche Vorführung** muß einen logischen Bestandteil der ganzen Unterrichtseinheit bilden. Es ist nicht gut möglich, exakte Regeln für den Filmeinsatz in konkrete Unterrichtseinheiten anzugeben. Als Beispiel wollen wir das in Abb. 63 angedeutete Modell anführen.

Zu Beginn der Vorführung müssen die Adressaten auf den Film vorbereitet werden. In der "Einleitung" soll die Stellung des Filminhaltes in der gesamten Stoffstruktur geklärt werden, es sollten alle für das Verstehen des Films erforderlichen Worte und Begriffe geklärt werden, es sollten Aufgabenstellungen gegeben werden - Hinweise auf Dinge, welche besonders beachtet werden sollen usw. Bei der "eigentlichen Filmprojektion" sollte - bei Tonfilmen - der Lehrer nicht eingreifen, sondern sich nur auf Beobachtung der Adressaten beschränken. Oft ist es vorteilhaft, den Film zweimal zu zeigen; dies ist insbesondere bei single concept Filmen wegen ihrer Kürze gut möglich. Bei der zweiten Vorführung kann dann der Lehrer z. B. einen eigenen Kommentar geben, welcher auf die bei der ersten Filmvorführung beobachteten Adressatenreaktionen eingeht. Nach der Vorführung, bei der "Zusammenfassung", sollte der Film diskutiert, Probleme geklärt, Fragen beantwortet werden.

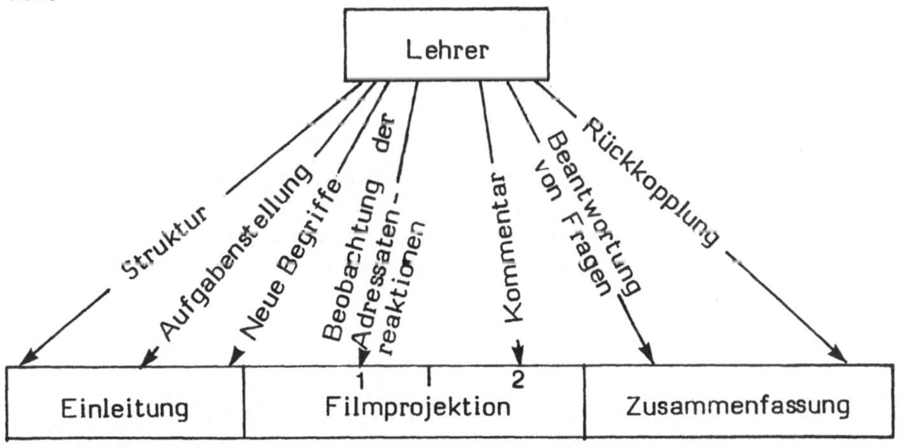

Abb. 63

Eine solche Zusammenfassung kann eine spezielle **Nachbereitung** ersetzen, soweit eine gemeinsame Reflexion über das Gesehene zur Verdeutlichung und Festigung der Erkenntnisse beigetragen hat, evtl. aufgetretene Mißverständnisse geklärt und berichtigt wurden etc.

d) Zur Aufbewahrung von Filmen

Filme sollen nach der Vorführung gründlich gesäubert werden - entweder durch ein weiches, nicht faserndes Tuch laufen lassen, oder noch besser mit einem speziellen Filmreinigungsmittel reinigen. Aufbewahren sollte man Filme auf ihren Spulen in für diesen Zweck bestimmten Kassetten oder gut verschlossenen Büchsen. Der Lagerungsort sollte kühl sein, aber keinesfalls feucht. Günstig ist eine Luftfeuchtigkeit zwischen 40 und 60 Prozent.

KONTROLLFRAGEN

K 12 Sie wollen Ihren Unterricht durch einige Dias veranschaulichen. Leider sind zu Ihrem Lehrstoff keine für Ihr Vorhaben passenden Dias greifbar. Sie müssen demnach Ihre eigenen Dias erstellen. Beschreiben Sie, bitte, mit einigen Stichworten die Vorgangsweise bei der Selbstanfertigung von Dias!

K 13 Beschreiben Sie mit einigen Stichworten die Vorgangsweise bei der Vorbereitung der Diaprojektion sowie bei der eigentlichen Vorführung der Dias in Ihrem Unterricht!

K 14 Es gibt verschiedene Möglichkeiten der Beschaffung von Overheadtransparenten für den Unterricht. Nennen Sie die drei am häufigsten angewandten Beschaffungsmöglichkeiten und erwähnen Sie deren wichtigste Vor- und Nachteile!

K 15 Sie wollen beim Unterricht gleichzeitig mit Overhead-Transparenten auch analoge Arbeitsblätter für Ihre Studenten verwenden. Als erstes haben Sie die Vorlagen für die Transparente und damit gleichzeitig für die identischen Studenten-Arbeitsblätter erstellt. Zur Verfügung steht Ihnen ein Thermokopiergerät, ein Spirit-Umdrucker, die erforderlichen Folien bzw. Papiere und selbstverständlich auch ein Overheadprojektor. Versuchen Sie bitte, Ihre Vorgangsweise bei der Erstellung der Transparente sowie der identischen Studenten-Arbeitsblätter durch eine einfache grafische Darstellung (Skizze) zu illustrieren!

K 16 Ihr Unterrichtsthema lautet "Flächenberechung des Dreiecks". Sie wollen mit Ihren Schülern folgende Flächenformel erarbeiten:

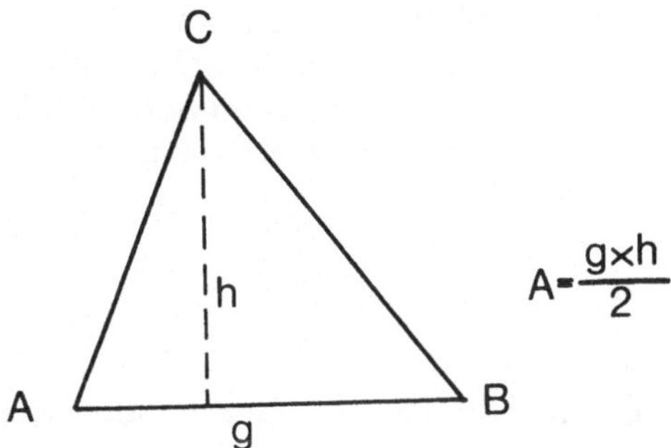

$$A = \frac{g \times h}{2}$$

Zu diesem Thema wollen Sie ein Mehrfach-Transparent (Overlay-Technik) für die Overheadprojektion entwerfen. Skizzieren Sie bitte Ihren Vorschlag für ein solches Transparent!

K 17 Nennen Sie aus Ihrem Unterrichtsfach einige Themen, für die Sie den Einsatz eines geeigneten Filmes für wichtig halten. Begründen Sie gleichzeitig in einigen Stichworten Ihre Meinung.

K 18 Beim Einlegen eines Filmes in den Projektor müssen Sie zwei Filmschlaufen bilden - eine vor und eine nach dem Bildfenster. Warum?

K 19 Medien- und fachspezifische Erfahrungen und Kriterien können nur durch schrittweises Vorgehen erarbeitet werden - eine Sensibilisierung für medienspezifische Gegebenheiten muß entwickelt werden. Dem soll diese sowie die folgende Aufgabe dienen:

Vergleichen Sie anhand der angegebenen (sicher nicht umfassenden!) Kriterien die Dia-, Epi- und Overheadprojektion! Ein Kurzverfahren für diesen Vergleich stellt das stichwortartige Ausfüllen folgender Tabelle dar (gut möglich / schlecht möglich, einfach / aufwendig, erforderlich / nicht erforderlich, etc.). Eine zusätzliche kurze Meinungsäußerung zu den einzelnen Punkten ist erwünscht.

	Diaprojektion	Overheadprojektion	Epiprojektion
ZUWENDUNG/ EINBEZUG DER ADRESSATEN			
EIGENANFERTIGUNG			
RAUMVERDUNKELUNG			

K 20 Wir wollen nun die wichtigsten "visuellen Medien" nach der **Kodierung der Information** sowie der **Dauer der Informationsdarbietung** vergleichen.

Versuchen Sie, bitte, folgende Matrix auszufüllen, indem Sie anhand unserer Beurteilungskriterien die wichtigsten visuellen Medien in die Matrix eintragen! Als Beispiel: Wandkarten sollten in der vorletzten Zeile der Matrix ganz rechts eingetragen werden, nachdem sie überwiegend der Kodierung "symbolisch" entsprechen und nach der Dauer der Darbietung durchaus beliebig lange, d. h. verweilend, präsentiert werden können.

Dauer / Kodierung	flüchtig ⟷ verweilend
REAL	
BILDLICH	
SYMBOLISCH	
TEXTLICH	

LITERATURANGABEN ZU KAPITEL 2

(1) Armbruster, B. / Hertkorn, O.: "Arbeitstransparente im Unterricht". Greven Verlag, Köln, 1977

(2) Aschoff, V.: "Sichtverhältnisse im Unterrichtsraum". In: Melezinek, A. (Hrsg.): Unterrichtstechnologie und Schulbau. Verlag Johannes Heyn, Klagenfurt, 1974

(3) Aschoff, V.: "Die Vergleichsprojektion in der audiovisuellen Vorlesung". In: Melezinek, A. (Hrsg.): Die Technik und ihre Lehre. Verlag Johannes Heyn, Klagenfurt, 1974

(4) Bugelski, B.R. / Alampay, D.A.: "The role of frequency in developing perceptual sets". In: Canadian Journal of Psychology, 15, 1961

(5) Deforge, I.: "Gedanken über die Ausstattung von Schulwerkstätten". In: Die berufsbildende Schule Österreichs, Heft 2 - 1972/73

(6) Fenk, A.: "Ein Bild sagt mehr als tausend Worte ...?". In: AV-Forschung, Band 23, Wissenschaftliche Schriftenreihe des FWU, Grünwald, 1980

(7) Fischer, H.: "Allgemeine Didaktik für Höhere Schulen", Verlag der Fachvereine, Zürich, 1981

(8) Frank, H.: "Kybernetische Grundlagen der Pädagogik". Agis Verlag, Baden-Baden, 1969

(9) Hunziker, H.W.: "Audiovisuelles Lernen und kreatives Denken". Transmedia Verlag, Zürich, 1973

(10) Jensen, A.R.: "Individual differences in visual and auditory memory". In: Journal of Educational Psychology, 62 (2), 1971

(11) Keidel, W.D.: "Sinnesphysiologie" Teil 1, Springer-Verlag, Berlin-Heidelberg-New York, 1976

(12) Langer, I. / Schulz v. Thun, F. / Tausch, R.: "Sich verständlich ausdrücken". Ernst Reinhardt Verlag, München-Basel, 1981

(13) Melezinek, A.: "Medien im Unterricht". Studienbrief im Auftrag des Bundesministeriums für Wissenschaft und Forschung, Wien, 1979

(14) Melezinek, A.: "Einführung in die Unterrichtstechnologie" Teil 1. Verlag Johannes Heyn, Klagenfurt, 1976

(15) Melezinek, A.: "Ingenieurpädagogik". Springer-Verlag, Wien-New York, 1977

(16) Melezinek, A.: "Zum Sichtbereich bei der Präsentation visueller Lehrinhalte - insbesondere Sichtbedingungen zum Fernsehbildschirm". In: Melezinek, A. (Hrsg.): Ergebnisse und Perspektiven des Bildungsfernsehens. Verlag Johannes Heyn, Klagenfurt, 1975

(17) Milan, W.: "Overhead-Arbeitsprojektion". Eigenverlag, Wien, 1979

(18) Riedel, H.: "Psychostruktur". Verlag Schnelle, Quickborn, 1967

(19) Unterbrunner, H.: "Printed Technical Learning Materials". Info TVE Series, Unesco, Paris, 1978

(20) Vanoucek, J.: "Meßreihe Overhead-Projektoren". Bericht des Interuniversitären Forschungsinstitutes für Unterrichtstechnologie, Mediendidaktik und Ingenieurpädagogik der österreichischen Universitäten (IUI), Klagenfurt, Mai 1980

3 AUDITIVE MEDIEN UND IHR EINSATZ IM UNTERRICHT

Nach einigen allgemeineren Überlegungen zur auditiven Wahrnehmung werden wir in diesem Kapitel vorerst die wichtigsten Forderungen für die unbehinderte und zufriedenstellende Übermittlung auditiver Informationen im Unterricht besprechen. Anschließend werden wir die für den Unterricht wichtigsten auditiven Geräte und Systeme diskutieren.

3.1 EINIGE ÜBERLEGUNGEN ZUR AUDITIVEN WAHRNEHMUNG

Schon im Abschnitt 2.1 haben wir festgestellt, daß der Gesichtssinn die höchste Kapazität aller Sinnesorgane aufweist. Akustische Signale sind aber mit die wichtigsten Überträger von Informationen. Am deutlichsten läßt sich dies an der menschlichen Sprache nachweisen - unzählige Beispiele zeigen, welche grundlegende Bedeutung die Sprache als Kommunikationsmittel besitzt.

HUNZIKER (12) sieht das auditive System als eine Art von Kurzschrift für visuelle Inhalte. Der Mensch kann mit Hilfe von sprachlichen Symbolen bildliche Vorstellungen erzeugen, wodurch eine Verständigung über die augenblickliche Situation hinaus möglich wird. Das Lernen von Begriffen scheint auf einer Assoziation, auf einer Verknüpfung zwischen visuellem Vorstellungsbild und auditiver Abfolge zu beruhen.

Die Informationsübermittlung in Schulen geschieht nach wie vor zu einem großen Teil durch das gesprochene Wort. Im Unterricht werden aber auch dem Lehrstoff entsprechende Musikdarbietungen gebracht, auditive Aufzeichnungen (Tonband) durchgeführt, usw.

Für bestimmte Fächer sind auditive Medien geradezu vorbestimmt. Es sind dies z. B. Musikerziehung, Sprachunterricht u. a. Einsatzmöglichkeiten bestehen auch im Rahmen der politischen Bildung bzw. im Sozialkundeunterricht, wo Probleme der Verbindung von Schule, Gesellschaft, Staat usw. aktuell dargestellt werden können. Sinnvolle Möglichkeiten für den Einsatz auditiver Medien bestehen weiters beim Unterricht in den Fächern Geografie, Geschichte u. a.

Das Zuhören alleine, ohne direktes optisches Informationsangebot, kann manchmal den Inhalt akzentuieren, die Aufmerksamkeit auf das Vorgetragene stärker konzentrieren. Je stärker sich das auditive Programm vom gewohnten Unterricht unterscheidet, desto wirksamer kann es sein. Die Stimme des Lehrers, sein gewohntes Verhalten, wird durch eine andere Stimme, durch ein ungewohntes Verhalten ersetzt. Eine für die Schüler ungewohnte Interpretation, neue Stimmen, ungewohnte Laute, können eine erhöhte Aufmerksamkeit des Lernenden erreichen, motivierend wirken.

3.2 EINIGE FORDERUNGEN UND MASSNAHMEN ZUM EINSATZ AUDITIVER MEDIEN

Im Abschnitt 2.8 "Optische Projektion" haben wir erkannt, daß der Erfolg des Lehr- und Lernprozesses u. a. von den visuellen Darstellungsbedingungen und Möglichkeiten abhängt. Auch auditive Lehrinhalte können, unabhängig von ihrem didaktischen Wert, nur dann zufriedenstellend vermittelt werden, wenn sie von den Adressaten unbehindert und mit allen wichtigen Details wahrgenommen werden können.

Bei der Darbietung auditiver Lehrinhalte besteht die allgemeine Aufgabe in einer solchen Übertragung auditiver Informationen, bei welcher möglichst viel Nutzinformation bei minimalen Störinformationen vermittelt werden kann. Dabei muß für die Möglichkeit wechselseitiger Informationsübertragung gesorgt werden. Neben einer guten Hörbarkeit der Sprache des Lehrenden an allen Plätzen des Unterrichtsraumes muß auch die Stimme von Rednern aus dem Teilnehmerkreis gut hörbar sein.

Für die akustische Gestaltung von Unterrichtsräumen liegt demnach die Hauptaufgabe darin, solche akustische Bedingungen zu schaffen, die im Rahmen der vorgesehenen Unterrichtsformen eine einwandfreie sprachliche Verständigung ermöglichen.

Als Maß für die Sprachverständlichkeit verwendet man insb. die sog. **"Silbenverständlichkeit"**. Diese wird mit Hilfe spezieller Testsprachproben bestimmt, die aus einer Folge sinnloser, aber phonetisch ausbalancierter einsilbiger Wörter besteht. Die Silbenverständlichkeit stellt denjenigen Prozentsatz der Testsilben dar, der von Zuhörern unter den jeweiligen Testbedingungen im Mittel richtig erkannt wird.

Für einwandfreie Verständlichkeit von Sprache im Unterricht sind lt. BLAUERT (3) etwa folgende Silbenverständlichkeiten erforderlich:

Für Sprache mit einheimischer Mundart mit vorwiegend bekannten Wörtern:	Silbenverständlichkeit ≧ 75 %
Für Sprache mit ungewohnter Aussprache, unbekannten Wörtern sowie bei Fremdsprachen:	Silbenverständlichkeit ≧ 85 %

In einem Raum ohne elektroakustische Hilfsmittel hängt die erzielbare Silbenverständlichkeit u. a. von folgenden Parametern ab:

- vom Stimmenaufwand des Sprechers sowie von Abstand und Anordnung des Sprechers bezüglich der Zuhörer,

- von den akustischen Raumeigenschaften wie der Raumform, der Halligkeit (Nachhallzeit) und der geometrischen Anordnung akustisch wirksamer Flächen,

- von Art und Anordnung von Störschallquellen innerhalb und außerhalb des betrachteten Raumes usw.

Als Nachhallzeit T bezeichnet man die Zeitspanne, in der der Schalldruck nach Abschalten der Schallquelle auf 1/1000 abgefallen ist. In der Abb. 64 nach BLAUERT ist die Abhängigkeit der Silbenverständlichkeit von der Nachhallzeit (T) dargestellt.

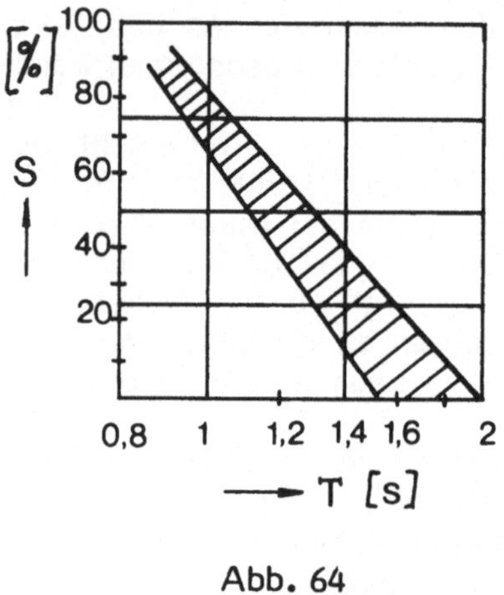

Abb. 64

Übliche Klassenräume werden so ausgelegt, daß im besetzten Zustand die Nachhallzeit in ihnen 0,8 bis 1 sec. beträgt. Die Nachhallzeit in Aulen und größeren Hörsälen wird meistens bei etwa 1,3 sec. gewählt, damit der Raum auch für Musik noch nicht zu "trocken" klingt.

3.2.1 EINIGE BEISPIELE AKUSTISCHER RAUMGESTALTUNG

Einleitend soll hier vereinfacht die Grundmethodik der akustischen Raumgestaltung dargestellt werden. Eine Schallquelle befindet sich gegenüber einer Wand. Der von der Schallquelle auf einen Abschnitt der Wandfläche auftreffende Schallanteil kann, bei genügendem Abstand von der Quelle, näherungsweise als Schallstrahl aufgefaßt werden. Das Schicksal eines solchen Schallstrahles (1) beim Auftreffen auf die Wand ist in Abb. 65 symbolisiert dargestellt.

Ein Teil (2) der auftreffenden Schallenergie wird von der Wand reflektiert. Der Rest der Schallenergie tritt in die Wand ein und unterteilt sich in zwei Anteile. Einer dieser Anteile (3) wird innerhalb der Wand absorbiert bzw. geschluckt. Der andere, in die Wand eingetretene Schallanteil gelangt auf die andere Seite und wird dort wieder abgestrahlt (4). Alle drei Schallanteile, d. h. der reflektierte, der absorbierte und der transmittierte (d. h. abgestrahlte), können in ihrem Verhältnis zueinander durch geeignete Auswahl der Wandmaterialien und des Wandaufbaues in weiten Grenzen verändert werden. Diese Möglichkeit wird in der Raum- und Bauakustik ausgenutzt.

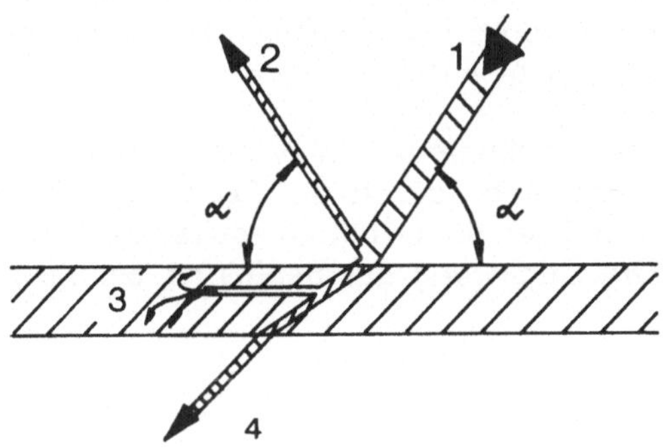

Abb. 65

Einen **Schallreflektor**, d. h. sozusagen einen akustischen Spiegel, erhält man im Prinzip dadurch, daß man die Wand so aufbaut, daß der Hauptanteil des auftreffenden Schalles reflektiert wird.

Will man dem Schallfeld Leistung bzw. Energie entziehen, z. B. um den Lärm im Raum zu mindern oder eine gewünschte Nachhallzeit einzustellen, bildet man die Wände als **Schallschlucker** so aus, daß der auftreffende Schall zu einem wesentlichen Teil absorbiert wird.

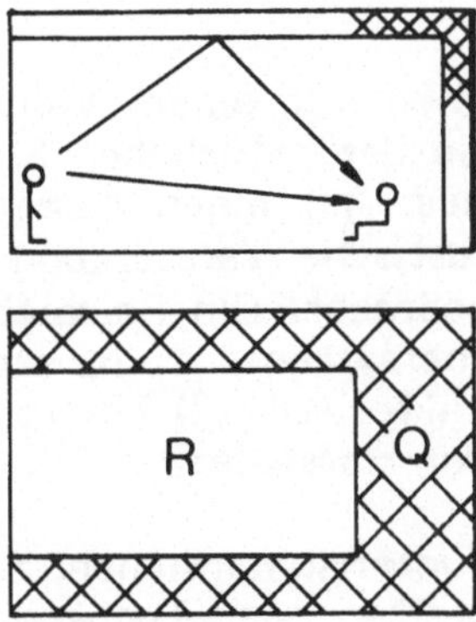

Abb. 66

Unsere Abb. 66 nach (3) zeigt als Beispiel eine günstige Anordung von reflektierenden (R) und schluckenden (Q) Flächen in einem Klassenraum normaler Größe. Im unteren Bildteil ist die Deckenuntersicht, im oberen Bildteil der Schnitt des Klassenraumes skizziert. Die in der Abbildung angedeuteten Schallschluckflächen ermöglichen die Erzielung der für ausreichende Silbenverständlichkeit notwendigen niedrigen Nachhallzeit. Der mittlere Deckenteil muß schallreflektierend bleiben, da er zur Nutzschallenkung benötigt wird.

Die raumakustischen Maßnahmen in einem Hörsaal zeigt Abb. 67. Die Nutzschallenkung geschieht durch die Stirnwand des Hörsaales, durch einen Schallreflektor über dem Podium sowie durch den flach verlaufenden Deckenteil. Die Rückwand des Saales ist schallschluckend verkleidet.

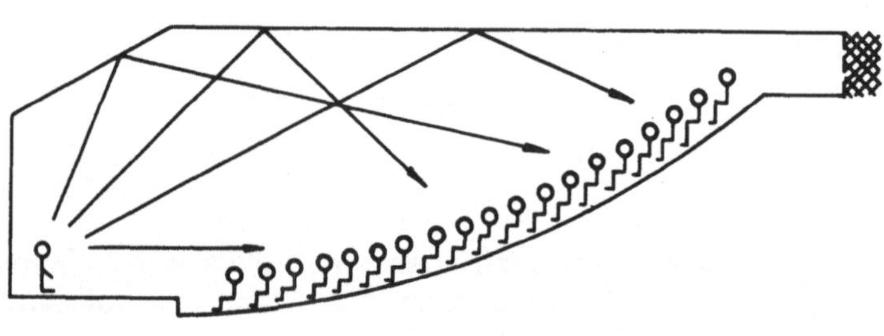

Abb. 67

3.2.2 EINIGES ZUR ELEKTROAKUSTISCHEN RAUMGESTALTUNG UND AUSSTATTUNG

In großen Unterrichtsräumen mit einem Volumen von mehr als etwa 1000 m^3 reicht die Energie der natürlichen Stimme eines Sprechers in der Regel nicht mehr aus, um einen ausreichenden Schallpegel zu erzeugen. Eine elektroakustische Verstärkung der natürlichen Stimme ist in solchen Fällen angebracht. Ein Beispiel nach (3) zeigt unsere Abb. 68. Das Lautsprechersystem, d. h. ein Schallstrahler (1) mit keulenförmiger Richtcharakteristik (2) bestreicht hier vorwiegend die hinteren Plätze eines großen Hörsaales.

Auch in vielen kleineren Unterrichtsräumen, z. B. in solchen, in denen Vorführungen von Schallplatten oder Tonbändern durchgeführt werden sollen, werden elektroakustische Anlagen (elektrische Verstärker, Lautsprecher etc.) eingesetzt. Die Nachhallzeit in solchen Räumen sollte womöglich kleiner sein als in üblichen Klassenzimmern.

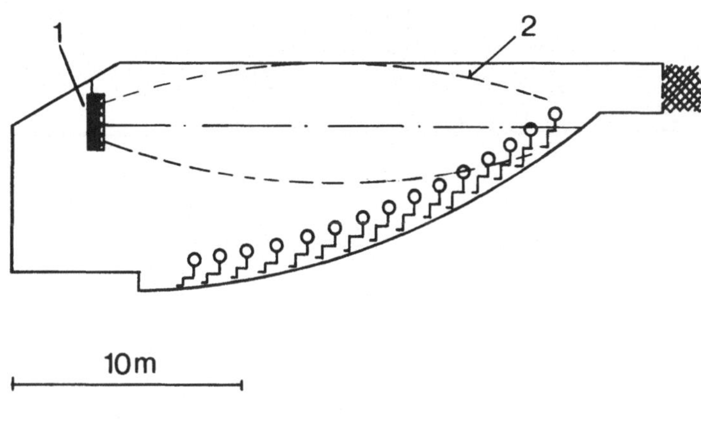

Abb. 68

Bei der Anordnung von Lautsprechern in Klassenräumen sind einige Empfehlungen zu beachten, um zufriedenstellende Verhältnisse zu erreichen. So würde z. B. ein in unmittelbarer Nähe der ersten Schülerreihe angeordneter Lautsprecher (s. Abb. 69 a) unangenehm empfunden werden. Bei der in Abb. 69 b angedeuteten Anordnung ergibt sich für alle Schüler eine gleichmäßigere und daher zufriedenstellendere Schallverteilung.

Lautsprecher sollten womöglich etwa in Kopfhöhe der Zuhörer angeordnet werden.

Eine Anordnung des Lautsprechers an der Klassenhinterwand ist nicht zu empfehlen - sie wirkt eher störend.

In Spezialräumen, wie etwa in Musikräumen, sind zusätzliche Forderungen zu erfüllen. So z. B. gilt für die Aufstellung der Lautsprecher einer Stereo-Anlage (räumlicher Klangeindruck) die prinzipiell in der Abb. 70 angedeutete Anordnung. Der beste räumliche Klangeindruck ist dann gegeben, wenn die Zuhörer womöglich nahe der den Lautsprechern gegenüberliegenden Spitze des gleichseitigen Dreiecks (Abb. 70) plaziert sind.

Neben der geeigneten Anordnung ist auch auf die ausreichende Leistung von Lautsprechern und der dazugehörigen Verstärker zu achten. Für übliche Unterrichtsräume (30 bis 40 Personen) sollte die Ausgangsleistung der Anlage mindestens 5 Watt betragen.

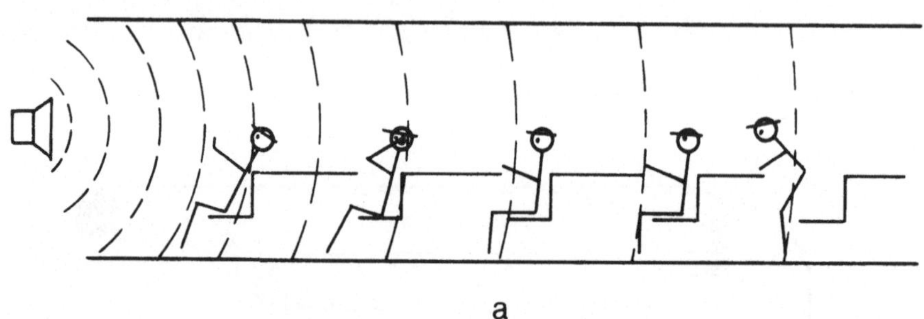

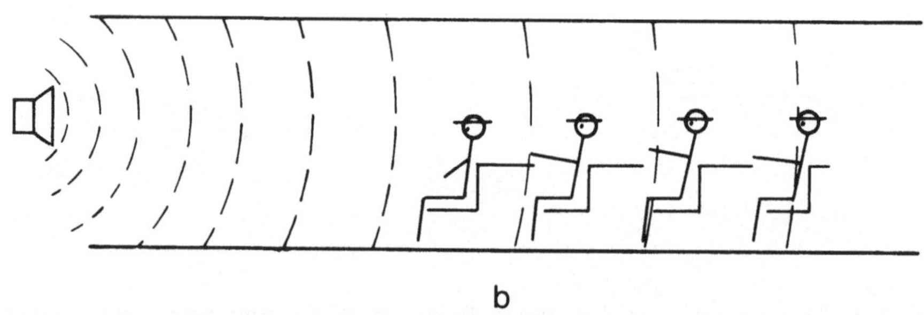

Abb. 69

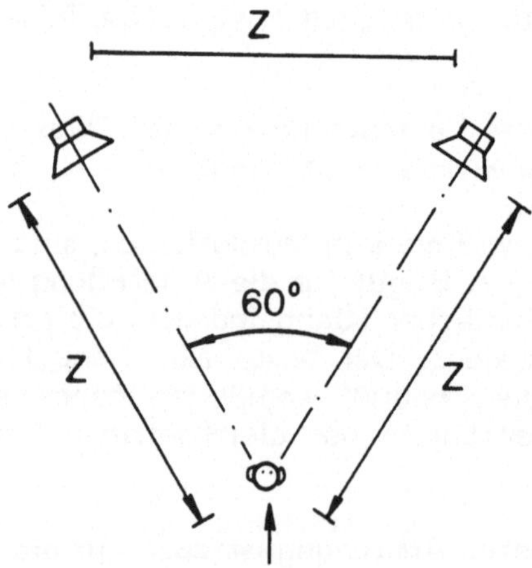

Abb. 70

Die Verwendung von Anlagen mit Kopfhörern (s. Abb. 71) erweist sich insb. bei Unterrichtssituationen mit differenzierten Aufgabenstellungen für Schülergruppen als vorteilhaft. Während ein Teil der Schüler z. B. ein auditives Programm vom Tonbandgerät bearbeitet, kann der Lehrer mit den restlichen Schülern direkt arbeiten etc.

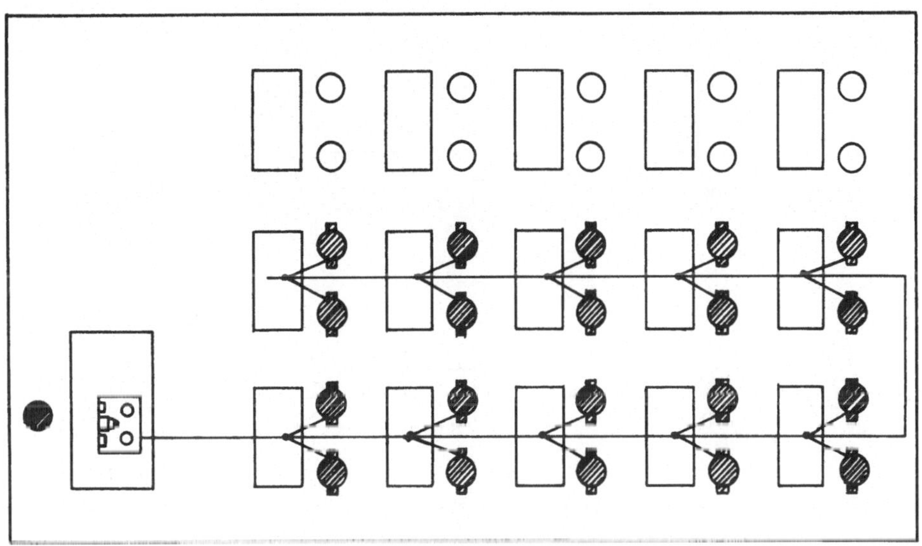

Abb. 71

3.2.3 EINIGE QUALITÄTSMERKMALE ELEKTROAKUSTISCHER GERÄTE

Im Abschnitt 3.2 befassen wir uns mit Forderungen, welche für eine womöglich optimale Vermittlung auditiver Informationen erfüllt werden müssen. Bisher haben wir unsere Aufmerksamkeit überwiegend den sog. **"raumbedingten"** Forderungen gewidmet; wir haben uns mit einigen Problemen der akustischen Raumgestaltungen sowie mit evtl. erforderlichen elektroakustischen Maßnahmen befaßt. Bevor wir uns den einzelnen auditiven Geräten zuwenden, werden wir jetzt noch einige gemeinsame Forderungen an diese Geräte - **"objektseitige"** Forderungen - zusammenfassen.

Eine allgemeine Darstellung der Geräteanordnung für die drahtgebundene Übertragung auditiver Informationen über größere Entfernungen gibt unsere Abb. 72 a. Ein konkretes Beispiel einer solchen Anordnung, nämlich eine schulinterne Rundfunkzentrale, zeigt Abb. 72 b. Auditive Informationen, d. h. Schallschwingungen, werden durch ein Mikrofon (1) in entsprechende elektrische Schwingungen umgewandelt. Diese elektrischen Schwingungen werden durch einen elektronischen Verstärker (2) verstärkt und durch Leitungen in die einzelnen Schulklassen geführt. Dort werden die elektrischen Schwingungen durch Lautsprecher (3) wieder in Schallschwingungen, also in die ursprüngliche auditive Information, umgewandelt.

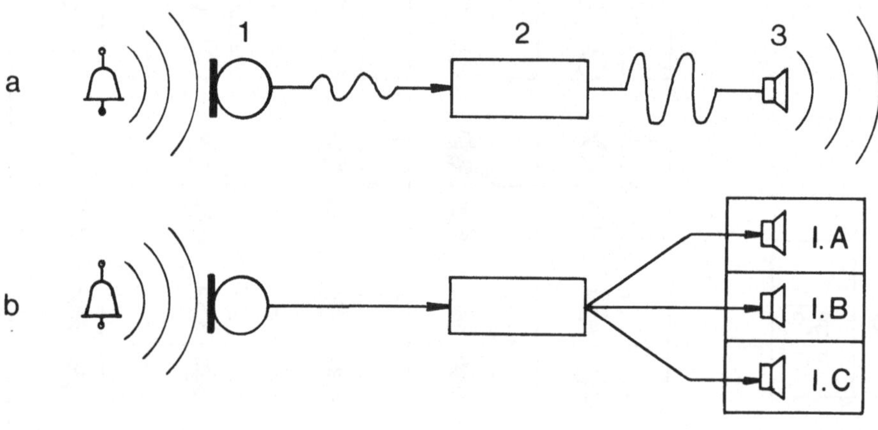

Abb. 72

Die Technik ermöglicht uns nicht nur die Übertragung, sondern auch die Speicherung auditiver Informationen (Schallplatten, Tonband etc.). Eine allgemeine Darstellung des Systems zur Speicherung und Wiedergabe auditiver Informationen gibt Abb. 73.

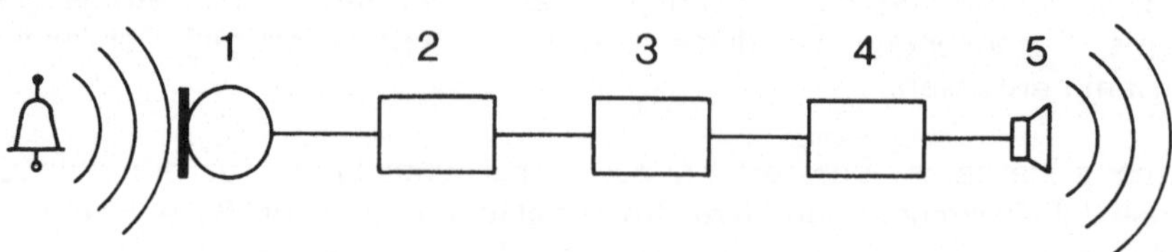

Abb. 73

Bei der Speicherung auditiver Informationen wandelt vorerst wieder ein Mikrofon (1) die Schallschwingungen in entsprechende elektrische Signale. Diese werden in einem Verstärker (2) verstärkt und danach im benützten auditiven Speicher (3), z. B. auf eine Schallplatte oder ein Tonband, aufgezeichnet. Bei der Wiedergabe der gespeicherten Informationen werden diese vom Speicher über einen weiteren Verstärker (4) zum Lautsprecher (5) gebracht. Der Lautsprecher wandelt die elektrischen Schwingungen wieder in Schallschwingungen um.

Bei der Verarbeitung auditiver Informationen, z. B. bei deren Übertragung (Abb. 72) oder Speicherung (Abb. 73), kommt es selbstverständlich auf die Erhaltung einer möglichst guten Naturtreue des ursprünglichen Hörereignisses an. Dies ist leider in der Praxis nicht vollständig möglich, die Information am Ausgang der Verarbeitungskette unterscheidet sich mehr oder weniger von der ursprünglichen Information.

Das Maß der "Naturtreue", anders ausgedrückt das Ausmaß der durch die Informationsverarbeitung unerwünscht entstandenen "Verzerrungen" der ursprünglichen auditiven Informationen, wird durch verschiedene Qualitätsmerkmale beschrieben. Einige der wichtigsten dieser Merkmale wollen wir nun zusammenfassen.

a) Klirrfaktor

Eine drastische Vorstellung zum Begriff "Klirrfaktor" hat jeder, der einmal eine Musikübertragung durch das übliche Telefon gehört hat. Der verzerrte, klirrende Ton einer solchen Übertragung (für welche die Post ihr Telefonnetz wirklich nicht eingerichtet hat) spricht für sich selbst.

Die durch den Klirrfaktor beschriebene Verzerrung besteht darin, daß dem ursprünglichen Schall zusätzliche störende Frequenzen hinzugefügt werden. Die Situation ist an einem Beispiel vereinfacht in der Abb. 74 dargestellt. Einem Tonbandgerät wird ein "reiner" Ton mit der Frequenz von 1000 Hz zugeführt. Wenn wir genau messen, was von dem nach der Aufzeichnung wiedergegebenen Ton vom Lautsprecher zu hören ist, stellen wir natürlich vor allem den ursprünglichen reinen Ton von 1000 Hz fest. Zusätzlich ist aber noch ein bißchen von einem Ton mit doppelter Frequenz, noch etwas von einem Ton mit dreifacher Frequenz usw. hinzugekommen.

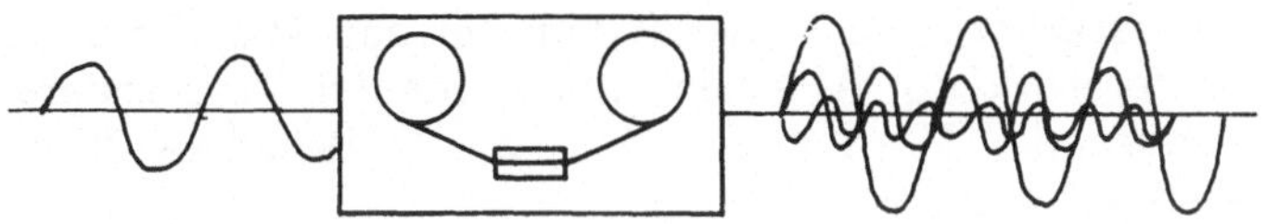

1000 Hz

1000 Hz + 2000 Hz + 3000 Hz + ...

Abb. 74

Für den Klirrfaktor werden Prozentwerte angegeben - sie geben an, welchen Anteil die unerwünscht hinzugefügten Frequenzen im Vergleich zu den ursprünglichen Frequenzen ausmachen.

Ein Klirrfaktor von etwa 5 % ist ein Wert, den manches menschliche Ohr noch klaglos verträgt. Dieser Wert sollte aber auch bei "durchschnittlichen" schulischen elektroakustischen Einrichtungen keinesfalls überschritten werden. Moderne hochqualitative (HiFi = High Fidelity = hohe Wiedergabetreue) elektroakustische Geräte (insb. Mikrofone und Verstärker) werden ohne größere Schwierigkeiten mit Klirrfaktoren bei 1 % hergestellt.

b) Frequenzumfang

Der Frequenzumfang verschiedener Tonquellen ist beachtlich. Beispielsweise liegt der tiefste Ton des Kontrabasses bei 32 Hz, während die höchsten Obertöne des Triangel bis zu 16 000 Hz reichen.

Ob Sie diesen gesamten Frequenzbereich wahrnehmen können, hängt u. a. von Ihrem Alter ab. Babys nehmen Töne bis zu 20 000 Hz wahr, die obere Hörgrenze des Menschen sinkt aber mit dem Alter. Üblicherweise wird der Frequenzumfang der vom menschlichen Ohr wahrnehmbaren Schallvorgänge verallgemeinert mit etwa 20 Hz bis fast 20 000 Hz angegeben.

Elektroakustische Geräte sollten den gesamten für den Menschen hörbaren Frequenzumfang verarbeiten können, wobei womöglich alle Töne gleich gut übertragen werden sollten.

Eine Vorstellung über den Einfluß eines zu engen Frequenzumfanges soll Ihnen folgendes Gedankenexperiment ermöglichen. Sie hören den Ton eines Musikinstrumentes, z. B. einer Geige. Daß es sich um den Ton einer Geige handelt, erkennen Sie an der typischen Klangfarbe. Die Klangfarbe hat ihre Ursache in der Anzahl und Stärke sog. Obertöne, höherer Frequenzen. Wenn Sie den Ton der Geige mit einem schadhaften Tonbandgerät mit geringem Frequenzumfang aufzeichnen, wird dieses Gerät bei der Wiedergabe alle höheren Frequenzen "abschneiden". Sie werden dann nur schlecht, bzw. überhaupt nicht erkennen, daß Sie den Klang einer Geige hören.

Der "ideale" Frequenzgang eines elektrakustischen Gerätes, z. B. eines elektronischen Verstärkers, ist in der Kennlinie der Abb. 75 strichliert dargestellt. Die Verstärkung (A) eines solchen idealen Verstärkers sollte für alle interessierenden Frequenzen (f) - z. B. zwischen 20 Hz und 20 000 Hz - gleich gut sein.

Der Frequenzgang eines technisch realisierbaren Verstärkers unterscheidet sich selbstverständlich vom Idealfall. Das Beispiel einer "realen" Kennlinie ist in der Abb. 75 mit vollem Strich eingezeichnet. Die Verstärkung ist hier am besten im mittleren übertragenen Frequenzbereich, sowohl in Richtung zu den tieferen wie auch zu den höheren Frequenzen nimmt die Verstärkung stark ab.

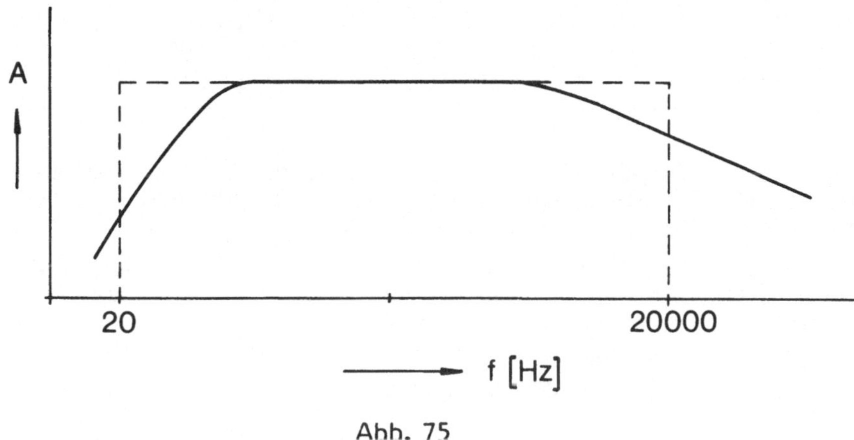

Abb. 75

Die konkreten Anforderungen an den Frequenzumfang elektroakustischer Geräte hängen von der jeweiligen Aufgabenstellung ab. Auch bei elektroakustischen Geräten für den "üblichen" schulischen Einsatz sollte aber mindestens ein Frequenzumfang von etwa 80 Hz bis etwa 10 000 Hz gefordert werden. Geräte für spezielle Zwecke, z. B. für die Ausstattung von Musikräumen, sollen selbstverständlich höhere Ansprüche erfüllen. Als Leitfaden können hier etwa die HiFi-Kriterien der Norm "DIN 45 500" dienen.

c) Geräuschspannungsabstand (Dynamik)

Als "Dynamik" bezeichnen wir vereinfacht die Spanne - den Abstand - zwischen der höchsten unverzerrten Lautstärke elektroakustischer Geräte und den unvermeidlichen Nebengeräuschen. Je größer die Dynamik - der Geräuschspannungsabstand - Ihrer Anlage ist, umso eher ist sie in der Lage, auditive Informationen zu übertragen, ohne daß die lautesten Passagen übersteuert werden oder die leisesten Passagen im Eigengeräusch untergehen.

Die Dynamik wird in Dezibel (dB) gemessen. Mit dem Dezibel drückt man das Verhältnis zweier Werte, und zwar in logarithmischer Form, zueinander aus.

Einige typische dB-Werte mit den dazugehörigen Leistungs- und Spannungsverhältnissen sind in der folgenden Tabelle zusammengefaßt:

dB	Leistungsverhältnis	Spannungsverhältnis
1	1 : 1,26	1 : 1,12
3	1 : 2,0	1 : 1,41
6	1 : 4,0	1 : 2,0
10	1 : 10	1 : 3,16
20	1 : 100	1 : 10
40	1 : 10 000	1 : 100
50	1 : 100 000	1 : 316

Die Dynamik-Angabe 40 dB bezeichnet z. B. ein Leistungsverhältnis von 1 : 10 000, bzw. ein Spannungsverhältnis von 1 : 100. Wenn also etwa ein Tonbandgerät eine Dynamik von 40 dB hat, kann es ein Verhältnis 1 : 100 von der kleinsten Signalspannung zur größten Signalspannung verarbeiten. Vereinfacht ausgedrückt: Setzt man den leisesten aufgenommenen Ton, der gerade noch nicht im Grundgeräusch untergeht, als "1", so kann der lauteste Ton, der nach der Aufnahme unverzerrt wiedergegeben wird, hundertmal lauter sein.

Auch die Anforderungen an die Dynamik einzelner Geräte hängen von der jeweiligen Aufgabenstellung ab. Bei Einrichtungen für den "üblichen" schulischen Einsatz sollte der Geräuschspannungsabstand jedenfalls mindestens 40 dB erreichen; bessere Werte sind wünschenswert.

Die Erfüllung entsprechender Qualitätsmerkmale ist nicht nur bei einzelnen Geräten, sondern bei allen Gliedern eines elektroakustischen Systems erforderlich. Wichtig ist, daß kein Glied der jeweiligen Kette (z. B. bei der Schallplattenwiedergabe: Schallplatte - Plattenspieler - Verstärker - Lautsprecher) von minderer Qualität ist. Die Qualität eines Systems wird meistens durch die Qualität des schwächsten Gliedes des Systems entscheidend bestimmt.

3.3 DIE WICHTIGSTEN AUDITIVEN MEDIEN

Zu den auditiven Unterrichtsmedien gehören an führender Stelle die sog. **auditiven Speicher.** Zur Speicherung auditiver Informationen werden überwiegend drei Prinzipien verwendet, u. zw.:

- **mechanische,** der Informationsträger ist die **Schallplatte,** das entsprechende Geräte ist der **Plattenspieler** (Grammofon),
- **magnetische,** der eigentliche Informationsträger ist hier das **Tonband,** das Gerät bezeichnet man üblicherweise als **Tonbandgerät** oder als **Rekorder** bzw. auch als **Magnetofon,**
- **optische,** der Informationsträger ist hier das **Filmband,** das eigentliche Wiedergabegerät ist der **Filmprojektor.**

Weiterhin zählen wir zu den auditiven Unterrichtsmedien insb. den **Rundfunk** - im speziellen den **Schulfunk,** sowie **Sprachlehranlagen** - im speziellen insb. das sog. **Sprachlabor.**

3.3.1 ZUR MECHANISCHEN AUDITIVEN SPEICHERUNG

Das Prinzip der mechanischen Schallaufzeichnung und Wiedergabe geht auf Thomas Alva Edison zurück, welcher im Jahre 1878 mit seinem Phonographen die Welt überraschte. Dieser Phonograph bestand aus einer Walze, die über ein Schwungrad mit Handgriff gedreht und gleichzeitig in der Längsrichtung fortbewegt werden konnte. Um die Walze legte man ein Stanniolblatt, gegen das der Stift einer dünnen Membrane drückte. Drehte man die Walze, so folgte die Nadelspitze deren Rillen. Sprach man nun gegen die Membrane, so geriet diese in Schwingungen, die der Stift in das Stanniolblatt eindrückte. Wenn der Stift zurück in seine Anfangsstellung gebracht und durch Drehen der Kurbel erneut über das Stanniolblatt geführt wurde, konnte man die Walze abspielen. Die Nadelspitze folgte dann den ersten Aufzeichnungen, teilte ihre Vibrationen der Membrane mit, und die vorher vom Stift aufgezeichneten Töne wurden hörbar.

Bei der eben kurz beschriebenen Einrichtung entstand die Aufzeichnung in Form der sog. **Tiefenschrift** - Prinzip s. Abb. 76.

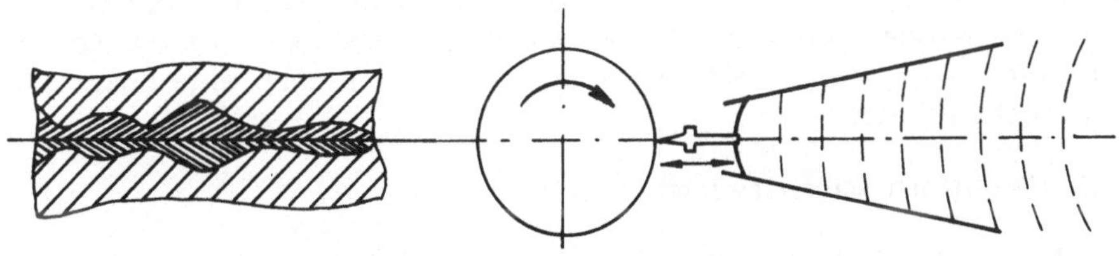

Abb. 76

Im Jahre 1887 kam Emil Berliner auf die Idee, anstelle der Tonwalze flache Scheiben zu verwenden und in sie den Ton in Form einer spiralförmigen Linie einzugravieren. Die Nadel bewegte sich dabei nicht mehr auf und ab (Tiefenschrift), sondern hin und her. Die "Grammofon"-Platte mit **Seitenschrift** war erfunden - das Prinzip zeigt Abb. 77.

Kennzeichnend für die Seitenschrift sind die seitlichen Auslenkungen der Rille, für die Tiefenschrift ist es die wechselnde Rillenbreite. Bei den heutigen Schallplatten wird fast nur die Seitenschrift angewendet - mit Ausnahme der stereofonischen Schallaufzeichnung, bei der eine Kombination von Seiten- und Tiefenschrift verwendet wird.

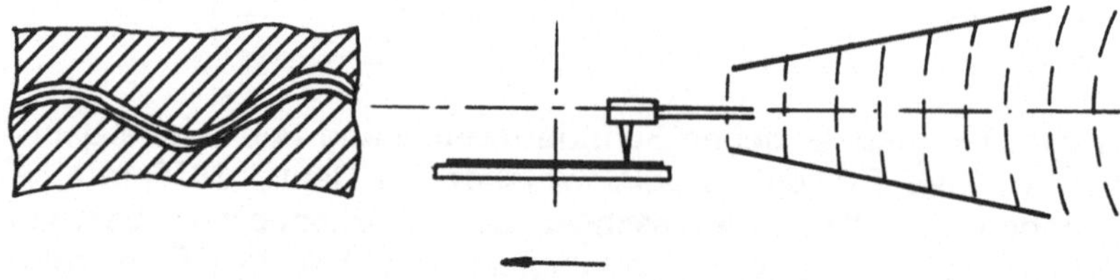

Abb. 77

Der in allen Funktionen rein mechanisch arbeitende Phonograph sowie das ursprüngliche, gleichfalls "vollmechanische" Grammofon waren qualitätsmäßig mit den heutigen Plattenspielern nicht vergleichbar - die Wiedergabe war stark verzerrt, der Frequenzumfang sehr gering etc.

Es bedurfte jahrzehntelanger Entwicklungsarbeit, bis das Prinzip der mechanischen Schallspeicherung zur heutigen Qualität verbessert wurde. Die akustische Schalldose ist heute durch ein elektrisches Abtastsystem ersetzt, die Stahlnadel durch eine Diamantnadel, die brüchige und rauschende Schellackplatte durch die flexible und rauscharme Langspielplatte, elektronische Verstärker ermöglichen eine ausreichende Lautstärke etc.

a) Zu den Informationsträgern

Bei der mechanischen auditiven Speicherung wird der eigentliche Informationsträger durch die allgemein bekannte **Schallplatte** gebildet.

Die Geburt der Schallplatte beginnt mit der Aufnahme. Ursprünglich wurden die auditiven Darbietungen unmittelbar auf spezielle Wachsplatten aufgenommen. Heute erstellt man vorerst mit hochqualitativen Studio-Tonbandgeräten eine Magnetbandaufzeichnung (s. nächster Abschnitt dieses Buches).

Vom Tonbandgerät (1) der Abb. 78 werden die dem ursprünglichen Schallereignis entsprechenden elektrischen Schwingungen einer Vorrichtung (2) zugeführt, die in eine rotierende Lackfolie (3) eine spiralförmige Rille (Furche) eingraviert. Ohne Ton läuft die Rille als reine Spirale vom äußeren Rand der Platte nach innen. Unter dem Einfluß der elektrischen Schwingungen erhält die Rille den entsprechenden wellenförmigen Verlauf (4). Die Auslenkung der Rille entspricht der Lautstärke, ihre Dichte der Frequenz (Tonhöhe) des zugeführten "Elektroschalls". Das Ergebnis des vereinfacht beschriebenen und in Abb. 78 skizzierten Vorganges ist eine Schallplatte, die man schon abspielen könnte. Allerdings wäre dies nur ein einziges Mal möglich, denn danach wäre die weiche Oberfläche zerstört.

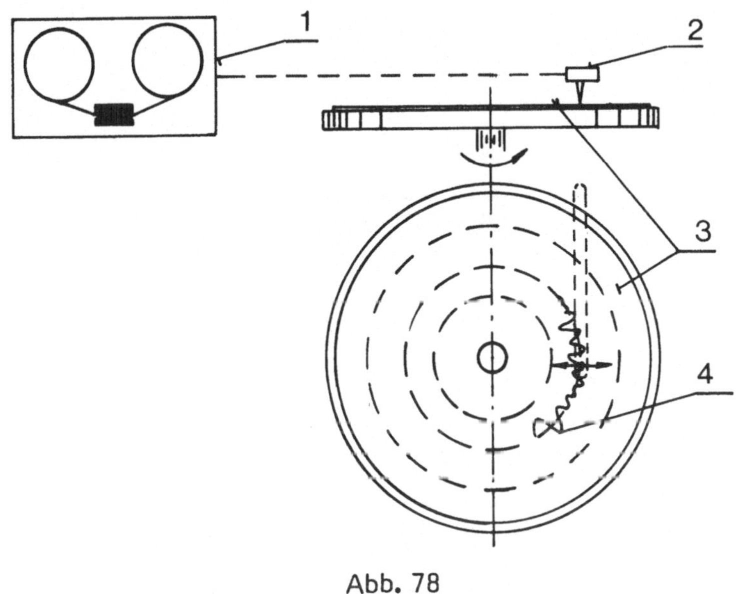

Abb. 78

Deshalb wird die Oberfläche dieser "weichen" Platte mit einer dünnen Silber- und anschließend mit einer stärkeren Kupferschicht versehen. Wird jetzt die ursprüngliche weiche Platte entfernt, so bleibt eine feste Platte, die sog. "Vater-Platte" übrig. Bei dieser Platte sind die vorher vertieften Rillen erhaben (s. Darstellung b in Abb. 79). Die Vater-Platte könnte zum Pressen vieler weiterer Platten verwendet werden. Sie wird aber nur zur Herstellung von einigen "Sohn-Platten" verwendet und selbst als Original-Preßplatte aufbewahrt.

Die weitere Vorgangsweise ist aus der Abb. 79 ersichtlich. Von der Vater-Platte wird eine weitere Platte, die "Mutter-Platte" (Positiv) - s. Darstellung c, und von dieser eine Reihe von "Söhnen" - s. Darstellung d, hergestellt. Diese Söhne werden zur Serienfertigung der eigentlichen Schallplatten (Darstellung e) benutzt.

Die Serienfertigung der Schallplatten können Sie sich am Beispiel der Herstellung von Waffeln mit einem elektrisch beheizten Waffeleisen anschaulich vorstellen. Der Oberteil des Waffeleisens wird hochgeklappt, ein Löffel Teig eingefüllt. Mit dem Zuklappen des Oberteils verteilt sich der Teig gleichmäßig über die ganze Fläche und wird in wenigen Sekunden als Waffel ausgebacken. Anstelle des Waffelmusters im Ober- und Unterteil wird beim Pressen der Schallplatten je eine

"Sohn-Platte" für die Vorder- und die Rückseite der Schallplatte eingespannt. Anstelle des Kuchenteigs wird ein spezieller Kunststoff eingefüllt und mit Druck-und Hitzeeinwirkung eine Schallplatte hergestellt. Diese Vorgangsweise ermöglicht in relativ kurzer Zeit die Produktion vieler Schallplatten.

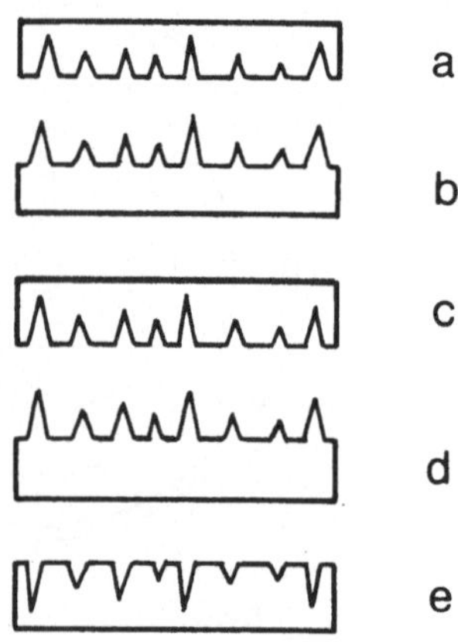

Abb. 79

Schallplatten der älteren Generation (sog. "Schellack's") wurden aus einem Gemisch aus Naturharzen (Schellack, Rubin, Kopal), Farbstoffen, Bindemitteln und Füllstoffen hergestellt. Die Umdrehungszahl dieser Platten ist 78 U/min - bei einem Plattendurchmesser von 25 cm ergibt das eine Laufzeit von etwas mehr als 3 Minuten. Die Rillenbreite beträgt etwa 130 μ - die Platten konnten noch mit mechanischen Tonabnehmern und Stahlnadeln abgetastet werden.

Derzeitige Schallplatten bestehen aus Kunststoffen (Vinylit), welche die Realisierung sehr feiner Schallrillen ermöglichen und nur geringe Störgeräusche aufweisen. Die Umdrehungszahl wurde auf 45 U/min, bzw. auf 33 1/3 U/min und 16 2/3 U/min herabgesetzt. Die Spieldauer einer Plattenseite konnte auf mehr als 20 Minuten verlängert werden. Die Abtastung erfolgt nicht mehr mit Stahlnadeln, sondern mit entsprechend geschliffenen Edelsteinspitzen (Safir, Diamant) und elektrischen Tonabnehmern.

b) Zu den Plattenspielern

Die prinzipielle Anordnung für die elektrische Wiedergabe der in den Schallplattenrillen gespeicherten Informationen zeigt Abb. 80.

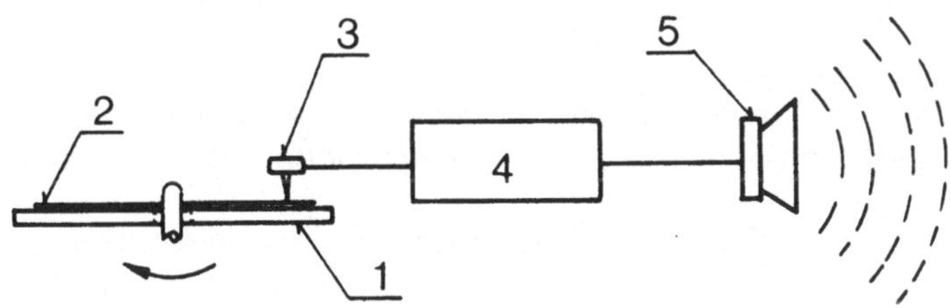

Abb. 80

Die auf dem Plattenteller (1) liegende Schallplatte (2) wird durch ein Antriebswerk in die vorgeschriebene Umdrehungszahl versetzt. Die Schallrillen tastet eine im elektrischen Tonabnehmer (3) gehalterte Nadel ab. Schwingungen der Abtastnadel rufen im Tonabnehmer elektrische Wechselspannungen und -ströme hervor, die einem elektronischen Verstärker (4) (bei Heimanlagen wird häufig der Verstärker des Rundfunkempfängers verwendet) zugeführt werden. Im Verstärker werden die schwachen Wechselspannungen des Tonabnehmers verstärkt und im Lautsprecher (5) in Schallschwingungen umgesetzt, die die Lautsprechermembrane abstrahlt.

Von den Herstellern werden verschiedene Ausführungen von Plattenspielern angeboten. Im Prinzip bestehen aber alle Plattenspieler mindestens aus dem **Plattenteller,** seinem Antrieb - dem **Laufwerk** - und einem **Tonabnehmer,** der an einem beweglichen **Tonarm** befestigt ist.

Das Laufwerk muß den Plattenteller und damit die Schallplatte unter allen Umständen gleichmäßig drehen. Verwendet werden geeignete Elektromotoren sowie ein Übersetzungsgetriebe zur Einstellung der unterschiedlichen Drehzahlen.

Veränderungen der Drehgeschwindigkeit mit niedrigen Änderungsfrequenzen (bis etwa 10 Hz) machen sich als störendes Jaulen lang anhaltender Töne bemerkbar. Höhere Schwankungsfrequenzen lassen den Klang rauh erscheinen.

Wenn sich Vibrationen des Motors auf den Tonabnehmer übertragen, werden Rumpelstörungen hörbar.

Um alle diese sowie weitere mögliche Störungen zu verhindern, müssen Laufwerk, Plattenteller und Tonabnehmer aufeinander abgestimmt und richtig ausgeführt und montiert sein. Um Schwankungen der Drehgeschwindigkeit zu vermeiden, werden z. B. schwere und sehr sorgsam ausgewuchtete Plattenteller verwendet. Zum Vermeiden von Rumpelstörungen wird manchmal der Antriebsmotor in Gummilagern aufgehängt usw.

Die Aufgabe des Tonabnehmers ist es, die mechanisch von der Schallplatte abgetasteten Schwingungen in elektrische Signale umzuwandeln.

Häufig werden sog. **"Kristall-Tonabnehmer"** verwendet. Bei diesen werden die Bewegungen der Nadel auf ein Kristallplättchen (Quarz, Turmalin oder Seignettsalz; bei neueren Geräten auch Keramik) übertragen. Die während des Abspielens unter dem Einfluß der Nadelbewegungen entstehenden Kristallverbiegungen rufen entsprechende elektrische Spannungen hervor (piezo-elektrischer Effekt).

Für höhere Wiedergabequalität werden **magnetische** oder **dynamische Tonabnehmer** bevorzugt. Bei magnetischen Systemen ist die Nadel mit einer magnetisierten Zunge verbunden, deren Bewegungen in einer fest montierten Spule Spannungen hervorrufen. Bei elektrodynamischen Systemen wird von den Auslenkungen der Nadel eine kleine, im Magnetfeld angeordnete Spule in Bewegung gesetzt. Die in dieser Spule induzierten Spannungen sind den Nadelbewegungen proportional.

Der Tonabnehmer muß über seine Abtastnadel den Rillen der Schallplatte spurgenau folgen. Daraus ergeben sich hohe Anforderungen auch an den Tonarm. Dieser wird, insb. bei HiFi-Plattenspielern, sowohl für horizontale als auch für vertikale Bewegungen in Präzisionskugellagern oder auf Edelsteinschneiden oder -spitzen gelagert. Der Tonarm muß weiterhin leicht und möglichst gut ausbalanciert sein - dies wird durch geeignete Gegengewichte, Zugfedern o. ä. erreicht.

Zwischen Abtastnadel und den Rillenwänden der Schallplatte bestehen Reibungskräfte. Diese Kräfte führen zum sog. "Skating-Effekt", der den Tonarm zur Schallplattenmitte treibt und dadurch zu gewissen Verzerrungen führen kann. Bei Qualitäts-Plattenspielern findet man Einrichtungen, welche diese Kraft kompensieren, sog. Antiskating-Einrichtungen (Gegengewichte, mit Zeigerknopf verbundene Zugfedern u. ä.).

c) Zum Einsatz von Schallplatten und Plattenspielern

Von den Einsatzmöglichkeiten im Unterricht her wollen wir drei inhaltliche "Schallplattentypen" unterscheiden: Musikplatten, Sprechplatten und Geräuschplatten.

Musikplatten finden ihren Haupteinsatzbereich selbstverständlich im Musikunterricht. Von der gezielten Darbietung leicht verständlicher Stücke bis zu Beispielen schwerer Musik durch führende Orchester und Dirigenten, von sog. "klingenden Biografien" bis zu Darbietungen zur Instrumentenkunde und Formenlehre können Schallplatten hier sinnvoll eingesetzt werden.

"Klingende Biografien" z. B. bieten musikalische Porträtskizzen, wichtigste Daten einzelner Komponisten, Ausschnitte aus verschiedenen Werken und Schaffensperioden.

Sinfonische Märchen können einen wirkungsvollen Beitrag zur Musikerziehung von Kindern erbringen. So z. B. in "Peter und der Wolf" von Prokofieff wird jede Gestalt von einem bestimmten Orchesterinstrument und dem typischen musikalischen Motiv vertreten.

Musikplatten können aber auch als Begleitmusik zum Gymnastikunterricht, mit besonders rhythmischen Stücken als Begleitmusik beim Unterricht in Schreibmaschinenschreiben, sowie zu anderen Zwecken eingesetzt werden.

Sprechplatten können in verschiedenen Unterrichtsfächern verwendet werden. Hier bietet sich in erster Reihe der Fremdsprachenunterricht an, aber auch in den Fächern Deutsch, Zeitgeschichte, Religion u. a. bestehen sinnvolle Einsatzmöglichkeiten. Aus dem Fach Deutsch sei nur erwähnt: Hörspiele, Vorträge, Rezitationen, Rechtschreibdiktate u. a. Sprechplatten können Anstöße zum Nacherzählen, zu Interpretations- und Diskussionsgesprächen bieten. Sie können weiterhin Anregungen zum eigenen Dramatisieren von Prosatexten darstellen, Klangvorbilder bei eigenen Sprechversuchen sein usw.

Geräuschplatten, d. i. Schallplatten mit Aufzeichnung von verschiedenen Originalgeräuschen wie z. B. Laufgeräusche bestimmter Motoren oder Geräte, Herztöne und -geräusche gesunder und erkrankter Menschen, Tierstimmen, können wirkungsvoll in den Unterricht integriert werden.

Sicherlich kann die Wiedergabe eines aufgezeichneten Schallereignisses nicht in jeder Hinsicht das ursprüngliche, originale Ereignis ersetzen. Der didaktische Vorteil gespeicherter Informationen liegt u. a. insbesondere darin, daß die Darbietung einfach im Unterrichtsraum geschehen kann und so oft wiederholbar ist, wie es die Unterrichtssituation erfordert.

Wichtig ist die durchdachte Einordnung der gespeicherten auditiven Information in den Unterrichtsablauf. Die Schüler sollten vorher wissen, auf welche Sachverhalte sie besonders achten sollen, welche Aufgaben sie evtl. während der Darbietung lösen sollen usw. Die gespeicherte auditive Darbietung sollte sich "natürlich" in die Unterrichtseinheit einfügen, sich aus der Problematik sinnvoll entwickeln und ergeben.

Einige Beispiele der Eingliederung von "Tonkonserven" in den Unterricht sind schematisch durch folgende Darstellungen abgebildet:

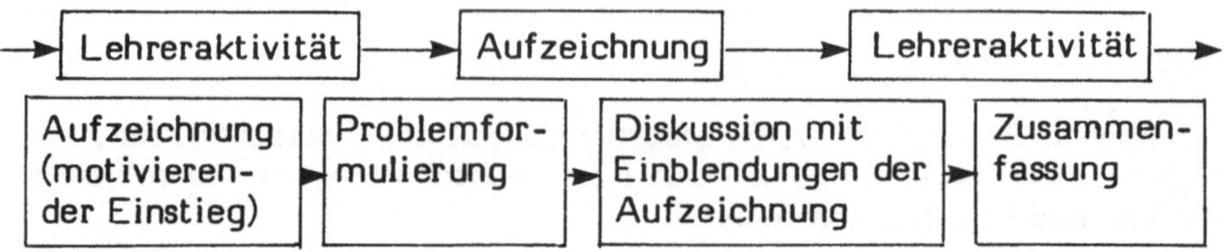

Gewisse technische Schwierigkeiten bei der Schallplattenwiedergabe können entstehen, wenn eine bestimmte Stelle mitten in der Platte herausgegriffen werden soll. Es ist nicht ganz einfach, die Wiedergabe an einer beliebigen, aber genau erwünschten Stelle der Platte fortzusetzen oder zu beginnen. Trotz der Möglichkeit, den Tonarm mit einem Hebel auf- und abzusetzen, werden immer wieder durch abruptes Abnehmen oder Aufsetzen des Tonarmes mit der Hand Schallplatten verkratzt und beschädigt. Es ist wichtig, sich gut mit der Technik des jeweiligen Plattenspielers vertraut zu machen und das Gerät dann sachgemäß zu bedienen.

d) Zur Aufbewahrung von Schallplatten

Schallplatten verstauben schnell und leicht. Es empfiehlt sich daher vor jeder Verwendung das Säubern der Oberfläche mit einem Antistatic-Tuch. Nach dem Abspielen sollte man die Platte sofort in die Schutzhülle einschieben.

Schallplatten sollten in ihren Schutzhüllen auch gelagert werden, u. zw. womöglich stehend oder hängend. Lagern kann man Schallplatten in üblichen Räumlichkeiten mit Temperaturen womöglich um 20°C bei Luftfeuchtigkeiten um 50 bis 60 %.

3.3.2 ZUR MAGNETISCHEN AUDITIVEN SPEICHERUNG

Das erste Gerät nach dem magnetischen Speicherprinzip geht auf Valdemar Poulsen zurück, welcher 1898 seine Erfindung des "Telegraphons" veröffentlichte. Die Funktion seines Gerätes beschreibt Poulsen selbst etwa folgendermaßen (Auszug aus "Annalen der Physik" Nr. 12/1900): .....Auf einem Brett ist ein Stahldraht (Klaviersaite) AB gespannt; derselbe hat eine Länge von 1,5 m, einen Durchmesser von 0,5 mm (Abb. 81). Der kleine Elektromagnet E kann auf dem Draht AB hingleiten und ein Pol P umfaßt den Draht .... E wird entweder direkt oder mittels Transformators mit einem Mikrofon nebst dazugehörender Batterie verbunden. Wenn nunmehr, während E mit einer Geschwindigkeit von ca. 1 m auf AB hingleitet, in das Mikrofon hineingesprochen wird, werden die durch das Gespräch erzeugten Ströme in der von P ausgehenden magnetisierenden Kraft denen entsprechende Variationen hervorrufen und zwar so, daß die verschiedenen Teile von AB mit verschiedener Kraft magnetisiert werden........

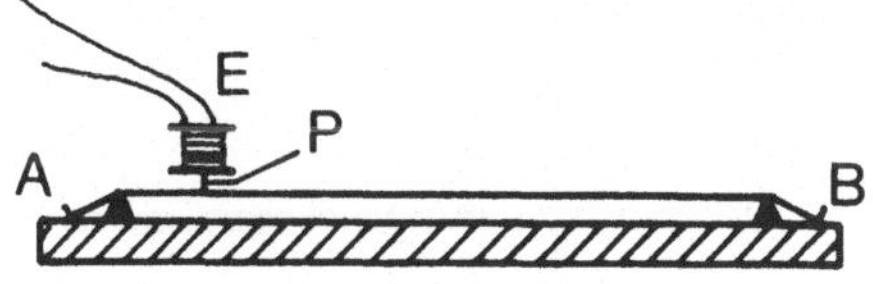

Abb. 81

....Nachher wird E anstatt mit der Sprechleitung mit einem Telefon verbunden und in ganz derselben Weise wie vorher auf dem Draht AB hingeführt; das Telefon wird dann wiederholen, was früher in das Mikrofon hineingesprochen worden ist. Es ist somit infolge der großen Coercitivkraft des Stahles eine Art von magnetischer Wellenschrift in AB zurückgeblieben, eine dem Gespräch entsprechende sinusoidale Permanenz........

Es dauerte noch lange, bis nach weiteren Erfindungen und Verbesserungen aus Poulsens "Telegraphon" unser heutiges Tonbandgerät wurde. Der von Poulsen verwendete Informationsträger, der 0,5 mm starke Stahldraht, wurde von Tonbändern ersetzt. Der ursprüngliche Elektromagnet E wurde zum heutigen Magnetkopf entwickelt. Das von Poulsen verwendete Prinzip der magnetischen Schallaufzeichnung - der magnetischen auditiven Speicherung - ist aber das gleiche geblieben und bildet die Basis auch für die heutigen Tonbandgeräte.

a) Zu den Informationsträgern

Eine Verbesserung des "Telegraphons" erbrachte um 1903 der Einfall, anstelle des Stahldrahtes ein dünnes Stahlband als Informationsträger zu verwenden. 1930 begann man, als Informationsträger mit Eisenpulver bestrichene Papierstreifen zu benützen. Papier erwies sich wegen seiner geringen Zerreißfestigkeit bald als unbrauchbar und wurde in der Folge durch verschiedene Kunststoffe ersetzt.

Die Anordnung heute üblicher Tonbänder ist vereinfacht in der Abb. 82 skizziert. Als Träger (1) - der lediglich als Stütze dient - wird vielfach der Kunststoff "Polyester" verwendet. Auf dem Träger wird die eigentliche magnetische Schicht (2) aufgetragen. Diese Schicht setzt sich aus magnetisierbaren Materialien und Bindemitteln zusammen. Die magnetisierbaren Materialien sind Eisen- oder Chromoxide; in letzter Zeit wird auch feiner Metallstaub verwendet.

Tonbänder werden u. a. danach unterschieden, ob sie auf offene Spulen gewickelt oder in speziellen Kassetten untergebracht werden. Wir wollen uns vorerst mit **Spulentonbändern** befassen.

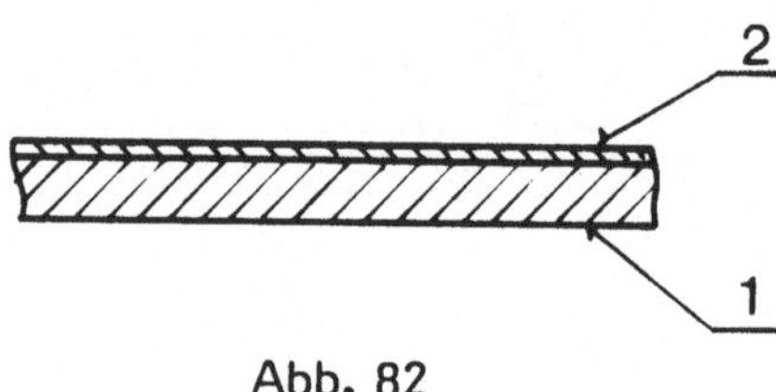

Abb. 82

Spulentonbänder

Die Dicke der Tonbänder wurde mit der technischen Entwicklung immer kleiner. Das ursprüngliche sog. Standardband hatte eine Dicke von 52 μ (52 Tausendstel mm). Je dünner das Band ist, um so mehr paßt auf die Tonbandspule. Standardbänder verlieren allmählich an Bedeutung. Sie sind zu dick - die Spielzeit ist bei gleichem Spulendurchmesser zu kurz. Während auf einer 13 cm Spule ca. 180 m Standardband aufgebracht werden konnten, passen beim sog. Doppelspielband mit der Dicke von 26 μ an die 360 m Band auf die gleiche Spule. Beim Dreifachband (18 μ stark) passen sogar 540 m auf dieselbe Spule.

Spulentonbänder haben eine Normbreite von 1/4 Zoll, d. i. 6,25 mm. Für die professionelle Anwendung wird häufig die gesamte Breite des Tonbandes ausgenützt (Abb. 83 a) - sog. **Vollspuraufzeichnung.** In der Abbildung ist mit (1) der Magnetkopf und mit (2) dessen Luftspalt bezeichnet, die Laufrichtung des Bandes wird mit Pfeilen angedeutet.

Die Bespielung kann aber auch auf zwei Halbspuren erfolgen (Abb. 83 b), dies wird als **Halbspuraufzeichnung** bezeichnet. Zwischen beiden Tonspuren wird ein Sicherheitsabstand, der sog. "Rasen" (5), freigehalten.

Bei dieser Aufzeichnung wird zunächst die obere Hälfte des Bandes bespielt. Danach dreht man das Band um, so daß die untere Hälfte jetzt oben liegt und bespielt diese bisher noch freie Bandhälfte. Auf dem

Band entstehen zwei Tonspuren, deren Aufzeichnungen in Gegenrichtung laufen.

Mit den laufenden Verbesserungen der Qualität der Tonbänder sowie der Magnetköpfe ergab sich die Möglichkeit noch weitergehender Ausnützung der Bänder. Bei der sog. **Viertelspuraufzeichnung** (Abb. 83 c) entstehen vier, gegeneinander jeweils durch "Rasen" getrennte Spuren.

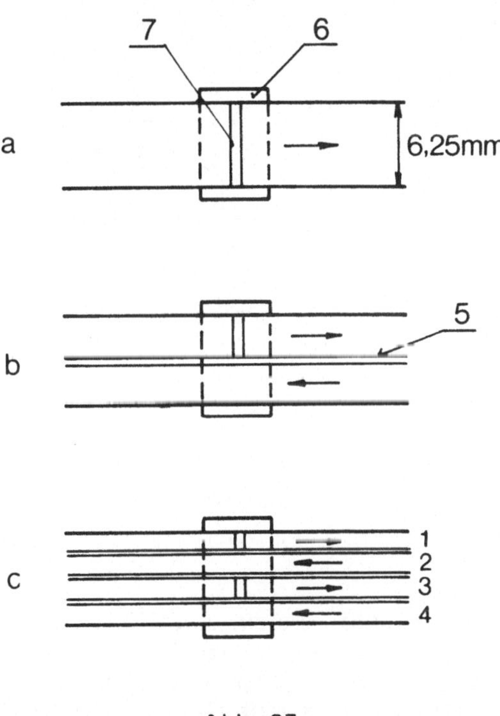

Abb. 83

Bei dieser Aufzeichnungsart tastet zunächst das obere Kopfsystem die Spur 1 ab, nach dem Bandumlegen die Spur 4 (die dann oben liegt). Anschließend kann man das Band nochmals umdrehen und gleichzeitig mit dem Spurwahlschalter das untere Kopfsystem einschalten. Aufgezeichnet wird nun die Spur 3 und nach dem weiteren Umdrehen des Bandes kommt Spur 2.

Die bisher beschriebenen "einfachen" Aufzeichnungsarten bezeichnet man üblicherweise als **"Mono-Aufzeichnungen"**.

Heute schon allgemein bekannt sind auch **"Stereo-Aufzeichnungen"**. Durch die elektroakustische Stereofonie soll technisch nachvollzogen werden, was dem menschlichen Gehör bei einer auditiven Originaldarbietung sofort gelingt - nämlich die Richtung festzustellen, aus der eine Schallwelle kommt, räumlich (plastisch) zu hören.

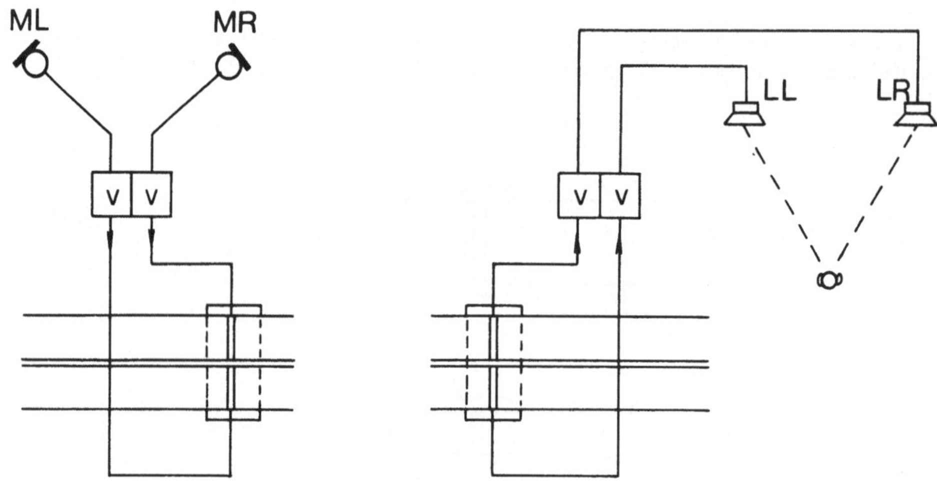

Abb. 84

Bei der üblichen Stereofonie nehmen zwei Mikrofone die Schallwellen getrennt nach ihrer Richtung auf. In der Abb. 84 ist das links angeordnete Mikrofon mit ML, das rechts angeordnete Mikrofon mit MR bezeichnet. Die Aufzeichnung findet über getrennte Verstärker V auf zwei getrennte Spuren des Tonbandes statt (hier als Beispiel: Halbspur-Aufzeichnung). Die Wiedergabe wird auf zwei Lautsprecher derart verteilt, daß aus dem rechten Lautsprecher LR die vorwiegend von rechts, aus dem linken Lautsprecher LL die vorwiegend von links kommenden Schallwellen wiedergegeben werden.

Bei der Festlegung der Bandgeschwindigkeit (Laufgeschwindigkeit des Tonbandes) wurde ursprünglich vom Maß 30 Zoll/sec, d. i. 76,2 cm/sec, ausgegangen. Die weiteren, derzeit verwendeten Werte ergeben sich durch jedesmaliges Halbieren. Die Bandgeschwindigkeit 76,2 cm/sec wird nur mehr in Sonderfällen angewendet. Die Bandgeschwindigkeiten 38 cm/sec und 19 cm/sec sichern höchste Qualität und werden überwiegend im professionellen bzw. auch im semiprofessionellen Bereich verwendet. Die Bandgeschwindigkeit von 9,5 cm/sec ermöglicht sehr gute Aufzeichnungen und wird gemeinsam mit der Bandgeschwindigkeit von 4,75 cm/sec im üblichen Bildungseinsatz am häufigsten verwendet. Die Bandgeschwindigkeit von 2,4 cm/sec kommt überwiegend für reine Sprachaufzeichnungen zum Tragen. Bei den letzten beiden Bandgeschwindigkeiten kommen wir aber schon zu den Tonbandkassetten.

Tonbandkassetten

In den letzten Jahren werden immer häufiger Tonbänder in speziellen Kassetten verwendet. Von den ursprünglich verschiedenen Kassettenformen haben sich insb. die sog. **Compactcassetten** (s. Abb. 85) durchgesetzt. Abb. 85 a zeigt die Kassette von außen, Abb. 85 b in stark vereinfachter Darstellung von innen. Mit (1) ist der linke, mit (2) der rechte Bandwickel bezeichnet.

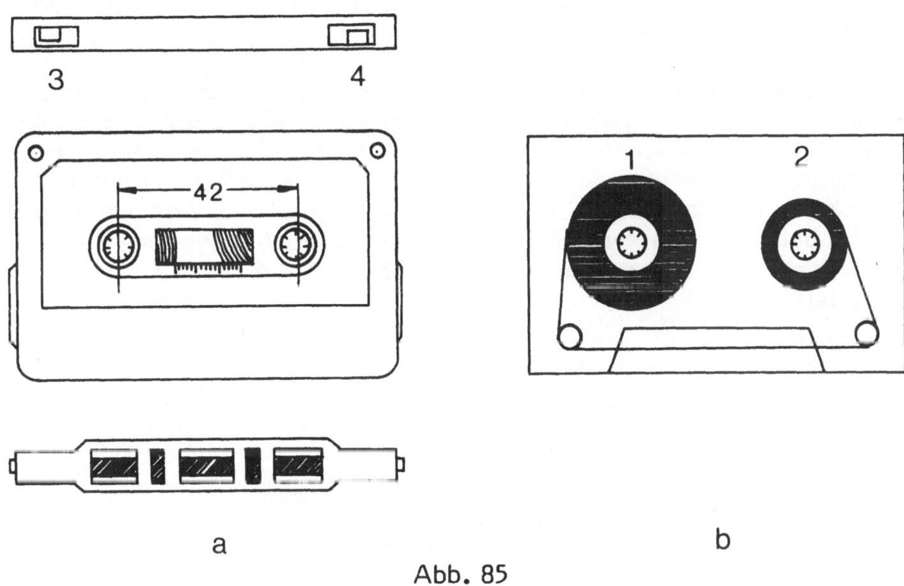

Abb. 85

Eine Kassettenaufnahme kann man vor unbeabsichtigtem Löschen schützen, indem man eine oder beide Laschen (3, 4) auf der Rückseite der Kassette (Abb. 85 a) herausbricht. Soll das Band in der Kassette trotzdem neu bespielt werden, werden die beiden nach den ausgebrochenen Laschen verbliebenen Öffnungen mit Klebeband verschlossen.

Bei Kassetten entfällt das bei Spulen-Tonbandgeräten erforderliche Einfädeln des Bandes. Gleichfalls ist es nicht notwendig, für die Entnahme des Tonbandes dieses zurückzuspulen, die Verschmutzungsgefahr des eigentlichen Bandes ist in Kassetten geringer usw.

Die Bandgeschwindigkeit bei Compactcassetten beträgt 4,75 cm/sec, die Gesamtbreite des Bandes ist 3,81 mm.

Nachdem die Größe der Kassette standardisiert ist, hängt die Spieldauer eines Bandes nur von der Banddicke ab.

Beim Kassettentyp C 60 ist die Dicke des Bandes die gleiche wie beim

Dreifachband der Spulen, nämlich 18 µ. In der Bezeichnung C 60 steht das "C" für "Cassette nach dem Compact System". Die "60" gibt die Spielzeit in Minuten - für beide Laufrichtungen zusammengerechnet - an. Die Spieldauer beträgt also 2 x 30 Minuten.

Die C 90 Kassette hat eine Banddicke von 12 µ und eine Spieldauer von 2 x 45 Minuten.

Die C 120 Kassette arbeitet mit sehr dünnem Band (9 µ) und sollte daher im üblichen schulischen Einsatz eher nur in Ausnahmefällen verwendet werden. Die Spieldauer beträgt 2 x 60 Minuten.

Zum Gegensatz mit Spulentonbändern ist die Spurlage bei Compactcassetten international genormt. Die möglichen vier Spuren auf dem Tonband von Compactcassetten werden mit eins bis vier (Abb. 86 a) bezeichnet. Auf den Spuren 1 und 2 werden der linke (L) und rechte (R) Stereokanal bei der ersten Laufrichtung aufgezeichnet. Auf den Spuren 3 und 4 befinden sich normalerweise die Stereokanäle der sog. Rückseite der Kassette. Diese Rückseite wird beim Umdrehen der Kassette abgespielt.

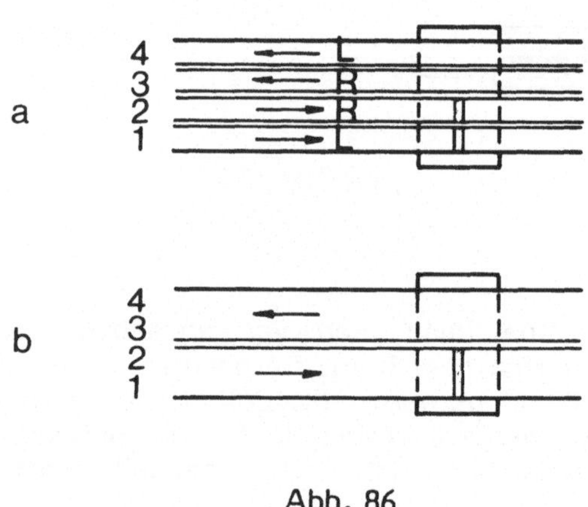

Abb. 86

Bei Monoaufzeichnung werden die Spuren 1 und 2 zusammen und danach die Spuren 3 und 4 zusammen aufgenommen bzw. abgespielt (Abb. 86 b). Die Verträglichkeit - die sog. Kompatibilität zwischen Stereo- und Monokassetten - ist auf diese Art gewährleistet. Stereo- sowie Monoaufzeichnungen können also ohne Probleme mit einem Gerät abgespielt werden. Der Magnetkopf eines Stereogerätes nützt entweder die ganze Breite der Monoaufzeichnung aus oder tastet problemlos die entsprechende Stereospur ab.

b) Zu den Tonbandgeräten

Von den Herstellern werden verschiedenste Ausführungen von Tonbandgeräten angeboten. Grundsätzlich kann man zwischen **Spulengeräten** und **Kassettengeräten** (üblicherweise als Kassetten-Rekorder bezeichnet) unterscheiden. Bei Spulengeräten ist der eigentliche Informationsträger - das Tonband - in offenen Spulen angeordnet, bei Kassetten-Rekordern ist das Tonband in speziellen Kassetten untergebracht.

Ungeachtet der konkreten konstruktiven Ausführung der verschiedenen Gerätetypen kann man die prinzipielle Anordnung praktisch aller derzeitigen Tonbandgeräte durch die grundsätzliche Skizze in der Abb. 87 darstellen.

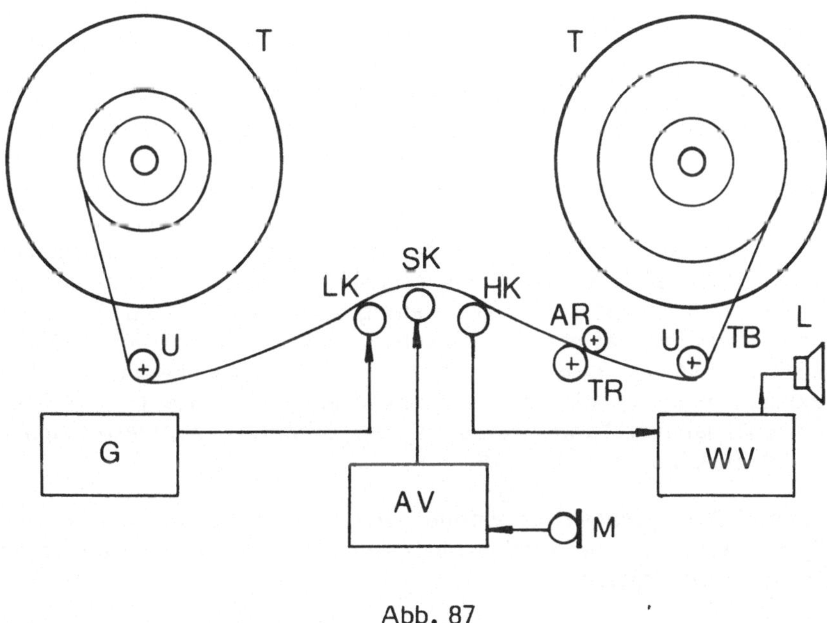

Abb. 87

Auf dem linken Teller T befindet sich die abzuwickelnde Tonbandrolle, die auf dem rechten Teller wieder aufgespult wird. Das Tonband TB wird hierzu über die rechts und links angeordneten Umlenkrollen U geführt.

Das Band muß mit völlig gleichbleibender Geschwindigkeit an den Köpfen vorbeilaufen, es wäre also nicht möglich, z. B. den rechten Teller direkt auf die Achse eines Elektromotors zu setzen, dann würde nämlich das Band anfangs (solange auf dem rechten Teller noch wenig Band aufgewickelt ist) mit verhältnismäßig geringer Geschwindigkeit gezogen werden, später würde aber seine Geschwindigkeit in dem Maße zunehmen, wie der Durchmesser der auf dem rechten Teller sich aufwickelnden Bandrolle größer wird. Das Band wird darum über die sog. Tonrolle TR, an die das Band durch eine Andruckrolle AR fest gedrückt wird, mitgenommen. Die Tonrolle wird über eine entsprechende Kupplung von einem Elektromotor angetrieben. Dafür, daß das Tonband gleichmäßig straff aufgewickelt wird, sorgt eine spezielle Rutschkupplung.

Aufnahme

Alle auf dem Band etwa vorhandenen Schallaufzeichnungen müssen vorerst gelöscht werden - hierzu wird das Tonband an einem speziellen Magnetkopf, dem sog. Löschkopf LK, vorbeigeführt. Dieser wird durch einen Generator G gespeist, dessen Strom über den Löschkopf alle Aufzeichnungen auf dem Band löscht. Der gelöschte Bandteil gelangt im weiteren an einen weiteren Magnetkopf, den Sprechkopf SK. Diesem wird vom Mikrofon (M) nach entsprechender Verstärkung im Aufsprechverstärker AV der in elektrische Schwingungen umgewandelte Schall zugeführt. Der Sprechkopf magnetisiert das vorbeilaufende Band -dieses verläßt den Sprechkopf also mit der neuen Schallaufzeichnung.

Wiedergabe

Das Band wird vorerst mit größerer Geschwindigkeit bei abgeschaltetem Löschkopf und Sprechkopf vom rechten Teller auf den linken Teller zurückgespult. Das mit der Aufzeichnung versehene Band wird jetzt auf gleichem Wege und bei gleicher Geschwindigkeit wie bei der Aufnahme am Hörkopf HK vorbeigeführt. Dort wird die magnetische Schallaufzeichnung wieder in elektrische Schwingungen umgesetzt, die über einen Wiedergabeverstärker WV dem Lautsprecher L zugeleitet und von diesem als Schall abgestrahlt werden.

Bei Heimtonbandgeräten verwendet man häufig einen kombinierten **Hör-Sprech-Kopf.** Dieser wird je nach gewünschter Funktion als Sprech- oder Hörkopf geschaltet.

c) Zum Einsatz von Tonbändern und Tonbandgeräten

Praktisch alle Einsatzmöglichkeiten, die wir bei der Schallplatte genannt haben, sind auch beim Tonband gegeben. Darüberhinaus bietet das Tonband weitere Möglichkeiten.

Schallplattenaufzeichnungen können von den üblichen Anwendern nur wiedergegeben, nicht aber selbst hergestellt werden. Tonbandaufzeichnungen demgegenüber können nicht nur abgespielt, sondern schon mit Hilfe einfacher Tonbandgeräte auch bespielt werden. Gegenüber dem Plattenspieler kann mit dem Tonbandgerät jeder Benutzer viele zusätzliche eigene Initiativen entwickeln, insb. mit Tonband und Mikrofon auditive Aufnahmen in seiner Umwelt selbst erstellen.

Einige Beispiele für den lerneffektiven Einsatz von Tonbändern und Tonbandgeräten:

- im Musikunterricht für musikalische Eigenproduktionen
- im Deutschunterricht für sprachliche Gestaltungsübungen, für die Hörspielarbeit
- im Biologieunterricht zur Aufnahme von Tierstimmen
- im Schreibmaschinenunterricht als "Diktiergerät" für verschiedene Schreibgeschwindigkeiten u. fachspezifische, selbsterstellte Texte
- im Fremdsprachenunterricht - z. B. als wichtiger Bestandteil von speziellen Sprachlehranlagen
- zur Speicherung von Rundfunksendungen (Schulfunk) usw.

Lassen Sie uns nun einige Tips für die verschiedenen Einsatzarten von Tonbändern und Tonbandgeräten zusammenfassen.

Aufnahmen mit dem Mikrofon

Sprachaufnahmen haben sich u. a. für die Verbesserung des eigenen sprachlichen Ausdrucks vielfach bewährt. Durch Hören des Vorbildes und eigenes aktives Nachsprechen kann der Schüler seine Sprechweise in Betonung, Aussprache, Sprechrhythmus und Flüssigkeit verbessern.

Nicht nur Sprache, sondern auch Musik und verschiedene Geräusche kommen bei der Produktion von Hörspielen dramatisch zur Geltung. Die schulische Produktion von Hörspielen, das eigentliche Spielen, wird von manchen Fachdidaktikern als die beste Werkinterpretation bezeichnet.

Neben der Sprache wird bei der Gestaltung von Hörspielen auch die Technik zu einer künstlerischen Potenz. Die technische Seite - hier durch das richtige Aufnehmen, die Auswahl und das Unterlegen von Geräuschen gestaltend verstanden - reizt und motiviert die Schüler.

Die technische Gestaltung einfacher Tonaufzeichnungen ist nicht sehr schwierig und kann durch häufige Übung erlernt werden. Bei Aufnahmen eines Sprechers oder auch kleinerer Diskussionsgruppen werden Sie z. B. den jeweils günstigsten Mikrofonabstand relativ schnell durch Proben ermittelt haben.

Einige Tips für Aufnahmen mit dem Mikrofon wollen wir hier erwähnen:

- Bei Verwendung von Tisch-Mikrofonstativen Tisch mit Tuch abdecken, achten, daß der Sprecher den Tisch nicht berührt (Störgeräusche)
- Bei Tischstativen Tonbandgerät nicht auf denselben Tisch wie das Mikrofon stellen (Antriebsgeräusche können leicht übertragen werden)
- Womöglich Mikrofon mit Bodenstativ verwenden; Mikrofon ca. 30 cm vom Mund des Sprechers, leicht seitlich anbringen
- Ruhigen, kleineren Raum, womöglich mit Spannteppichen und

schwereren Vorhängen verwenden (Vermeiden von Schallreflexionen)
- Manuskript einseitig und mit großen Zeilenabständen schreiben. Schwereres Papier verwenden oder Papierblätter auf Karton aufkleben (Knistergeräusche)
- Aussteuerungsanzeiger auf ca. 70 % der Vollaussteuerung einstellen.

Der Aussteuerungsanzeiger ist eine Einrichtung (Meßinstrument oder bei neueren Geräten auch eine Reihe von Leuchtdioden) zur Anzeige der günstigsten **Aussteuerung** für die Tonbandaufnahme. Die elektrische Spannung, welche bei jeder Aufnahme an die Eingangsbuchse des Tonbandgerätes geliefert wird (vom Mikrofon oder von einer anderen Schallquelle), muß richtig verstärkt werden. Übersteuerung (zu große Verstärkung) ruft Verzerrungen hervor (Klirrfaktor). Untersteuerung äußert sich bei der Wiedergabe durch verstärktes Rauschen.

Übliche Aussteuerungsanzeiger enthalten am Ende der Skala ein rotes Feld oder eine Markierung 0 dB. Eine Aufnahme ist dann richtig ausgesteuert, wenn die Anzeige bei den lautesten Stellen den Anfang des roten Feldes bzw. die mit "0 dB" bezeichnete Stelle erreicht.

Bei Sprachaufnahmen stellt man die Aussteuerung nur auf etwa 70 % des eben erwähnten "richtigen" Wertes ein. Der Grund dafür liegt darin, daß sich Sprache aus einzelnen Silben und Worten zusammensetzt, wodurch sich im Vergleich zu einem Dauerton eine Verringerung der Anzeige ergibt.

Manche Tonbandgeräte, insb. Kassettenrecorder, sind mit einer automatischen Aussteuerung versehen.

Aufnahmen von Rundfunksendungen

In den Rundfunksendungen lassen sich viele für den Bildungsbereich geeignete Programme finden - Programme, welche sich z. B. mit Erfolg als Diskussionsauslöser zu bestimmten Themen, zur Veranschaulichung oder Auflockerung des Unterrichtes u. ä. verwenden lassen. Im besonderen bieten sich selbstverständlich die Schulfunksendungen an.

Ein sinnvoller unterrichtlicher Einsatz von Rundfunksendungen ist nur dann möglich, wenn dem Lehrenden das gewünschte Programm immer dann zur Verfügung steht, wenn es die Unterrichtssituation erfordert. Nachdem eine Synchronität, eine Gleichzeitigkeit der Sendungen mit dem konkreten Bedarf der einzelnen Lehrer üblicherweise nicht gegeben ist, bildet hier die Möglichkeit der Tonbandaufzeichnung eine wirkungsvolle Hilfe. Der Lehrer zeichnet die gewünschte Sendung auf und hat sie dann zum von ihm gewünschten Zeitpunkt für den Einsatz zur Verfügung.

Die meisten heutigen Rundfunkempfänger verfügen über genormte

Anschlüsse für Spulen- oder Kassettentonbandgeräte. Das Tonbandgerät kann demnach einfach über ein geeignetes Verbindungskabel an den Empfänger angeschlossen werden.

Radiorekorder - das sind Geräte, welche einen Rundfunkempfänger mit einem Kassettenrekorder in einem Stück vereinen - erleichtern die Aufnahme von Rundfunksendungen. Externe Verbindungskabel können entfallen. Radiorekorder mit eingebauter oder in Verbindung mit getrennter, vorprogrammierbarer Schaltuhr können die Aufnahme von Rundfunksendungen (sog. "Mitschnitt") noch weiter vereinfachen. Solche Einrichtungen ermöglichen die vorprogrammierte Aufzeichnung ohne Anwesenheit des Lehrers.

Bei Aufnahmen von Rundfunksendungen ist der Wellenbereich mit zu berücksichtigen. Bei Lang-, Mittel- und Kurzwelle ist das Frequenzband der einzelnen Stationen ziemlich schmal (rund 4 500 Hz), wodurch die Qualität - insb. von Musikaufzeichnungen - stark eingeschränkt wird. Zusätzlich treten in diesen Bereichen atmosphärische Störungen auf, die sich durch Knacken und Rauschen äußern. Aufnahmen im UKW-Bereich sind wegen des hier gegebenen breiteren Frequenzbandes und der geringeren Störungen vorzuziehen.

Aufnahmen von Schallplatten oder anderen Tonbändern

Die Überspielung von Schallplatten auf Tonband kann aus verschiedenen Gründen wünschenswert sein. Etwa dann, wenn eine seltene alte Schallplatte vor Beschädigung geschützt werden soll, oder sie der Besitzer nicht ausleihen will oder kann. Gleichfalls dort, wo von Schallplatten Aufzeichnungen mit bestimmten didaktischen Eingriffsmöglichkeiten (bestimmte Reihung einzelner Abschnitte, Pausen, Abschnittwiederholungen) hergestellt werden sollen.

Sofern der Plattenspieler eine Anschlußbuchse für Tonbandgeräte hat, bilden Überspielungen in technischer Hinsicht keine großen Probleme.

Die Überspielung zwischen Tonbandgeräten bietet meistens gleichfalls keine größeren technischen Schwierigkeiten - dies gilt sowohl für Einzelkopien als auch für die schnelle Herstellung mehrerer Kopien. Für die Einzelkopie werden zwei Tonbandgeräte durch entsprechende Kabel verbunden und ein Gerät in Wiedergabe-, das zweite in Aufnahmefunktion eingeschaltet. Für die Schnellkopie von Compactcassetten gibt es spezielle Geräte, bei denen mit 8- oder 16-facher Geschwindigkeit von einer Aufzeichnung eine oder zwei Kopien gleichzeitig hergestellt werden.

Bei der Aufzeichnung - Überspielung - von auditiven Informationen darf nicht auf urheberrechtliche Fragen vergessen werden. Gegen die Herstellung und kurzfristige Verwendung von einzelnen Arbeitskopien zum unentgeltlichen Einsatz innerhalb der Schule dürfte meistens nicht viel einzuwenden sein. In Zweifelsfällen sollten Sie sich jedenfalls an die zuständigen Stellen wenden.

Bandschnitt

Das Schneiden (cutten) bzw. das Kleben von Tonbändern ist bei Bandriß, beim Abschneiden von Leerband, bei Montagen für Hörspiele etc. erforderlich. Durch Schneiden ist es möglich, Worte oder Sätze zu entfernen oder hinzuzufügen, einzelne Teile der Aufzeichnung verändert zusammenzustellen u. ä.
Schneiden und Kleben muß so ausgeführt werden, daß der Geradelauf des Bandes erhalten bleibt, und daß die Klebestelle bei der Wiedergabe der Aufzeichnung nicht zu hören ist. Hörbar wird eine Klebestelle, wenn sich die Bandenden überlappen oder zu weit auseinanderklaffen, aber auch wenn die Klebestelle durch zu dicke Hinterklebung versteift ist. Eine gut ausgeführte Klebestelle ist unhörbar und daher unbedenklich.

Das Werkzeug und Zubehör zum Schneiden und Kleben der Bänder (Klebeband, Klebeschiene, Scheren aus unmagnetischem Material usw.) wird im Fachhandel einzeln oder in geeigneten Zusammenstellungen (Cutterkasten) angeboten.

d) Zur Aufbewahrung von Tonbändern

Räume, in denen Magnetbänder gelagert werden, sollen womöglich staubfrei sein. Die Raumtemperatur sollte stabil bei etwa 20° C, die Luftfeuchtigkeit bei 50 bis 60 % gehalten werden.

Eine Gefahr für Tonbänder bilden starke Magnetfelder, sie können die unbeabsichtigte Löschung der Bänder verursachen. Bei der Lagerung, aber auch beim Versand und Betrieb, müssen deshalb Tonbänder vor Magnetfeldern geschützt werden. Die einfachste Methode zur Vermeidung unfreiwilliger Löschung des Bandes ist Einhaltung eines ausreichenden Abstandes von stärkeren magnetischen Quellen. Von üblichen Störquellen wie etwa Motoren, Generatoren und Transformatoren genügt schon ein geringer Abstand, um Bandlöschungen zu vermeiden.

3.3.3 ZUR OPTISCHEN AUDITIVEN SPEICHERUNG

Diese Art der Speicherung wird überwiegend bei der Vertonung von Filmen, d. h. beim Tonfilm, verwendet (bei der Filmvertonung findet häufig auch das magnetische Speicherprinzip seine Anwendung). Bei Tonfilmen, deren Toninformation mit Hilfe des optischen Prinzips gespeichert wurde, spricht man üblicherweise von Film mit **Lichtton**, bei Verwendung des magnetischen Speicherprinzips spricht man von Film mit **Magnetton**. Die Toninformation wird in Form einer sog. Tonspur auf einer Seite des Filmstreifens angebracht.

Der Vorgang bei der optischen auditiven Speicherung besteht grundsätzlich darin, daß vorerst der Schall in entsprechende elektrische Schwingungen umgewandelt wird (Mikrofon), welche weiter in entsprechende Lichtschwankungen umgesetzt werden. Diese beeinflussen dann die lichtempfindliche Schicht eines mit konstanter Geschwindigkeit vorbeigezogenen Films. Je nach Verfahren entsteht hierbei z. B. die sog. **Sprossenschrift** (Abb. 88 a), oder die **Zackenschrift** (Abb. 88 b).

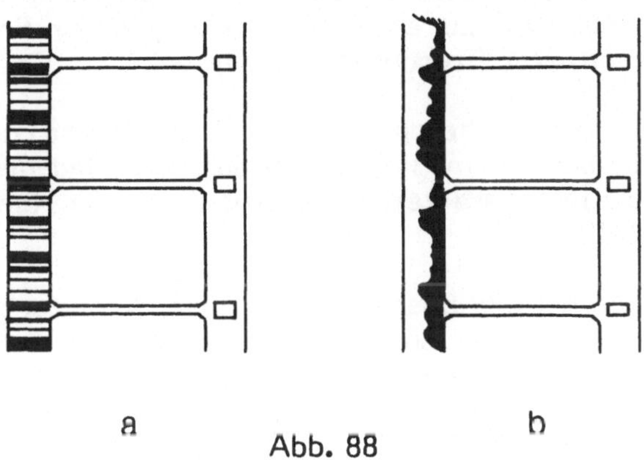

Abb. 88

Bei der Wiedergabe setzt eine Fotozelle die Lichtschwankungen, welche bei einer Durchleuchtung des Filmes auf sie auftreffen, in elektrische Signale um, die verstärkt und danach einem Lautsprecher zugeführt werden, welcher sie als Schall abstrahlt.

3.3.4 ZU EINIGEN WICHTIGEN GLIEDERN ELEKTROAKUSTISCHER EINRICHTUNGEN

Elektroakustische Anlagen, d. i. Anlagen zur Verarbeitung auditiver Informationen, bestehen aus einer Reihe von Geräten und Elementen - dies haben wir u. a. in den Abbildungen 72, 73 u. a. dargestellt. Einen wichtigen Bestandteil praktisch aller elektroakustischen Einrichtungen bilden z. B. sog. elektroakustische Wandler - **Mikrofone** und **Lautsprecher.** Mit diesen und einigen weiteren Gliedern elektroakustischer Anlagen wollen wir uns in diesem Abschnitt kurz befassen.

a) Zu den Mikrofonen

Mikrofone stehen in der Regel ganz am Anfang elektroakustischer Einrichtungen - sie wandeln die Schallschwingungen in elektrische Schwingungen um.

Mikrofone werden insb. nach ihrer Empfindlichkeit, Frequenzumfang und Richtcharakteristik beurteilt.

Die **Empfindlichkeit** gibt vereinfacht ausgedrückt an, wie groß die vom Mikrofon abgegebene Spannung ist, wenn auf die Mikrofonöffnung ein bestimmter Schalldruck einwirkt. Die Spannung wird in Millivolt (mV) gemessen, der Schalldruck im Mikrobar (μb). Die Empfindlichkeit von Mikrofonen wird demnach in Millivolt pro Mikrobar (mV/μb) angegeben.

Der **Frequenzumfang** ist anschaulich der Frequenzkennlinie (allgemeine Darstellung s. Abb. 75) zu entnehmen und gibt die Breite des vom Mikrofon verarbeitbaren Frequenzspektrums an.

Die **Richtcharakteristik** beschreibt die Richtwirkung des Mikrofons, seine Empfindlichkeit beim Besprechen aus verschiedenen Richtungen. Einige typische Richtcharakteristiken sind durch die Kennlinien in der Abb. 89 dargestellt.

Die Kennlinie der Abb. 89 a ist eine sog. Kugelcharakteristik und bringt zum Ausdruck, daß das entsprechende Mikrofon für Schallwellen aus allen Richtungen etwa gleich empfindlich ist. Ein solches Mikrofon könnte man etwa zur Aufnahme von Gesprächen am runden Tisch (Personen kreisförmig um das Mikrofon gruppiert) verwenden.

Für die Aufnahme von Gesprächspartnern, die sich gegenüber sitzen, würde sich ein Mikrofon mit der Kennlinie lt. Abb. 89 b - sog. Achtercharakteristik - eignen.

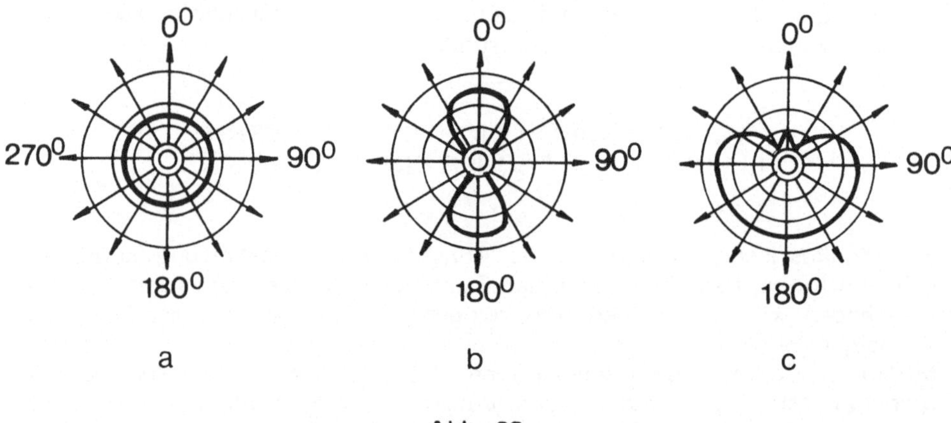

Abb. 89

Die Kennlinie in der Abb. 89 c entspricht einem Mikrofon mit sog. Nierencharakteristik. Ein solches Mikrofon ist am empfindlichsten für Schallwellen, die von vorne kommen - auf Schallwellen von hinten reagiert es kaum.

Es gibt verschiedene **Bauarten** bei Mikrofonen, je nach dem verwendeten akustisch-elektrischen Umsetzungsprinzip. Häufig werden insb. Kondensatormikrofone, elektrodynamische Mikrofone sowie Kristallmikrofone verwendet.

Kondensatormikrofone nützen das "kapazitive" Prinzip. Die Membrane dieser Mikrofone bildet zusammen mit einer feststehenden Platte einen Kondensator, dessen Kapazität sich beim Bewegen der Membrane ändert. Die Kapazitätsänderungen werden in Spannungsänderungen umgesetzt.

Kondensatormikrofone werden überall dort verwendet, wo hochqualitative Musik- und Sprachaufnahmen gemacht werden sollen. Der Frequenzbereich reicht etwa von 20 Hz bis 20 000 Hz; es können verschiedene Richtcharakteristiken realisiert werden.

Elektrodynamische Mikrofone nützen das "Induktions-Gesetz". Schallschwingungen werden hier durch Bewegen eines Leiters in einem konstanten Magnetfeld in entsprechende elektrische Spannungen umgewandelt. Konstruktiv wird zwischen sog. Bändchen- und Tauchspulmikrofonen nach diesem akustisch-elektrischen Umsetzungsprinzip unterschieden.

Dynamische Mikrofone sind sowohl in der Studio-Technik als auch in anderen Bereichen in Verwendung. Es gibt sie mit Kugel- oder Nierencharakteristik. Gegenüber den Kondensatormikrofonen haben sie den Vorteil größerer Robustheit, sind diesen aber qualitativ eher etwas unterlegen.

Kristallmikrofone nützen den "piezoelektrischen" Effekt. Das Kristallsystem wird entweder direkt oder über eine Membrane beschallt. Durch das Einwirken des Schalls wird der Kristall deformiert - dadurch entsteht an seiner Oberfläche eine entsprechende elektrische Spannung.

Kristallmikrofone sind preisgünstig, aber wenig robust. Verwendet werden sie z. B. für Musikaufnahmen mittlerer Qualität - überall dort, wo es auf hohe Empfindlichkeit, aber nicht auf zu hohe Klangqualität ankommt.

b) Zu den Lautsprechern

Lautsprecher finden wir meistens am Ende elektroakustischer Einrichtungen - sie haben die Aufgabe, elektrische Ströme in entsprechende Schallschwingungen umzuwandeln.

Wir wollen, ähnlich wie bei den Mikrofonen, wieder mit der Zusammenfassung einiger wichtiger Kritierien beginnen, nach denen man Lautsprecher beurteilt.

Der **Frequenzumfang** informiert über die Breite des vom Lautsprecher verarbeitbaren Frequenzspektrums. Die ideale Frequenzkurve (Übertragungskurve) sollte das gesamte interessierende auditive Spektrum umfassen, d. h. etwa von 20 Hz bis fast 20 000 Hz reichen. In Wirklichkeit ist dies durch einen Lautsprecher nicht ganz zu erreichen. Manche Lautsprechertypen ermöglichen eine gute Übertragung der tiefen Frequenzen, andere Lautsprechertypen sind besser für die Übertragung mittlerer Frequenzen, andere wieder besser für die Übertragung hoher Frequenzen geeignet. In der Praxis werden daher häufig zwei oder mehrere Lautsprecher über sog. Frequenzweichen in einem speziellen Gehäuse (sog. Lautsprecherboxen) zusammengefaßt.

Unter **Belastbarkeit** versteht man, vereinfacht ausgedrückt, die Leistung in Watt (W), der ein Lautsprechersystem ausgesetzt werden kann, ohne beschädigt zu werden.

Die **Richtcharakteristik** beschreibt die Richtwirkung des Lautsprechers. Ähnlich wie von Mikrofonen der Schall nicht aus allen Richtungen gleich gut aufgenommen wird, wird der Schall von Lautsprechern verschiedenartig gebündelt abgestrahlt.

Die verschiedenen Bauarten von Lautsprechern unterscheiden sich in erster Reihe nach dem verwendeten elektro-akustischen Umsetzungsprinzip. Aus dieser Sicht unterscheidet man insb. - ähnlich wie bei Mikrofonen - **Dynamische Lautsprecher** (gute Wiedergabe des Tieftonbereiches), **Kondensatorlautsprecher** (Hochtonbereich) und **Kristalllautsprecher** (Hochtonbereich).

c) Zu den Mischpulten

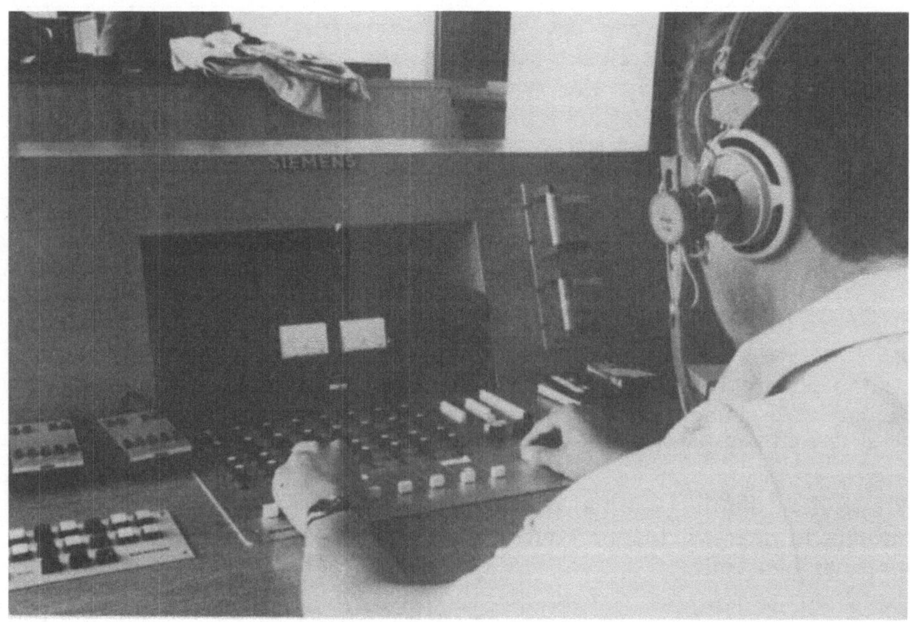

Abb. 90

Mischpulte sind Vorrichtungen zum Mischen mehrerer Tonquellen (Mikrofon, Schallplatte, Rundfunkempfänger etc.). Wenn Sie z. B. eine sprachliche Information mit Musik untermalen wollen oder insb. wenn Sie ein eigenes Tonbandprogramm mit Hilfe mehrer Programmquellen produzieren wollen, dann brauchen Sie ein Mischpult.

Mischpulte können je nach dem erforderlichen Aufgabenbereich recht einfache oder relativ komplexe Gebilde darstellen. Abb. 90 zeigt als Beispiel das Tonmischpult des Fernseh-, Film- und Tonstudios an der Universität für Bildungswissenschaften in Klagenfurt. Im Vergleich mit dieser komplexen Einrichtung ist ein Mischpult für den üblichen schulischen Einsatz schon rein vom Erscheinungsbild ein kleines Gerät mit den Abmessungen etwa eines üblichen Tonbandgerätes.

Sämtliche Mischpulte, gleich welcher Größenordnung, müssen aber jedenfalls ein rückwirkungsfreies Mischen der verschiedenen Tonquellen gewährleisten und müssen rausch- und verzerrungsfrei arbeiten.

d) Zu den Verstärkern

Als Verstärker (im speziellen als Tonfrequenz- oder Niederfrequenz-Verstärker) bezeichnen wir Einrichtungen zur Verstärkung von tonfrequenten Spannungen oder Leistungen.

Zu den wichtigsten Beurteilungskriterien für Verstärker gehört der Verstärkungsgrad, oder vereinfacht die **Verstärkung.** Als Verstärkung bezeichnet man das Verhältnis Ausgangswert zum Eingangswert (Ausgangsspannung zur Eingangsspannung oder Ausgangsleistung zur Eingangsleistung). Wenn z. B. bei einer Eingangsspannung von 100 mV am Ausgang des Verstärkers eine Spannung vom 100 V zustandekommt, beträgt die Verstärkung 1000 - die Spannung wird 1000mal vergrößert, verstärkt.

Die Verstärkung soll selbstverständlich womöglich verzerrungsfrei stattfinden; zur Beurteilung dieser Eigenschaft wird u. a. der von uns schon im Abschnitt 3.2.3 besprochene **Klirrfaktor** herangezogen.

Weiterhin soll der Verstärker womöglich den ganzen uns interessierenden **Frequenzumfang** gleich gut übertragen. Dies haben wir gleichfalls schon im Abschnitt 3.2.3. besprochen - ein guter Verstärker sollte demnach eine womöglich geradelinige Frequenzkennlinie haben.

Ein Beurteilungskriterium bei Verstärkern ist der gleichfalls schon besprochene **Geräuschspannungsabstand.**

Eine wichtige Angabe bei Verstärkern bildet weiterhin deren **Ausgangsleistung.** Dies ist die vom Verstärker an den Lastwiderstand, praktisch also an den (die) Lautsprecher abgegebene Leistung (in Watt - W).

Die Ausgangsleistung wird für einen an den Verstärkereingang angeschlossenen Sinus-Dauerton ermittelt. Man spricht daher auch von einer "Sinus-" oder "Dauerton-" Leistung. Genauer formuliert: Die Dauerton-Leistung ist die maximale Leistung, die der Verstärker bei einem Sinuston von 1 kHz abgibt, wobei der Klirrfaktor höchstens 1 % betragen darf.

Manchmal wird auch von "Musikleistung" gesprochen. Dies ist eine werbewirksame Leistungsangabe, nachdem sie etwa 20 % größer als die Sinus-Leistung ist. Maßgeblich ist aber die Sinus-Dauerton Leistung.

Von den Herstellern werden verschiedene Verstärker angeboten. Von der Funktion her unterscheidet man: Vorverstärker, Endverstärker (auch als Leistungsverstärker bezeichnet) und Vollverstärker.

Vorverstärker verstärken die meist sehr schwachen, vom Mikrofon oder einer anderen Signalquelle herrührenden Spannungen.

Endverstärker verstärken die Ausgangsspannung des Vorverstärkers so, daß man einen oder mehrere Lautsprecher mit ausreichender Leistung betreiben kann.

Vollverstärker entstehen, wenn man einen Vorverstärker und einen Endverstärker in einem gemeinsamen Gehäuse anordnet.

e) Zu den Anpassungs- und Verbindungssystemen

Die einzelnen Glieder elektroakustischer Einrichtungen können nicht immer ohne weiteres miteinander verbunden werden. Ob es sich um die Verbindung eines Mikrofones oder eines Plattenspielers mit einem Tonbandgerät, den Anschluß eines Lautsprechers an einen Verstärker oder welche Verbindung auch immer handelt, immer sind bestimmte Bedingungen zu beachten.

Bei Verbindungsfragen der angedeuteten Art geht es immer darum, elektrische Spannungen zweckmäßig von einem Gerät zu anderen zu übertragen. Dazu braucht man nicht nur elektrische Kabel und geeignete Steckverbindungen, d. h. eine geeignete **mechanische Anpassung,** sondern auch eine Anpassung der elektrotechnischen Kennwerte der einzelnen Geräte, d. h. eine **elektrotechnische Anpassung.**

Elektrotechnische Anpassung

Unter diesem Begriff versteht man die aufeinander abgestimmte Bemessung des Widerstandsverhältnisses zwischen Quelle und Verbraucher.

Wenn Sie z. B. ein Mikrofon (M) an ein Tonbandgerät (TB) anschließen wollen, stellt das Mikrofon die Energiequelle, das Tonbandgerät dann den Energieverbraucher dar (Abb. 91 a). Wenn Sie einen Lautsprecher (L) an einen Verstärker (V) anschließen wollen, stellt der Verstärker die Energiequelle, der Lautsprecher den Verbraucher dar (Abb. 91 b) usw.

Jede Energiequelle ist u. a. durch einen bestimmten Innenwiderstand (R_i), genauer gesagt Scheinwiderstand oder Impedanz , gekennzeichnet. Jeder Verbraucher hat gleichfalls einen ganz bestimmten Widerstand Impedanz (R_a). Allgemein ist diese Situation in der Abb. 91 c skizziert.

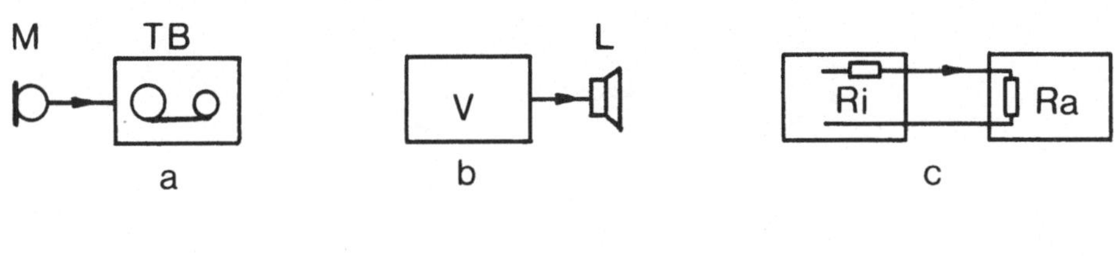

Abb. 91

Das Maximum der an einen Verbraucher abgebbaren Leistung erhält man, wenn man den Verbraucherwiderstand R_a gleich dem Innenwiderstand R_i der Energiequelle macht. Diesen Fall bezeichnet man als **Leistungsanpassung.** Um eine solche Anpassung sind wir z. B. immer bei Lautsprechern bemüht. Konkret: ein 4Ω-Lautsprecher (der elektrische Widerstand wird in Ohm -Ω- gemessen) muß zur Erzielung größter Leistung an den 4Ω-Ausgang eines Verstärkers angeschlossen werden.

Wenn Sie elektroakustische Geräte miteinander verbinden, achten Sie daher immer auf deren Widerstandswerte. Diese sind meistens direkt am Gerät, jedenfalls aber immer in der entsprechenden Gerätebeschreibung (Bedienungsanleitung) angegeben. In dieser Beschreibung finden Sie meist noch weitere Angaben zu den Anschlußmöglichkeiten des gegebenen Gerätes.

Mechanische Anpassung

Von der äußeren (mechanischen) Form gibt es bei elektroakustischen Geräten leider keine einheitliche Steckverbindung. In der üblichen Praxis werden Sie am häufigsten einem der in der Abb. 92 dargestellten Steckverbindungssysteme begegnen. Von links nach rechts sehen Sie in dieser Abbildung einen DIN-Stecker, einen Klinkenstecker und einen Cynch-Stecker. Im unteren Teil der Abbildung sehen Sie einen häufig verwendeten Lautsprecher-Stecker mit dazugehöriger Buchse.

Für die Praxis ist es wichtig zu wissen, daß es für die Kombination von Steckverbindungssystemen sog. **Adapter** gibt. Steckverbindungs-Adapter sind im Prinzip Verbindungskabel, die an einem Ende einen Stecker der Bauart X, am anderen Ende einen Stecker der Bauart Y haben. Mit solchen Adaptern lassen sich Geräte mit verschiedenen Steckersystemen verbinden.

Bei den verwendeten Kabeln ist auf die sog. Abschirmung zu achten.

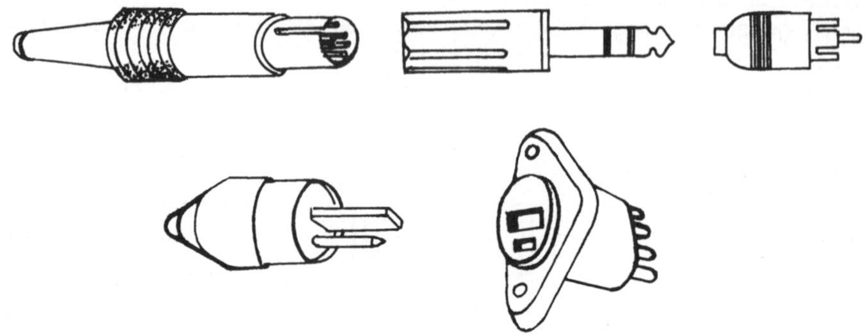

Abb. 92

Abschirmung ist eine Maßnahme gegen das Einwirken von Störspannungen in das Verbindungskabel. Störspannungen - verursacht durch Elektrogeräte aller Art - äußern sich als unerwünschtes Knacken oder Brummen. Zur Vermeidung dieser Störungen, zur Abschirmung, werden Kabel verwendet, bei denen über die eigentliche isolierte Leitung ein aus Kupferdrähten geflochtener "Schlauch" gezogen ist. Diesen abschirmenden Mantel können Störungen nicht durchdringen, wenn er an Masse (Erde) angeschlossen ist.

3.3.5 ZUM SCHULFUNK

Der Schulfunk kann als ein auf den Unterricht zielendes Rundfunkprogramm definiert werden. Beim Schulfunk handelt es sich also um spezielle Hörfunksendungen, welche von didaktischen Überlegungen profiliert werden, wobei dramaturgische und auditive Gesetze zu berücksichtigen sind.

a) Zur technischen Seite des Schulfunks

Die technische Grundlage für die Realisierung des Schulfunks bildet in erster Reihe die drahtlose Informationsübertragung - das Prinzip zeigt Abb. 93.

Am Anfang jeder Einrichtung zur drahtlosen Informationsübertragung steht ein Informationswandler (in der Abb. 93 mit IW bezeichnet). Beim Rundfunk handelt es sich um akustisch-elektrische Umwandlung, der Informationswandler ist demnach ein Mikrofon. Beim Fernsehen handelt es sich primär um eine opto-elektrische Umwandlung, als Informationswandler dient die Fernsehaufnahmeröhre.

Die der ursprünglichen Informationsform entsprechenden elektrischen

Signale werden im Sender (S) verarbeitet und zur Sendeantenne (SA) weitergeleitet. Die Antenne strahlt die Signale in Form von elektromagnetischen Wellen ab - diese werden von der Antenne (EA) der einzelnen Empfangseinrichtungen aufgenommen. Die elektrischen Signale werden im eigentlichen Empfangsteil (E) entsprechend verarbeitet und im Informationswandler (IW) wieder in die ursprüngliche Form der Information umgewandelt.

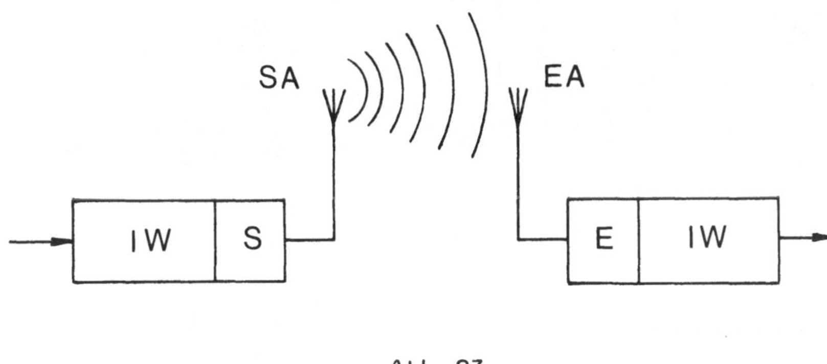

Abb. 93

Beim Rundfunk wird die elektroakustische Umwandlung vom Lautsprecher durchgeführt. Beim Fernsehen sorgt für die elektrisch-optische Umwandlung die Bildröhre des Fernsehempfängers.

Zum Empfang der Schulfunksendungen im Schulgebäude können zwei Anordnungen verwendet werden. Die eine Anordnung (s. Abb. 94 a) besteht darin, daß die Sendung mittels eines hochwertigen Rundfunkempfängers empfangen wird. Das niederfrequente Signal dieses Empfängers wird verstärkt und durch Tonleitungen zu Lautsprechern in den einzelnen Unterrichtsräumen geleitet.

Der Rundfunkempfänger bildet einen Bestandteil der schulinternen Rundfunkzentrale RZ, welche weiter mit einem Tonbandgerät, einem Plattenspieler, einem Mikrofon sowie mit weiteren technischen Zusatzeinrichtungen ausgestattet sein kann. Eine solche Anlage ermöglicht nicht nur den Empfang und die Wiedergabe öffentlicher Hörfunksendungen, sondern auch die Produktion und Wiedergabe schulinterner Tonproduktionen.

Die zweite Anordnung (s. Abb. 94 b) besteht darin, daß in den einzelnen Unterrichtsräumen selbständige Rundfunkempfänger installiert werden. Bei Schulen in Sendernähe wären in Anbetracht der guten Empfindlichkeit heutiger Rundfunkempfänger für den Empfang des Regionalsenders nicht einmal Antennenanschlüsse erforderlich. Aus Qualitätsgründen, insb. für den Empfang entfernterer Sender, ist aber die Installation von Antennenanschlüssen in den einzelnen Unterrichtsräumen zu empfehlen.

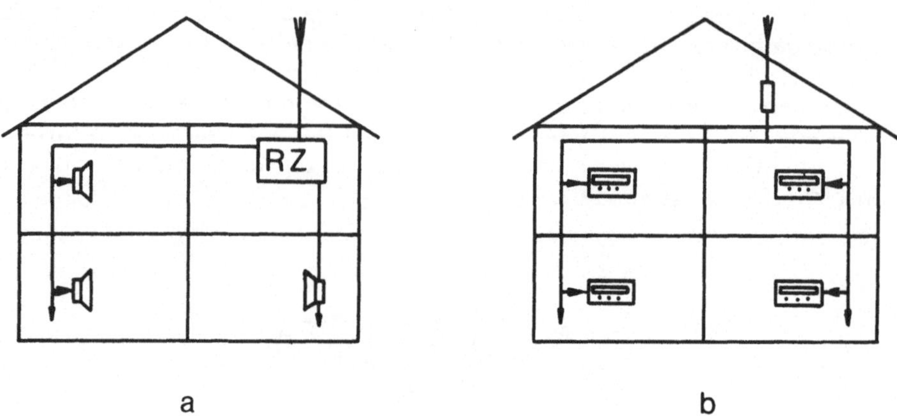

Abb. 94

b) Zum Einsatz der Schulfunks

Der Einsatz von Schulfunksendungen setzt bei den Schülern die Fähigkeit zur auditiven Konzentration voraus. Untersuchungen in Schulen haben eine gewisse Hörträgheit ergeben. "Hör-Erziehung" sollte daher vielleicht eine Vorbereitung für den Schulfunkempfang bilden (Aufmerksamkeitsübungen wie etwa Erkennen von Geräuschen).

Ein Vorteil des Schulfunks liegt in der Anregung der Vorstellungswelt der Zuhörer. Die Aufmerksamkeit wird nicht auf bestimmte Bilder fixiert - die Fantasie erhält Spielraum, um die auditiv dargebotenen Informationen mit eigenen Vorstellungen zu füllen.

Wie bei jedem Medieneinsatz ist es auch hier die Aufgabe des Lehrers, das Medium in geeigneter Weise mit dem Unterricht zu verbinden. Die Schulfunksendung muß in den Unterricht integriert werden. Dem Abhören muß entsprechende Vorbereitung vorausgehen und vertiefende Nachbearbeitung folgen.

Die Sendungen sollen nicht zur Passivität der Adressaten führen. Schon aus diesem Grund sollten sie nicht zu lang sein - mehr als 10 Minuten sind in der Regel nicht sinnvoll. Zu jeder Sendung sollten Arbeitsaufträge gestellt werden, die die Adressaten nach Anhören der Sendung bzw. schon während der Sendung durchführen sollen.

Das Angebot der Schulfunksendungen ist umfangreich, aber nicht jede Sendung ist gerade für Ihren Unterricht geeignet und sicherlich wird sie auch nicht zur unterrichtlich jeweils günstigen Zeit ausgestrahlt. Es ist daher in der Praxis meistens erforderlich, die Sendung mit dem Tonbandgerät aufzuzeichnen, damit sie zum didaktisch optimalen Zeitpunkt im Unterricht verwendet werden kann. Bei der Wiedergabe können dann evtl. nur bestimmte Teile der Sendung abgespielt werden, kurze Abschnitte können wiederholt werden usw.

3.3.6 ZU DEN SPRACHLEHRANLAGEN

Als Sprachlehranlagen bezeichnet man im allgemeinen Einrichtungen, die zur Erlangung bestimmter sprachlicher Fähigkeiten verwendet werden. Wir werden in diesem Abschnitt die bekanntesten Arten von Sprachlehranlagen kurz beschreiben.

a) Zu den Sprachlabors

Je nach Ausstattung unterscheidet man grundsätzlich drei verschiedene Sprachlabor-Typen:

- Hör-Labor (H-Labor), wird auch als Audio-Passiv-Labor (AP-Labor) bezeichnet
- Hör-Sprech-Labor (HS-Labor), wird auch als Audio-Aktiv-Labor (AA-Labor) bezeichnet
- Hör-Sprech-Aufnahme-Labor (HSA-Labor), wird auch als Audio-Aktiv-Comparativ-Labor (AAC-Labor) bezeichnet.
  Als besondere Form des HSA-Labors gibt es noch das sog. HSAH-Labor (Hören-Sprechen-Aufnehmen-Hören).

Hörlabor

Die prinzipielle Anordnung ist aus der Abb. 71 ersichtlich. Jeder Schüler hört an seinem Arbeitsplatz das Programm eines Lehrertonbandes über eigenen Kopfhörer. Mitsprechen oder Kontrolle durch den Lehrer ist nicht möglich. Der Schüler reagiert auf Aufgabenstellungen, indem er vorgegebene Sprachmuster anhört, mitschreibt oder mitliest (von hier stammt die Bezeichnung "AP-Labor"; audiopassive Arbeit).

Die Anordnung ist sehr einfach, kann leicht als mobile Anlage realisiert werden. Bewährt sich auch in anderen Fächern als im Sprachunterricht - z. B. in Mehrklassenschulen, wo der Lehrer mit verschiedenen Klassen in einem Raum arbeiten muß, in Sonderklassen, wo die einzelnen Schüler einer besonderen individuellen Förderung bedürfen etc.

Hör-Sprech-Labor

Im Hör-Sprech-Labor befindet sich an den Adressatenplätzen eine Kopfhörer-Mikrofon-Kombination. Neben dem Hören wird hier auch eigenes Sprechen ermöglicht, eine mit dem Sprechen gleichzeitige Selbstkontrolle durch den Kopfhörer ist gegeben (daher die Bezeichnung "AA-Labor"; audioaktive Arbeit). Vom Steuerpult kann sich der Lehrer in die einzelnen Adressatenplätze einschalten und die sprachlichen Leistungen mithören sowie über die Kopfhörer-Mikrofon-Kombination

Sprechkontakt aufnehmen.

Hör-Sprech-Aufnahme-Labor

Die Adressatenplätze verfügen bei diesem Sprachlabortyp neben der Kopfhörer-Mikrofon-Kombination noch über ein eigenes Tonbandgerät. Das Lehrprogramm ist auf einer der Spuren des Schülertonbandgerätes gespeichert, auf einer weiteren Spur wird die sprachliche Arbeit des Schülers aufgezeichnet. Diese Anlage ermöglicht die individuelle Arbeit der einzelnen Adressaten, indem jeder nach eigenem Ermessen Programmabschnitte erarbeitet, abhört, korrigiert etc. Die Schülerspur kann jederzeit gelöscht und neu aufgenommen werden; das Lehrprogramm wird während der Individualarbeit nicht gelöscht. (Von den erwähnten Arbeitsmöglichkeiten wird die Bezeichnung "AAC-Labor" abgeleitet; audio-activ-comparatives System.)

Der Lehrer kann auch hier die Schülerleistungen mithören und mit dem Schüler gegensprechen. Bei hochwertigeren Anlagen besteht weiterhin die Möglichkeit, Schülergruppen zusammenzuschalten etc.

Im Hör-Sprech-Aufnahme-Labor kommt häufig der sog. "pattern drill" zum Einsatz; es folgen mehrere Aufgabenstellungen gleicher Struktur unmittelbar nacheinander, sodaß sich das richtige Sprachverhalten einschleifen kann. Die Übungen sind meist in einem Vierphasenrhythmus angelegt:

1) Aufgabenstellung bzw. Sprechaufforderung (Lehrerspur)
2) Pause für die Schülerreaktion (Schülerspur)
3) Darbietung der Aufgabenlösung (Lehrerspur)
4) Pause für die Wiederholung der richtigen Antwort (Schülerspur).

Durch die sofortige Antwortbestätigung in der dritten Phase wird die Lernverstärkung vermittelt, danach hat der Schüler sofort (vierte Phase) die Möglichkeit zur Korrektur seiner eigenen Leistung.

Einsatzmöglichkeiten der Sprachlabor-Anlagen in anderen Fächern werden bisher ziemlich vernachlässigt. Eine Ergänzung des Sprachlabors durch Projektoren, Fernseheinrichtungen, Rückkoppelungsanlagen etc. stellt eine enorme Bereicherung der Einsatzmöglichkeiten dar.

b) Zu den Sprachstudienrekordern

Unter dieser Bezeichnung versteht man einen gewissermaßen als "Heimsprachlabor" entwickelten Kassettenrekorder. Auf der Lehrerspur sind gesprochene Übungslektionen nicht löschbar aufgezeichnet, eine zweite Spur steht dem Schüler zum Aufzeichnen seiner eigenen Übung zur Verfügung.

Solche Kassetten-Tonbandgeräte können selbständig oder im Zusammenhang mit dem Sprachlabor der Schule vorteilhaft zum Heimstudium verwendet werden.

c) Zu den Phonotypieanlagen

Für den Unterricht in den Fächern der Textverarbeitung - Kurzschrift, Maschinschreiben - werden in den (insb. Berufs-) Schulen manchmal sog. Phonotypieanlagen verwendet.

Diese Anlagen ermöglichen es, vom Lehrer diktierte oder von Tonbandgeräten abgespielte Texte über Lautsprecher oder Schülerkopfhörer anzubieten. Bei manchen Anlagen geschieht das auf mehreren Tonkanälen gleichzeitig, wobei der Schüler den für ihn geeigneten oder bestimmten Text selbst wählen kann. Metronom für das Taktschreiben kann eingeblendet werden, Kontrolle des Unterrichtsablaufes der einzelnen Schüler oder Schülergruppen ist durch den Lehrer möglich.

Die Arbeit mit diesen Anlagen soll dem Schüler auch die Beherrschung der im modernen Büro vorhandenen Geräte vermitteln. Darum sind beispielsweise den einzelnen Schülerplätzen nicht übliche Tonbandgeräte, sondern Diktiergeräte mit Fußsteuerung, mit denen in Büros bei Diktat gearbeitet wird, zugeordnet etc.

Von der Verkabelung her ähneln Phonotypieanlagen den Sprachlabors, d. h. es sind entsprechende Tonverkabelungen zwischen Lehrertisch und Schülerarbeitsplätzen vorgesehen. Kombinierte Sprachlabors mit Phonotypieanlagen sind z. B. für Ausbildungsinstitutionen, wo die Auslastung der Anlage nur für den einen oder anderen Zweck allein zu gering wäre, durchaus denkbar.

KONTROLLFRAGEN

K 21 Sprache kann sowohl auditiv als auch visuell - z. B. als Schriftsprache durch eine Overheadprojektor - dargeboten werden. Vergleichen Sie, bitte, diese beiden Formen der Informationsdarbietung aus der Sicht ihrer Darbietungsdauer ("flüchtig" gegenüber "verweilend")!

Überlegen Sie diese Problematik auch hinsichtlich der Vermittlung von Lehrstoffen mit komplexen Strukturen!

K 22 Medizinstudenten sollen das Identifizieren von Herztönen und Herzgeräuschen erlernen. Auf welche Art sollte die entsprechende Informationsdarbietung erfolgen? Begründen Sie Ihre Antwort!

K 23 An Ihrer Schule gibt es eine Aula, in der verschiedene größere Veranstaltungen abgehalten werden. Zur Beschallung dieser Aula steht eine ältere Anlage (Mikrofon, Verstärker, Lautsprecher) zur Verfügung. Beim Verstärker handelt es sich um ein schon sehr altes und dauernd reparaturbedürftiges Gerät. Es soll darum ein neuer Verstärker angeschafft werden, wobei aber nur limitierte finanzielle Mittel zur Verfügung stehen.

Nennen Sie die minimalen Werte, welche Sie bei folgenden Qualitätsmerkmalen des neuen Verstärkers fordern würden:

Klirrfaktor: ....
Frequenzumfang: ....
Dynamik: ....

K 24 Schallplatten und Tonbänder haben verschiedene Spezifika, bieten verschiedene Möglichkeiten der unterrichtlichen Verwendung. Vergleichen

Sie diese beiden auditiven Medien anhand folgender Gesichtspunkte:

-Zugriffsmöglichkeit zu einzelnen Übungsabschnitten

-Möglichkeiten individueller Aktivität, Einbezug der Schüler.

K 25 Vergleichen sie die wichtigsten Beurteilungskriterien für Mikrofone mit den wichtigsten Beurteilungskriterien für Lautsprecher!

K 26 Sprachlehranlagen werden in der üblichen Praxis nur für den Fremdsprachenunterricht verwendet. Es stellt sich die Frage, ob ein Sprachlabor nicht nutzbringend auch in anderen Unterrichtsbereichen eingesetzt werden könnte.

Überlegen Sie, bitte, diese Problematik und nennen Sie womöglich einige konkrete Beispiele der Verwendung des Sprachlabors in anderen Fächern.

LITERATURANGABEN ZU KAPITEL 3

(1) Agfa-Gevaert: "Das Compact-Cassetten-Buch". Erhältlich bei Agfa-Gevaert AG, Marketing, D-509 Leverkusen

(2) Arbeitsgemeinschaft Unterrichtstechnik: "Leitfaden der Unterrichtstechnik". Verlag W. Sachon, Schloß Mindelburg, Mindelheim, 1979

(3) Blauert, J.: "Akustik im Schulbau". In: Melezinek, A. (Hrsg.): Unterrichtstechnologie und Schulbau. Verlag Johannes Heyn, Klagenfurt, 1974

(4) Blauert, J.: "Elektroakustische Anlage". In: Aschoff, V. (Hrsg.): Hörsaalplanung. Vulkan-Verlag Dr. W. Classen, Essen, 1971

(5) Büschner, W. / Wiegelmann, A.: "Kleines ABC der Elektroakustik". Franzis Verlag, München, 1972

(6) Diefenbach, W.: "Tonband-Hobby". Richard Pflaum Verlag, München, 1978

(7) Dirven, R. (Hrsg.): "Hörverständnis im Fremdsprachen-Unterricht". Scriptor Verlag, Kronberg/Ts., 1977

(8) Freudenstein, R.: "Unterrichtsmittel Sprachlabor". Ferdinand Kamp Verlag, Bochum, 4. rev. Auflage, 1975

(9) Grau, R. / Stuke, F.R. / Zimmermann, D.: "Lernen mit Medien". G. Westermann Verlag, Braunschweig, 1977

(10) Heinrichs, M.: "Audiovisuelle Praxis in Wort und Bild". Kösel Verlag, München, 1972

(11) Hunziker, H.W.: "Audiovision im Unterricht". Transmedia Verlag, Zürich, 1981

(12) Hunziker, H.W.: "Audiovisuelles Lernen und kreatives Denken". Transmedia Verlag, Zürich, 1973

(13) Hunziker, H.W.: "Möglichkeiten und Grenzen des Sprachlabor-Unterrichtes". Transmedia Verlag, Zürich, 1980

(14) Jung, U.: "Das Sprachlabor". Scriptor Verlag, Königstein/Ts., 1978

(15) Kammerer, E.: "Technische Elektroakustik". Siemens Verlag, Berlin und München, 1975

(16) Kösters, H.: "Raum- und Bauakustik". In: Aschoff, V. (Hrsg.): "Hörsaalplanung". Vulkan-Verlag Dr. W. Classen, Essen, 1971

(17) Melezinek, A. (Hrsg.): "Technische Medien im Sprachunterricht". Leuchtturm Verlag, Konstanz, 1978

(18) Ortner R.: "Audiovisuelle Medien in der modernen Grundschule". Burgbücherei W. Schneider, Eßlingen, 1972

(19) Ostertag, H.P. / Spiering, T.: "Unterrichtsmedien". Otto Maier Verlag, Ravensburg, 1975

(20) Pange, D.: "Tonband-Praxis". Falken-Verlag Erich Sicker, Wiesbaden

(21) Pütz, J. (Hrsg.): "HiFi, Ultraschall und Lärm". Verlagsgesellschaft Schulfernsehen, Köln, 1973

(22) Sutaner, H.: "Schallplatte und Tonband". Fachbücherverlag Leipzig, 1954

(23) Tuma, J. (Hrsg.): "Moderni technicke pomucky ve vyuce". SPN, Praha, 1974

(24) Warnke, E.F.: "Tonbandtechnik ohne Ballast". Franzis Verlag, München, 1973

(25) Winckel, F. (Hrsg.): "Technik der Magnetspeicher". Springer-Verlag, Berlin -Heidelberg -New York, 1977

(26) Wirsum, S.: "Mischpulte und Mischpultmodule". Franzis-Verlag, München, 1974

4 AUDIOVISUELLE MEDIEN UND IHR EINSATZ IM UNTERRICHT

In diesem Kapitel kommen wir zur audiovisuellen Gerätefamilie, d. i. zu den Geräten, Einrichtungen und Systemen, mit deren Hilfe Informationen auf der Grundlage des **Gehör- und Gesichtssinns** vermittelt werden. Die Forderung nach einer Kombination auditiver und visueller Stimuli ist schon auf Comenius zurückzuführen: "...daß alles soviel als möglich den Sinnen vergegenwärtigt werde ..."

Zu den audiovisuellen Unterrichtsmitteln gehören insbesondere die Tonbildschau, der Tonfilm und das Fernsehen.

4.1 ZUR TONBILDSCHAU

Als Tonbildschau (Tonbildreihe, Tonbildserie o. ä.) bezeichnet man eine gleichzeitige Darbietung projizierter statischer Bilder mit auditiver Begleitung. Die akustischen Signale werden üblicherweise auf einem **Tonband** gespeichert, der Bildteil besteht in der Regel aus **Diapositiven.**

4.1.1 ZUR TECHNISCHEN SEITE DER TONBILDSCHAU

Die Synchronität, d. i. der Gleichlauf von Bild und Ton, ist am einfachsten manuell realisierbar. Bei einer solchen, d. i. **nichtautomatischen** Vorgangsweise werden am Tonband neben dem eigentlichen Text auch hörbare Zeichen für die Bildfortschaltung (z. B. ein Stichwort, ein diskreter Klopflaut, Gong etc.) aufgenommen. Das Ertönen dieses Zeichens bildet für den Vorführer das Signal für die Durchführung des Bildwechsels.

Vollautomatisch läuft eine Tonbildschau, wenn dem Tonbandgerät neben dem Liefern der eigentlichen auditiven Information auch noch das Steuern eines automatischen Diaprojektors anvertraut wird - das Tonband muß den Kontakt für den Bildwechsel selbst auslösen. Anfangs klebte man auf die Rückseite des Tonbandes an den Stellen, an denen ein Bildwechsel stattfinden sollte, ein Stückchen elektrisch leitfähiger Folie auf. Nun zeichnet man magnetische Schaltimpulse auf das Tonband auf; hierzu wird ein zusätzliches Diasteuergerät verwendet. Eine solche Anordnung ist in der Abb. 95 dargestellt.

Das Diasteuergerät (D) wird unmittelbar neben dem Tonbandgerät aufgestellt. Das Tonband wird in einer Schleife zum Steuergerät hingeführt und läuft an einem Magnetkopf (Impulskopf I) vorbei, wobei die entsprechenden Steuerimpulse aufgezeichnet werden.

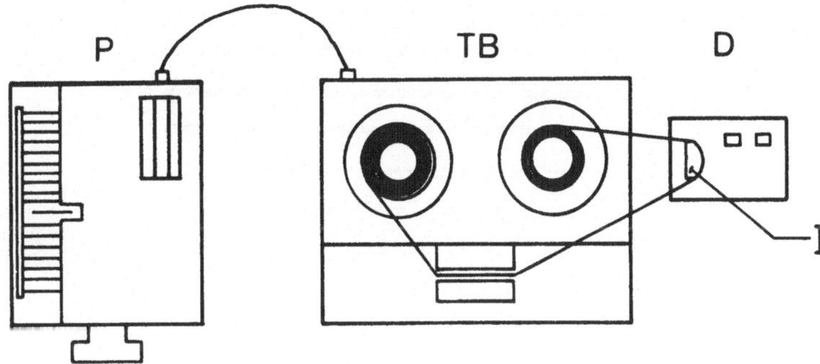

Abb. 95

Bei der Viertelspurtechnik werden die einzelnen Spuren meistens auf die in der Abb. 96 gezeigte Art belegt. Auf der Spur (1) wird der Kommentar, auf der Spur (2) die begleitende Musik aufgezeichnet. Die Bildwechselimpulse werden auf der Spur (4) durch den Impulskopf (I) aufgezeichnet. Spur (3) bleibt frei. Es wird nur mit einer Laufrichtung gearbeitet.

Durch das gemeinsame Band sind Sprache, Musik und Bildwechselimpulse synchron miteinander verbunden. Bei der Vorführung bewirken die Steuerimpulse den Bildwechsel und zu jedem Dia ertönt die zugehörige auditive Information.

In den letzten Jahren werden manchmal alle erwähnten Einzelgeräte, d. i. der Diaprojektor, das Tonbandgerät sowie das Diasteuergerät in einem Kompaktgerät vereinigt.

Angeboten werden auch Geräte für die Doppelprojektion mit zwei Diaprojektoren. Bei diesen Geräten werden auf derselben Spur des Tonbandgerätes zwei verschiedene Steuerimpulse aufgenommen. Die projizierten Dias können je nach System auf die gleiche Stelle der Projektionsfläche oder auch nebeneinander projiziert werden.

Der Übergang von einem projizierten Dia zum anderen kann "hart" oder durch "weiche Überblendung" erfolgen. Dies wird durch spezielle Steuer- und Überblendgeräte ermöglicht.

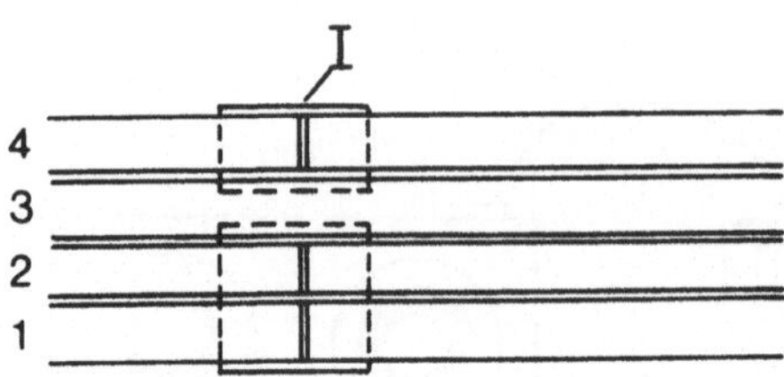

Abb. 96

Noch andere (kompliziertere) Geräte ermöglichen die gesteuerte Projektion einer großen Anzahl von Dias. Diese Darbietungsart wird meistens als **Multivision** bezeichnet und ermöglicht durch die gleichzeitige mosaikartige Projektion der vielen Dias verblüffende Effekte. Der Haupteinsatz solcher Multivisionsanlagen ist im Bereich der Werbung, bei Ausstellungen etc.

4.1.2 ZUM EINSATZ DER TONBILDSCHAU

Die Eigenschaften der Tonbildschau können wir gut anhand eines Vergleiches mit der Filmprojektion darstellen.

- Im Vergleich mit der dem Film eigenen dynamischen Visualisierung können die einzelnen Dias der Tonbildschau in Ruhe, "verweilend", besichtigt werden. Dennoch kann bei der Tonbildschau durch sinnvoll kombinierten schnellen und langsameren Diawechsel eine gewisse Dynamik erreicht werden. Diese "Beweglichkeit" kann auch durch geschickte Überblendungen zwischen einzelnen Dias unterstützt werden.

- Die Eigenherstellung von Dias ist einfacher und preiswerter als die Produktion eines Filmes.

- Eine bestehende Tonbildschau läßt sich relativ leicht (durch Austausch oder Einfügen bzw. Weglassen bestimmter Dias) für abgeänderte Lehrziele oder andere Adressaten anpassen.

- Die Bildqualität der Tonbildschau ist eindeutig besser als beim Super-8-Film und übertrifft auch die Bildqualität von 16-mm-Filmen.

Dennoch wird die Tonbildschau in üblichen "schulischen" Situationen nicht sehr häufig eingesetzt. Größeren Einsatz findet sie z. B. bei der betrieblichen Ausbildung, etwa bei der Verkäuferschulung, Außenbeamtenschulung, bei der Erläuterung von Arbeitsabläufen für ausländische Mitarbeiter etc. Häufig verwendet wird die Tonbildschau auch bei der Produktevorstellung (Ausstellungen, Messen) sowie in der Werbung.

4.2 ZUM TONFILM

Mit der Problematik der Filmprojektion haben wir uns schon in den Abschnitten 2.8.7 sowie 3.3.3 befaßt. Hier wollen wir nur kurz ergänzend einige Aspekte des auditiven Teils bei Tonfilmen erwähnen; im einzelnen handelt es sich insb. um Sprache, Musik und Geräusche.

Sprache wird beim Tonfilm in der Form von Kommentar, Monolog oder Dialog verwendet. Ein Kommentar soll primär der Vervollständigung oder Erweiterung des optisch Dargebotenen dienen; es sollen nur Informationen gebracht werden, die aus dem Bildinhalt selbst nicht hervorgehen. Beim Kommentar kann man üblicherweise auf eine lippensynchrone Vertonung verzichten, nachdem der Moderator meistens nicht "im Bild" ist, sondern im "off". Bei Unterrichtsfilmen sollte der Moderator im Bild nicht viel in Erscheinung treten - zur Vermittlung neuer Informationen ist er optisch meist nicht erforderlich.

Musik läßt sich zur Dramatisierung oder Untermalung des Bildinhaltes einsetzen. Soll eine emotionelle Wirkung erreicht werden (Unterrichtsfilme mit historischen u. a. Themen) kann der Musikeinsatz sinnvoll sein. Auf Musik nur als untermalende Geräuschkulisse kann man bei Unterrichtsfilmen meistens verzichten. Da Bild und Kommentar bereits die ganze Aufmerksamkeit der Adressaten erfordern, kann bei vielen Zuschauern untermalende Musik eher störend als konzentrationsfördernd wirken.

Durch die Einbeziehung von **Geräuschen** kann die Bildaussage oder der Ablauf einer Handlung wirklichkeitsgetreuer gestaltet werden. Töne mit inhaltlicher Relevanz (Geräusch vorgeführter Maschinen etc.) haben im Tonfilm eine echte Funktion. Bei Geräuscheinblendungen muß selbstverständlich auf Bildsynchronität geachtet werden.

Vom technischen Gesichtspunkt wollen wir noch wiederholen, daß bei der Filmvertonung entweder das magnetische Prinzip (auf dem Filmstreifen aufgetragene Magnetspur) oder die sogenannte optische Tonspeicherung verwendet wird. Bei Verwendung des magnetischen Speicherprinzips spricht man von **Film mit Magnetton,** bei Tonfilmen, deren Toninformation mit Hilfe des optischen Prinzips gespeichert wurde, spricht man üblicherweise von **Film mit Lichtton.**

4.3 ZUM BILDUNGSFERNSEHEN

Als "Bildungsfernsehen" wollen wir im folgenden ganz allgemein alle mit Hilfe der Fernsehtechnik im Hinblick auf den Unterrichtsprozeß organisierten Aktivitäten verstehen. Es handelt sich insb. um alle Formen des Fernsehens, die zum Zwecke des Lernens im Unterricht Verwendung finden.

Im speziellen wollen wir folgende Arten des Fernsehens besprechen:

Öffentliches Fernsehen, klassen- bzw. hörsaalinternes Fernsehen, schul- bzw. universitätsinternes Fernsehen, gebietsinternes Fernsehen und die sog. TV-Unterrichtsmitschau. Besprechen werden wir in diesem Abschnitt auch die entsprechenden TV-Geräte, insb. die im Bildungswesen immer mehr an Bedeutung gewinnenden Geräte zur Speicherung von TV-Programmen - die Videorekorder.

4.3.1 ZUM ÖFFENTLICHEN FERNSEHEN

Diese Art des Fernsehens in der Schule besteht darin, daß das von einem öffentlichen Fernsehsender ausgestrahlte Programm über ein Antennennetz in die Unterrichtsräume geleitet wird und dort mit Fernsehempfängern empfangen werden kann. Die technische Anordnung ähnelt der in Abb. 94 b) skizzierten Einrichtung für den Schulfunk.

Ähnlich wie beim Schulfunk besteht auch hier die Schwierigkeit, daß eine zeitliche Übereinstimmung der Lehrveranstaltungen mit den Sendezeiten- und -inhalten in der Regel nicht gegeben ist. Die interessierenden Sendungen des öffentlichen Fernsehens müssen darum meistens aufgezeichnet - gespeichert - werden.

Schulfernsehsendungen werden in der Regel von zentralen Entwicklungsteams ausgearbeitet. Der Lehrer ist gewissermaßen der "Vollender" des weitgehend von anderer Stelle vorgeplanten Unterrichtes. Darum muß er sich unbedingt die entsprechende Sendung vorher ansehen. Erst die kritische Analyse der Sendung bildet die Voraussetzung für ihre optimale Verwendung in der spezifischen Einzelsituation.

Der Unterrichtende muß sich auch hier als der eigentliche Gestalter des Unterrichtsprozesses und nicht als bloßer Ausführer vorgegebener Konzepte verstehen.

Methodisch gibt es die verschiedensten Möglichkeiten des unterrichtlichen Einsatzes von Sendungen des öffentlichen Fernsehens. Insbesondere können folgende Konzeptionen unterschieden werden:

- TV-Sendung als Ergänzung oder Bereicherung des Unterrichts
- TV-Sendung als integraler Bestandteil des Unterrichts
- TV-Sendung als Ersatz des üblichen Unterrichts

4.3.2 ZUM KLASSEN- BZW. HÖRSAALINTERNEN FERNSEHEN

Bei Anlagen für das klassen- bzw. hörsaalinterne Fernsehen stammt das Programm von einer direkt in der Klasse (Hörsaal) angeordneten Signalquelle, z. B. von einer kleinen Fernsehkamera, einem Videorekorder bzw. von einem Bildplattengerät. Einen für das hörsaalinterne Fernsehen verwendeten Lehrertisch zeigt Abb. 97. Die TV-Kamera ist hier auf der rechten Tischseite an einem speziellen Stativ befestigt und ermöglicht es, gezeichnete, gedruckte oder fotografische Vorlagen sowie kleinere Gegenstände aufzunehmen. Als weitere Signalquelle dient bei diesem Tisch ein Video-Kassettenrekorder - hier in einer der Tischladen plaziert.

Der Lehrende stellt das von der Kamera oder vom Videorekorder gelieferte Bild mit Hilfe eines kleinen, im Tisch angeordneten Sichtgerätes ein und schaltet es nachher durch einfachen Tastendruck auf die im Unterrichtsraum angeordneten Sichtgeräte (TV-Empfänger). Für große Hörsäle können entweder mehrere Sichtgeräte oder ein TV-Großbildprojektor verwendet werden.

Abb. 97

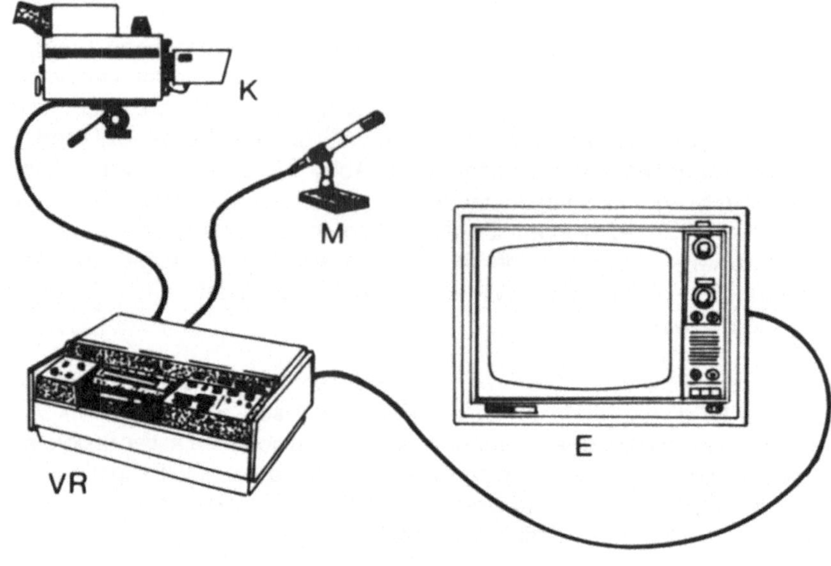

Abb. 98

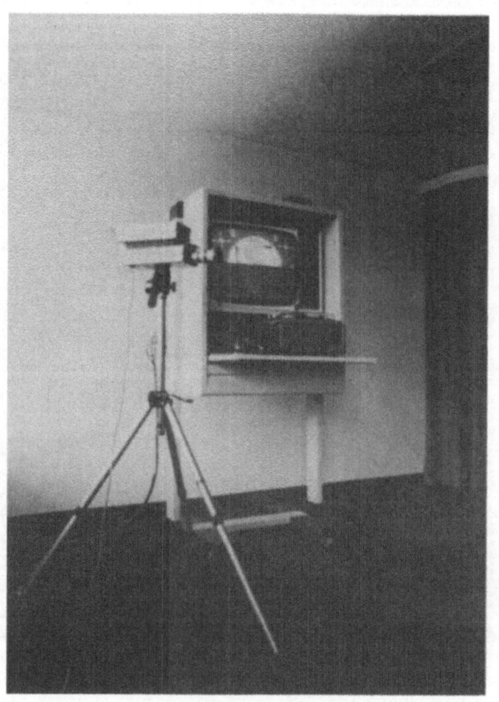

Abb. 99

Das klassen- bzw. hörsaalinterne Fernsehen stellt eine leicht zu handhabende, flexible und vielseitige Möglichkeit für die Unterrichtsgestaltung dar. Es wird auf einfache Art ermöglicht, undurchsichtige sowie durchsichtige Vorlagen (Zeichnungen, Fotos, Prospekte, Buchseiten) praktisch ohne spezielle Vorbereitungen dem gesamten Adressatenkreis vorzuführen. Das gleiche gilt für reale Objekte, für Versuchsaufbauten auf dem Lehrertisch etc.

Durch Verwendung gekaufter, geliehener oder selbst erstellter Videoproduktionen können bei Verwendung des Videorekorders auch dynamische Vorgänge dargeboten werden; es ist auch möglich, Filme auf Magnetband (Videoband) zu überspielen und diese dann im Rahmen der klasseninternen Fernsehanlage vorzuführen.

Die grundlegende technische Einrichtung für das klasseninterne Fernsehen ist in der Abb. 98 skizziert. Sie besteht aus einer TV-Kamera (K) sowie evtl. einem Mikrofon (M), einem Videorekorder (VR) und einem TV-Sichtgerät - im einfachsten Fall einem üblichen Fernsehempfänger (E).

Diese Gerätekonfiguration kann entweder fix montiert werden (wie z. B. im Lehrertisch lt. Abb. 97), oder leicht transportierbar konzipiert werden. Eine solche im Rahmen des Unterrichtsraumes, aber auch im weiteren Umkreis einsetzbare Anordnung mit selbständig angeordneter Kamera und den weiteren Geräten ist in der Abb. 99 dargestellt.

4.3.3 ZUM SCHUL- BZW. UNIVERSITÄTSINTERNEN FERNSEHEN

Abb. 100

Diese Fernsehanlagen beinhalten schon einen speziellen Senderaum, bei größeren Einrichtungen ein kleines Fernsehstudio. In diesem Studio werden einfachere TV-Produktionen erstellt, welche entweder direkt "life" in alle an das Kabelnetz angeschlossenen Unterrichtsräume eingespielt oder mit Hilfe von Videorekordern auf Magnetband gespeichert werden können. Üblicherweise besteht auch die Möglichkeit, TV-Produktionen aus einzelnen Unterrichtsräumen (s. klasseninternes und hörsaalinternes Fernsehen) in das Studio und über dieses in andere Unterrichtsräume (Multiplikationsfunktion) einzuspielen. Selbstverständlich können Sendungen des öffentlichen Fersehens in das schul- bzw. universitätsinterne TV-Netz eingespielt werden.

Die Abb. 100 zeigt das Fernsehstudio der Universität für Bildungswissenschaften in Klagenfurt. Abb. 101 zeigt den Bildregietisch dieses Studios.

Abb. 101

In diesem Studio erhalten die Klagenfurter Studenten der Unterrichtstechnologie einen Teil ihrer praktischen Ausbildung. Hauptsächlich wird dieses Studio aber im Rahmen der einschlägigen Aufgaben des Interuniversitären Institutes für Unterrichtstechnologie, Mediendidaktik und Ingenieurpädagogik der österreichischen Universitäten (IUI) genützt.

4.3.4 ZUM GEBIETSINTERNEN FERNSEHEN

Das gebietsinterne (lokale) Fernsehen wird in den letzten Jahren immer mehr unter der Bezeichnung "Kabelfernsehen" allgemein bekannt. Man versteht darunter die Verteilung von Rundfunk- und Fernsehprogrammen über Kabelnetze, in denen neben den ortsüblich empfangbaren Programmen weitere, am Ort drahtlos normalerweise nicht empfangbare, oder lokal erzeugte Programme übertragen werden. In der Abb. 102 ist das Prinzip eines gebietsinternen Kabelfernsehsystems skizziert.

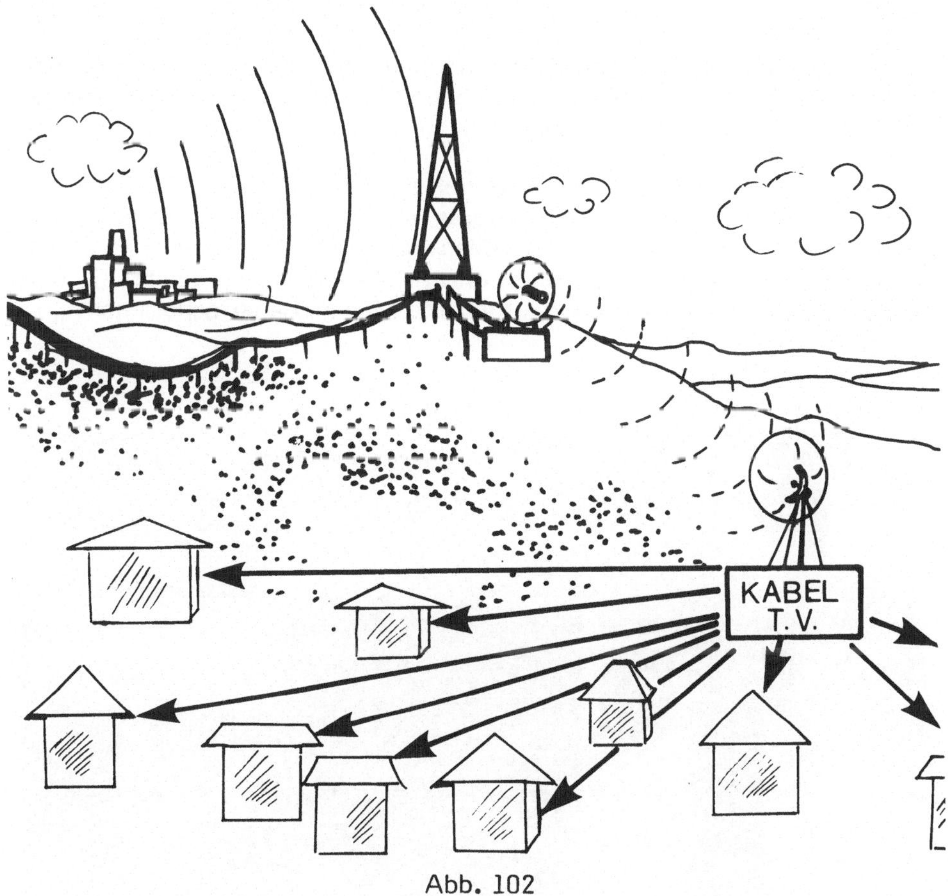

Abb. 102

In den bisher realisierten europäischen Kabelfernsehnetzen werden derzeit noch überwiegend die üblichen Fernsehprogramme (ORF, ZDF, ARD, SRG etc.) übertragen. Die technischen Möglichkeiten (so könnten etwa in einem Kabel an die 30 Fernsehkanäle untergebracht werden) führen aber zu einer größeren Programmvielfalt. So können etwa Zielgruppen-Programme für bestimmte Themenbereiche und Bevölkerungsgruppen übertragen werden.

Beim gebietsinternen Bildungsfernsehen könnten von einer Stelle aus, z. B. vom größten schulinternen Fernsehstudio der Stadt, über Kabel Schulen einer Gemeinde oder Stadt mit Bildungs-TV-Programmen versorgt werden. Diese Art des Bildungsfernsehens wurde bisher in Europa nur in Ansätzen realisiert. In den USA z. B. ist die diesbezügliche Entwicklung weiter, u. a. werden auch schon verschiedene Zweiweg-Bild- und Tonsysteme betrieben.

4.3.5 ZUR FERNSEH-UNTERRICHTSMITSCHAU

Unter dem Begriff TV-Unterrichtsmitschau versteht man die durch den Einsatz der Fernsehtechnik ermöglichte indirekte Teilnahme an originalen Situationen der Schulwirklichkeit.

Bei der TV-Mitschau wird das Unterrichtsgeschehen üblicherweise durch elektrisch ferngesteuerte TV-Kameras erfaßt. Meistens werden zwei oder drei Kameras verwendet, um das wechselnde Geschehen womöglich vollständig erfassen zu können (Lehrer- und Schüleraktivitäten). Das akustische Geschehen wird durch mehrere Mikrofone aufgenommen.

Abb. 103

Eingesetzt wird die TV-Mitschau vor allem in der Lehreraus- und Weiterbildung, aber auch in der Industrie und überall, wo es sich um Verhaltenstraining handelt, können solche Anlagen wertvolle Dienste leisten.

Abb. 103 zeigt einen Unterrichtsraum der Universität für Bildungswissenschaften in Klagenfurt mit einer installierten TV-Mitschauanlage. Das Unterrichtsgeschehen wird mit zwei ferngesteuerten Kameras aufgenommen.

Das Bedienungspult der Anlage zeigt Abb. 104. Die Kameras werden mit je einer Knüppelsteuerung und weiteren Bedienungselementen fernbedient (unterer Tischteil - rechts), die Mikrofone werden mit einem einfachen Mischpult ausgesteuert (unterer Tischteil - links). Im oberen Teil des Tisches zeigt je ein Sichtgerät die Bilder von den beiden Kameras, das dritte Sichtgerät zeigt das ausgewählte Bild, welches auf einem Videorekorder (nicht im Bild sichtbar) aufgezeichnet wird.

Abb. 104

Die Videoaufzeichnung ermöglicht eine detaillierte Analyse des Unterrichtsablaufes, im speziellen insb. des Lehrverhaltens des Lehramtskandidaten. Der zukünftige Lehrer sieht sich dann selbst gewissermaßen "mit den Augen der Schüler" und kann sein Lehrverhalten verbessern.

4.3.6 ZUM SICHTBEREICH BEIM FERNSEHEN

Analog wie bei der "klassischen" optischen Projektion (s. Abschnitt 2.8 dieses Buches) werden auch bei der Fernsehprojektion für alle Zuschauer gute Sichtbedingungen gefordert. Die Randbedingungen, welche "optimale" Sichtverhältnisse garantieren, sind aber beim Fernsehen nicht die gleichen wie bei der optischen Projektion. Daraus ergeben sich auch andere Abmessungen des Sichtbereiches, dessen allgemeine Form aber mit dem "optischen" Sichtbereich im Abb. 27 übereinstimmt.

Als Faustregel für die Abmessungen des TV-Sichtbereiches können folgende vereinfachte Werte angegeben werden:

$$D_{min} \doteq 4b\,(3{,}3\,Q)$$

$$D_{max} \doteq 11b\,(9Q)$$

$$\varphi \doteq 45°$$

Die Ableitung dieser Abmessungen (b = Bildschirmbreite, Q = Bildschirmdiagonale) sowie weitere Angaben können z. B. in (5) gefunden werden.

Damit gute Sicht auch über den Vordermann gegeben ist, sind die Fernsehgeräte verhältnismäßig hoch anzuordnen. Die Unterkante sollte etwa 1,8m über dem Fußboden sein. Hier muß selbstverständlich u. a. noch erwogen werden, ob die Bedienelemente auch von den Schülern erreicht weden sollen, ob sich evtl. Lichtquellen nicht auf dem Bildschirm spiegeln etc.

Für größere Adressatengruppen müssen selbstverständlich, dem errechneten Sichtbereich entsprechend, evtl. mehrere Fernsehempfänger im Unterrichtsraum angeordnet werden.

Selbstverständlich können anstelle von üblichen Fernsehempfängern mit ihren relativ kleinen Bildschirmen auch TV-Video-Großbild-Projektionssysteme verwendet werden.

4.3.7 ZU DEN FERNSEHKAMERAS

Einleitend wollen wir hier an die Grundlage des Fernsehens, an das Grundprinzip der elektronischen Bildübertragung erinnern. Das Fernsehen beruht auf der **punktweisen** Abtastung des zu übertragenden Bildes und der sequentiellen (nacheinander) Übertragung der Helligkeitswerte der einzelnen Bildpunkte zum Wiedergabeort (s. Abb. 105).

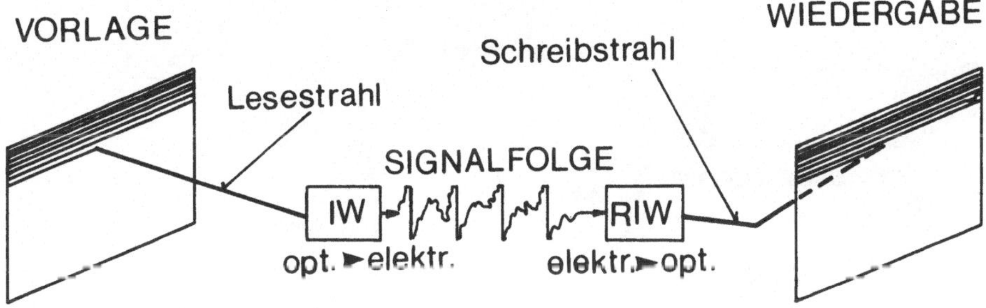

Abb. 105

Nach der in Europa überwiegend verwendeten CCIR Norm (CCIR = Comité Consultatif International de Radiocommunications) wird jedes Bild in 625 Zeilen zerlegt und es werden 25 Einzelbilder in der Sekunde übertragen.

Die Fernsehkamera steht ganz am Anfang der TV-Übertragungskette. Sie ist der Informationswandler (IW) (Abb. 105) vom optischen Bild zur sequentiellen elektrischen Signalfolge. Am Ende der Übertragungskette steht der reziproke Informationswandler (RIW) - die Bildröhre des Fernsehempfängers, welche die elektrischen Signale wieder in optische Signale, das übertragene Bild, umsetzt.

Fernsehkameras kann man nach verschiedenen Kriterien unterteilen - nach dem überwiegenden Verwendungszweck unterscheiden wir z. B. Kameras für die ortsfeste Verwendung (Studiokameras etc.) und leicht übertragbare Kameras (sog. "Portables"). Studiokameras haben in der Regel einen relativ großen optischen Sucher (d. i. eine in oder an der Kamera angebrachte kleine Bildröhre, auf der der Kameramann das aufgenommene Bild sieht), werden auf aufwendigeren Stativen montiert etc. Tragbare Kameras sind in der Regel kleiner und leichter als Studiokameras, haben nur einen kleinen Sucher, werden direkt in der Hand getragen oder haben ein Schulterstativ usw.

In der Abb. 106 a) ist eine Studiokamera skizziert, in der Abb. 106 b) dann eine Portable-Kamera. Das Herz jeder Fernsehkamera ist die Bildaufnahmeröhre (BR) - Abb. 106 c). Das aufzunehmende Bild gelangt über ein Objektiv zur Bildaufnahmeröhre, im speziellen auf deren lichtempfindliche Speicherplatte (Target). Die weitere Signalverarbeitung besorgt dann eine komplizierte "Elektronik".

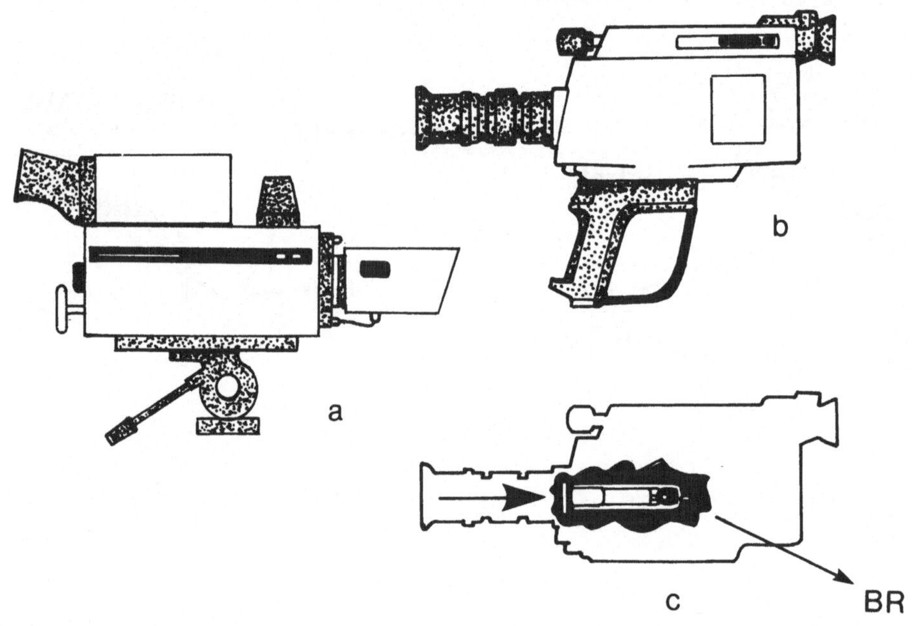

Abb. 106

Es gibt verschiedene Ausführungen von Bildaufnahmeröhren - sie unterscheiden sich sowohl in der Konstruktion, als auch in den Eigenschaften. Ältere Bildaufnahmeröhren hatten einen Durchmesser von 3 oder 4 Zoll und mehr. Derzeitige Röhren haben meistens einen Durchmesser von 1 Zoll bzw. 3/4 Zoll oder 1/2 Zoll.

Bei semiprofessionellen und insb. bei Kameras für den allgemeinen Bedarf werden überwiegend sog. **Vidikon**-Aufnahmeröhren verwendet. Diese Röhren haben eine etwas störende Eigenschaft. Bewegt sich nämlich das Objekt vor der Kamera oder die Kamera selbst zu schnell, so ist an besonders hellen Bildstellen eine Art Schweif zu beobachten. Dieser "Nachzieheffekt" tritt auf, weil diese Röhren eine gewisse Trägheit besitzen.

Bei professionellen und manchen semiprofessionellen Kameras werden häufig sog. **Plumbikon**-Aufnahmeröhren verwendet. Diese Röhren haben keinen Nachzieheffekt, haben eine gute Empfindlichkeit, sind aber wesentlich teurer als Vidikons. Von den verschiedenen weiteren Bildaufnahmeröhren-Typen wollen wir hier als Beispiele **Satikon**-Röhren und **Chalnikon**-Röhren anführen.

Kameras für das Schwarzweißfernsehen arbeiten mit einer Bildaufnahmeröhre.

Professionelle und manche semiprofessionelle Kameras für das Farbfernsehen arbeiten mit drei Bildaufnahmeröhren. Hier werden die aufzunehmenden Farbbilder in drei Farbauszüge - rot, grün, blau - zerlegt. Diese Farbauszüge werden von je einer Bildaufnahmeröhre aufqenommen. Dreiröhren-Farbkameras liefern beim derzeitgen Stand der Technik die hochwertigsten Bilder.

Farb-TV-Kameras mit zwei oder einer speziellen Bildaufnahmeröhre sind viel billiger als Dreiröhren-Kameras, bieten aber nicht die sog. "Studio-Qualität". Für den allgemeinen Bedarf sind aber Einröhren-Farbkameras durchaus angemessen.

In der letzten Zeit kommen sog. CCD-Kameras (Charge Coupled Device) auf den Markt. Bei diesen Kameras werden Bildaufnahmeröhren, d. i. mit Vakuum arbeitende Röhren, durch spezielle Halbleiterbauelemente - eben die sog. CCD-Chips - ersetzt. Diese Elemente sind sehr klein und ermöglichen eine enorme Verkleinerung der TV-Kameras. In der Qualität sind diese Kameras einstweilen noch nicht voll befriedigend - die Entwicklung ist aber bei weitem noch nicht abgeschlossen.

4.3.8 ZU DEN VIDEOREKORDERN

Genauso wie es möglich ist, Tonsignale auf Magnetband aufzuzeichnen, zu speichern und vom Band wiederzugeben, können grundsätzlich auch Fernsehbilder mit Hilfe von Videorekordern magnetisch gespeichert und zu beliebiger Zeit wiedergeben werden.

Ein gutes HiFi-Tonbandgerät kann Frequenzen bis zu etwa 20 000 Hz aufzeichnen. Um ein gutes Fernsehbild auf Magnetband aufzuzeichnen, müssen viel höhere Frequenzen verarbeitet werden.

Die erforderliche Breite des Frequenzbandes beim Fernsehen kann durch folgende Überlegung vereinfacht veranschaulicht werden.

Die in Europa dominierende Fernsehnorm arbeitet mit 625 Zeilen. Damit unser Auge die Bildfolge als einen scheinbar kontinuierlichen Bewegungsvorgang empfindet, erscheinen in einer Sekunde 25 komplette Bilder auf dem TV-Schirm. Nachdem jedes Bild aus 625 Zeilen besteht, haben wir also in der Sekunde 25 x 625 = 15 625 Zeilen. Wenn wir voraussetzen wollen, daß alle Bildpunkte eine quadratische Form haben, dann entfallen beim üblichen Bildschirmformat von 4 : 3 auf eine Zeile 625x4/3 = 833 Bildpunkte. Ein Bild mit 625 Zeilen hat demnach 520 000 Bildpunkte. In einer Sekunde werden 25 Bilder übertragen und damit kommen wir auf rund 13 Millionen Bildpunkte pro Sekunde.

Wenn wir weiterhin annehmen, jedem schwarzen Bildpunkt folge unmittelbar ein weißer, dann ergeben 13 Millionen Bildpunkte eine Schwingungung mit einer Frequenz von 6,5 Millionen Hz (ein schwarzer und ein weißer Bildpunkt ergeben eine Periode). Nachdem in der Praxis ein ständiger Hell/Dunkel-Wechsel erfreulicherweise nicht vorkommt, konnte man das TV-Frequenzband mit einer oberen Grenze von 5 MHz (d. i. 5 Millionen Hz) einschränken.

Die Breite des Frequenzbandes ist entscheidend für die erreichbare Auflösung des Videorekorders, d. i. für seine Bildschärfe. Bei professionellen Geräten muß die Verarbeitung des vollen Frequenzbandes bis 5 MHz unbedingt angestrebt werden, wobei auch an den Grenzen des Frequenzbandes nur geringe Fehler zugelassen werden können. Bei semiprofessionellen Geräten und insb. bei Geräten für den allgemeinen Bedaf ist man in der Praxis aus wirtschaftlichen Überlegungen dazu gekommen, das Frequenzband etwas einzuengen. Der Stand der Technik ermöglicht es leider derzeit noch nicht, preisgünstige Geräte zu bauen, die eine volle 5-MHz Auflösung haben.

Die Aufzeichnung von so hohen Frequenzen ist viel schwieriger als die von der Tonaufzeichnungstechnik bekannte Problematik der Speicherung von etwa 20 000 Hz. Worin besteht das Hauptproblem bei der Speicherung hoher Frequenzen?

a) Zum technischen Prinzip der Videorekorder

Die erreichbare obere Frequenzgrenze hängt von der Spaltbreite im Magnetkopf des Rekorders und von der Bandgeschwindigkeit ab. Für die Aufzeichnung hoher Frequenzen sind hohe Bandgeschwindigkeiten und Magnetköpfe mit kleinster Spaltbreite erforderlich.

Ein Beispiel zu diesen Verhältnissen: Ein übliches Tonbandgerät mit einer Bandgeschwindigkeit von 9,5 cm/sec und einer Spaltbreite des Magnetkopfes von 10 μ kann Schwingungen mit Frequenzen bis etwa 10 000 Hz aufzeichnen. Bei einer Bandgeschwindigkeit von 19 cm/sec könnte dieses Gerät schon höhere Frequenzen, u. zw. von fast 20 000 Hz aufzeichnen.

Welche Bandgeschwindigkeit müßten wir verwenden, um Frequenzen bis etwa 5 Millionen Hz aufzeichnen zu können? Technische Berechnungen ergeben eine erforderliche Bandgeschwindigkeit von etwa 5 000 cm/sec. Auch wenn wir einen speziellen Magnetkopf mit einer Spaltbreite von nur 1 oder 2 μ verwenden würden, wäre die erforderliche Bandgeschwindigkeit etwa 10 m/sec. Für eine Stunde Spielzeit würden wir ein Magnetband mit 3 600x10 = 36 000 m = 36 km Länge brauchen. Das ist natürlich ein Unding - die Bandspule hätte gewaltige Abmessungen und kaum jemand könnte das teure Bandmaterial bezahlen.

Die Entwicklungsingenieure haben für dieses Problem eine kluge Lösung gefunden. Die erforderliche hohe Geschwindigkeit zwischen Magnetband und Magnetkopf kann bei vertretbarer Bandgeschwindigkeit dadurch erreicht werden, daß man statt des feststehenden Magnetkopfes einen oder mehrere bewegte Köpfe verwendet. Durch die Anwendung von an einer rotierenden Trommel befestigten Videoköpfen lassen sich auch bei relativ langsamer Bandgeschwindigkeit hohe Abtastgeschwindigkeiten erreichen. Diese prinzipielle Lösung wird heute bei praktisch allen Videorekorder-Systemen verwendet.

Die Lösung des Problems einer hohen Aufzeichnungsgeschwindigkeit bei vertretbarem Magnetband-Verbrauch ist bei praktisch allen derzeit produzierten Videorekorder-Typen prinzipiell gleich - nämlich die Verwendung schnell rotierender Videoköpfe. Die praktisch-technischen Lösungsansätze sind dabei aber unterschiedlich. In der Folge wollen wir kurz einige der verwendeten konkreten Lösungswege betrachten.

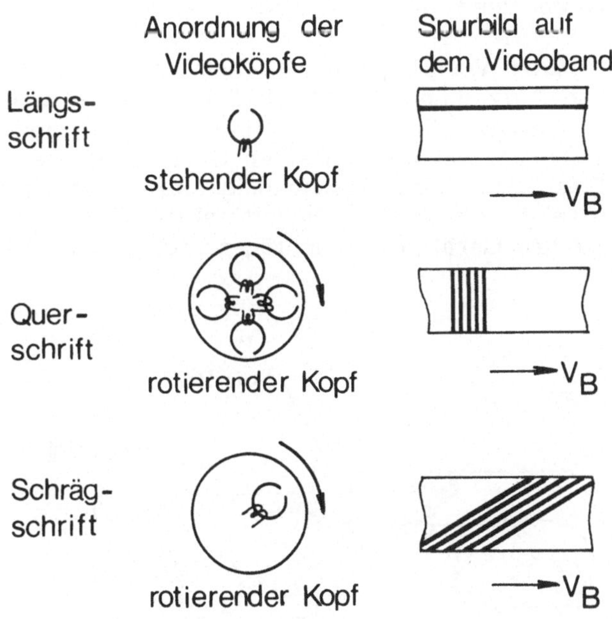

Abb. 107

Die möglichen Verfahren können in drei Gruppen eingeteilt werden:

- Längsschrift-
- Querschrift- und
- Schrägschriftaufzeichnung

Diese Verfahren sind vereinfacht in Abb. 107 dargestellt. Bei der Längsschrift-Aufzeichnung wird die von Tonbandgeräten bekannte Technik mit feststehenden Magnetköpfen verwendet. Die Aufzeichnungsgeschwindigkeit ist bei dieser Lösung identisch mit der Bandgeschwindigkeit. Ein schon vorgestelltes, aber derzeit noch nicht am Markt vorhandenes Gerät erreicht eine genügend hohe Aufzeichnungsgeschwindigkeit bei akzeptierbarem Bandverbrauch durch die Ausnutzung mehrer schmaler paralleler Längsspulen auf einem Band.

Bei der Querschriftaufzeichnung rotiert ein mit mehreren Videoköpfen versehenes Kopfrad quer zur Bandlaufrichtung; das Signal wird in nebeneinanderliegenden Querspuren geschrieben. Die Aufzeichnungsgeschwindigkeit entspricht etwa der Geschwindigkeit der rotierenden Köpfe.

Bei der Schrägschriftaufzeichnung läuft der rotierende Magnetkopf schräg zur Bandlaufrichtung. Bei diesem, auch Helical-Scan genannten Verfahren ergibt sich die Aufzeichnungsgeschwindigkeit aus der vektoriellen Addition der Band- und der Kopfgeschwindigkeit.

Bei den angedeuteten Verfahren ist zwischen der Band-, der Kopf-sowie der eigentlichen Aufzeichnungsgeschwindigkeit (diese wird manchmal auch als Schreibgeschwindigkeit oder Relativgeschwindigkeit bezeichnet) zu unterscheiden. Bei den einzelnen Gerätetypen des Videorekordermarktes differieren diese Geschwindigkeiten beachtlich. So z. B. beträgt die Aufzeichnungsgeschwindigkeit bei den Querspurgeräten 41,2 m/sec., bei einigen Geräten mit Schrägspuraufzeichnung liegt sie bei nur 2 cm/sec.

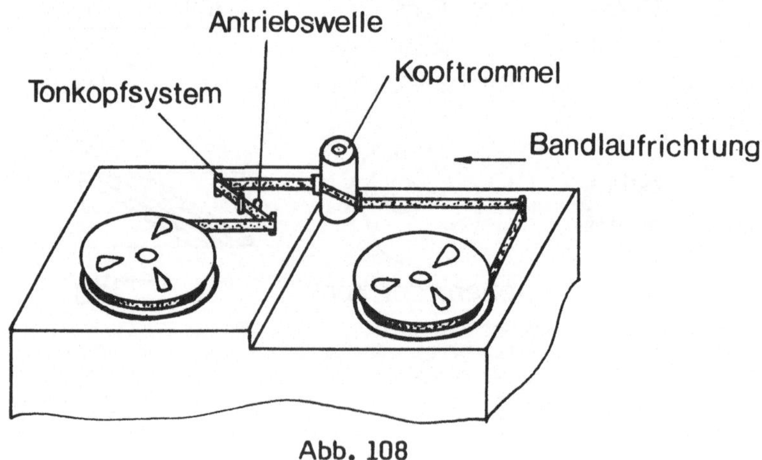

Abb. 108

Entscheidend für das konkrete Spurbild auf dem Videomagnetband ist die Anordnung der Videoköpfe sowie die Bandführung. Die konstruktive Lösung dieser Teile ist wieder bei den einzelnen Videorekorder-Standards unterschiedlich.

Bei der Schrägschriftaufzeichnung wird das Magnetband grundsätzlich schraubenlinienförmig um eine Trommel mit rotierenden Videoköpfen herumgeführt. Prinzipiell ist eine solche Anordnung in Abb. 108 angedeutet.

b) Zu den verschiedenen Videorekorder-Standards

Für die volle Nutzung von Videoaufzeichnungen bildet die Möglichkeit einfacher Austauschbarkeit der Bandaufnahmen zwischen verschiedenen Videokordern eine Grundvoraussetzung. Die Kompatibilität, d. i. die Verträglichkeit bzw. Vereinbarkeit der einzelnen Videorekorder-Standards, ist derzeit aber nicht gegeben.

Durch die unterschiedlichen Bandführungen und Kopfanordnungen entstehen die verschiedenen nicht kompatiblen Spurlagenbilder der einzelnen Videorekorder-Standards.

Ein auf den ersten Blick deutlicher Unterschied bei den verschiedenen Videorekordern liegt in den Abmessungen der verwendeten Magnetbänder. Diese Bänder werden derzeit mit den Breiten 2 Zoll, 1 Zoll, 3/4 Zoll, 1/2 Zoll und 1/4 Zoll verwendet. Neben der Bandbreite spielen auch die Bandstärke sowie die Bandqualität eine bestimmte Rolle.

Verwendet werden Videobänder entweder auf offenen Spulen oder in Kassetten, wobei sich die einzelnen Kassettensysteme nicht nur in den äußeren Abmessungen, sondern auch in der Konstruktion unterscheiden.

Neben den angedeuteten gibt es noch viele weitere Kenngrößen, in denen sich Videorekorder kompatibilitätsmäßig unterscheiden.

Die derzeit am Markt vorhandenen Videorekorder bilden ein sehr vielschichtiges Gefüge. Eine trennscharfe Strukturierung dieses Videorekorder-Gefüges aus funktioneller - anwendungsorientierter - Sicht ist schwierig. Die Bedürfnisse der einzelnen Anwender sind im Zusammenhang mit den vielen möglichen speziellen Zielsetzungen zu unterschiedlich und komplex. Für diesen Beitrag erscheint mir eine Unterteilung der Videorekorder in drei Gruppen angemessen:

- Geräte für den professionellen Bedarf
- Geräte für den semiprofessionellen Bedarf
- Geräte für den allgemeinen Bedarf

Geräte für den professionellen Bedarf

Diese Geräte sind für Fernsehproduktionen höchster Qualität bestimmt.

Dies bedeutet u. a. die Garantie einer Auflösung um 5 MHz sowie ein Signal/Rausch-Verhältnis um 44 dB. Videorekorder dieser Gruppe müssen fünf und mehr Kopiergenerationen ermöglichen.

Verwendung finden diese Geräte bei allen öffentlichen Sendeanstalten, wie z. B. beim ORF, ZDF etc. Der universitäre Bereich muß Anschlußmöglichkeiten an dieses Qualitätsniveau haben.

Geräte für den semiprofessionellen Bereich

Diese Geräte ermöglichen Fernsehproduktionen guter Qualität - mit einer Auflösung um 4 MHz und einem Signal/Rausch-Verhältnis vom etwa 42 dB. Zwei bis drei Kopiergenerationen in guter Qualität müssen möglich sein.
Diese Gerätegruppe findet Verwendung etwa für aktuelle Berichterstattung - ENG (ergänzend zu den Geräten der "professionellen" Gruppe), bei Werbefirmen, für closed circuit-Systeme etc. Im Bildungsbereich sind Geräte dieser Gruppe für TV-Produktionen im Aufgabenbereich einzelner Universitäten oder Fakultäten bzw. spezieller Institute angemessen.

Geräte für den allgemeinen Bedarf

Diese Geräte ermöglichen Bild- und Tonaufzeichnungen akzeptierbarer Qualität - mit einer Auflösung um 3 MHz und einem Signal/Rausch-Verhältnis von etwa 40 dB. Zur Herstellung von Kopien sind sie nur bedingt geeignet.

Verwendet werden diese Geräte auf dem Sektor der Konsumelektronik. Im universitären Bereich sind sie für kleinere Einheiten, z. B. für einzelne Institute, im Einsatz. Breite Verwendung finden Geräte dieser Gruppe im allgemeinen schulischen Bereich - darum wollen wir hier noch einige Angaben zusammenfassen.

Videorekorder für den allgemeinen Bedarf verwenden überwiegend 1/2 Zoll breite Magnetbänder in Kassetten.

Als ältester Standard für Kassetten-Videorekorder kann das von der Firma Philips entwickelte VCR-System (VCR-Europa Standard I) bezeichnet werden. Geräte nach diesem Standard werden schon etwa 10 Jahre von Philips und Grundig produziert und haben sich im Laufe dieser Zeit eine gute Marktposition erworben. VCR-Rekorder sind in vielen Bildungsinstitutionen vorhanden, entsprechend groß ist auch die Zahl der verschiedenen Kassetten mit Bildungsproduktionen.

In den letzten Jahren wurden verschiedene weitere Kassetten-Systeme entwickelt. Am Markt erschienen Geräte nach dem VCR-LP, dem SVR-, dem Beta- und dem VHS-Standard, leider alle untereinander nicht kompatibel.

Große praktische Bedeutung auf dem Sektor der Videorekorder für den allgemeinen Bedarf erlangten in der letzten Zeit insbesondere japanische Geräte nach den Standards **VHS, BETA** sowie in der letzten Zeit Geräte nach dem europäischen Standard **VIDEO 2000.**

Der Standard VHS (Video-home-System) basiert insbesondere auf Entwicklungsarbeiten der japanischen Firma JVC. Diese Firma gab im Jahr 1976 mit ihrem Rekorder HR 3300 ein VHS-Debüt in Japan. Im Jahr 1977 kamen dann japanische VHS-Geräte auch in die USA. Auf dem europäischen Markt erschienen VHS-Rekorder definitiv im Frühjahr 1978.

Das zweite bekannte einschlägige japanische System trägt die Bezeichnung BETA. BETA bedeutet im Japanischen in etwa "ganzflächig" bzw. "dicht an dicht". Damit wollte die "Mutter" dieses Systems - die Firma Sony - die ganzflächige Nutzung des Magnetbandes durch direkt aneinandergrenzende Videospuren kennzeichnen.

Anfang 1980 kamen die ersten Geräte des von Philips und Grundig gemeinsam entwickelten Systems "Video 2000" auf den Markt. Die Rekorder dieses Systems haben eine maximale Spieldauer von 2 x 4 Stunden (Wende-Kassette mit 1/2 Zoll Band, sodaß auf einer Bandbreite von ca. 1/4 Zoll aufgezeichnet wird). Zu den Vorteilen der Geräte mit dem Standard "Video 2000" gehört u. a. das automatische Spurnachführungssystem, welches die Basis einer zuverlässigen Austauschbarkeit von bespielten Kassetten innerhalb des Systems bilden soll.

Zwei "typische" Repräsentanten von Geräten der Gruppe für den allgemeinen Bedarf zeigen die folgenden Abbildungen.

Abb. 109 zeigt ein sog. Tischgerät, also einen für den überwiegend stationären Einsatz bestimmten Videorekorder.

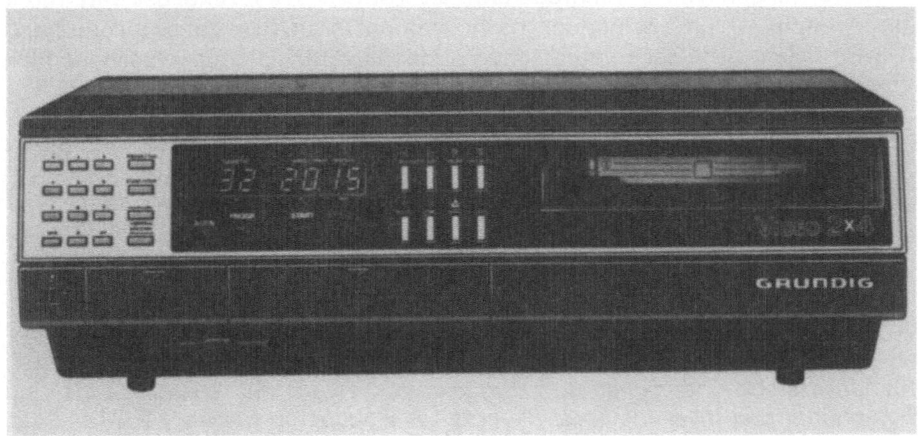

Abb. 109

Abb. 110 zeigt einen tragbaren Videorekorder. Es ist dies ein Gerät der derzeit neuesten schon am Markt vorhandenen Videorekorder-Generation. Der Rekorder selbst (links in der Abb.) wiegt nur mehr 4,2 kg und hat die Abmessungen von 21 x 305 x 80 mm. Der gleich große Tuner/Timer (TV-Empfangsteil + programmierbarer Zeitschalter zum automatischen Einschalten der Anlage) ist im rechten Teil der Abbildung sichtbar. Der Rekorder bildet gemeinsam mit dem Tuner/Timer ein System, welches zusammen mit einer portablen Videokamera viele Möglichkeiten für den allgemeinen diesbezüglichen Bedarf bietet.

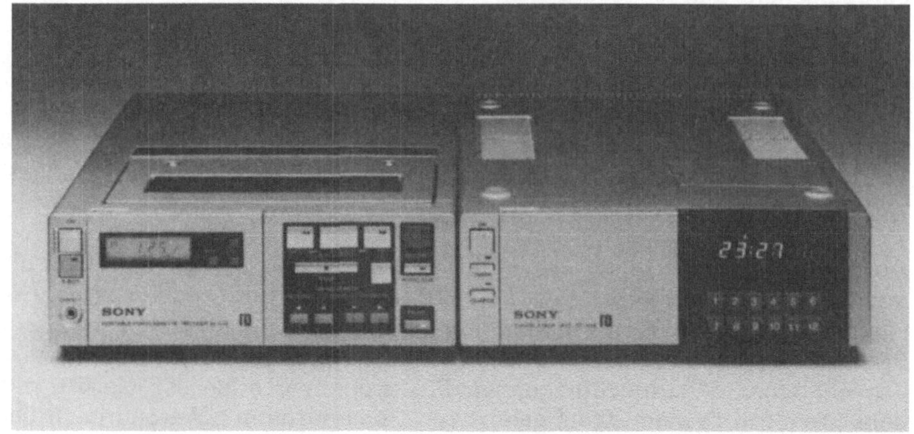

Abb. 110

c) Empfehlungen zur Videorekorder-Standardisierung im österreichischen Bildungsbereich

Derzeit werden von verschiedenen Herstellern Videorekorder mit mehr als zwanzig (!) untereinander nicht kompatiblen Standards produziert. Allein die an österreichischen Hochschulinstituten vorhandenen Videorekorder verteilen sich auf 15 inkompatible Standards.

Eine sinnvolle Vereinheitlichung der Videorekorder-Standards muß angestrebt werden. Das Institut für Unterrichtstechnologie, Mediendidaktik und Ingenieurpädagogik der österreichischen Universitäten - IUI - hat aufgrund einer ausführlichen Analyse schon vor einiger Zeit eine diesbezügliche Empfehlung ausgearbeitet (6).

In der letzten Zeit wurde eine gemeinsame Systemempfehlung der UNISIST-Projektgruppe "Audiovisuelle Geräte" beim Bundesministerium für Unterricht und Kunst und Bundesministerium für Wissenschaft und Forschung, des International Council for Education Media - ICEM -, des Zentrums für audiovisuelle Medien in Unterricht und Bildung - SHB - , sowie des IUI veröffentlicht. Es liegt demnach nun eine gemeinsame

Videorekorder-Systemempfehlung praktisch für den gesamten österreichischen Bildungsbereich vor.

Näheres über diese Empfehlung siehe z. B. in (7). Die Empfehlung selbst lautet auf folgende Standards:

Empfehlungen für den "professionellen" Bedarf:
1) Videorekorder nach dem SMPTE "B" - Standard
1a) Videorekorder nach dem U-Matic H - Standard

Empfehlungen für den "semiprofessionellen" Bedarf:
2) Videorekorder nach dem U-Matic Standard

Empfehlungen für den "allgemeinen" Bedarf:
3) Videorekorder nach dem VCR-Europa Standard I
3a) Videorekorder nach dem Standard "Video 2000"

KONTROLLFRAGEN

K 27 Sie wollen eine Schulfernsehsendung als integralen Bestandteil in Ihren Unterricht einbauen. Um einen "nahtlosen" Einbau der Sendung in Ihren Unterricht zu erreichen und einigen Grenzen und Einseitigkeiten, die im öffentlichen Schulfernsehen als Medium begründet sind, entgegenzuwirken, sollten Sie einige Maßnahmen treffen.

Skizzieren Sie, bitte, in Stichworten Ihren vorbereitenden und nachbereitenden Unterricht sowie evtl. begleitende Maßnahmen beim Einsatz der von Ihnen ausgewählten Schulfernsehsendung!

K 28 Die Randbedingungen, welche optimale Sichtverhältnisse beim Fernsehen garantieren, unterscheiden sich teilweise von den Randbedingungen bei der klassischen optischen Projektion.

Erinnern Sie sich, bitte, an die Randbedingungen bei der optischen Projektion und versuchen Sie, die Randbedingungen für den Sichtbereich bei der Darbietung von Bildern auf dem Bildschirm von Fernsehempfängern wenigstens annähernd zu beschreiben!

K 29 Für den Unterricht steht Ihnen ein Videorekorder für den allgemeinen Bedarf sowie ein Fernsehempfänger mit einer Bildröhre, deren Diagonale 66 cm beträgt, zur Verfügung.

Bestimmen Sie, bitte, die vordere und hintere sowie die seitliche Begrenzung des Sichtbereiches, in dem Sie das Gestühl der das TV-Programm betrachtenden Zuschauer anordnen werden!

K 30 Nennen Sie, bitte, wenigstens zwei Typen üblicher Bildaufnahmeröhren!

K 31 Nennen Sie, bitte, die für das österreichische Schul- und Hochschulwesen empfohlenen Videorekorder-Standards für den allgemeinen Bedarf!

LITERATURANGABEN ZU KAPITEL 4

(1) Bensinger, Ch.: "The Video Guide". Video-Info Publications, Santa Barbara, California, 1980

(2) Fleischer, D.: "Praxis der Videoband-Aufzeichnung". Siemens AG, Berlin und München, 1974

(3) Kaiser, R. (Hrsg.): "Fernsehtechnik von morgen". ZDF Schriftenreihe, Heft 19, Mainz, 1977

(4) Kaiser, W. / Marko, H. / Witte, E. (Hrsg.): "Two-Way Cable Televison". Springer-Verlag, Berlin -Heidelberg - New York, 1977

(5) Melezinek, A.: "Zum Sichtbereich bei der Präsentation visueller Lehrinhalte - insb. Sichtbedingungen zum Fernsehbildschirm". In: Melezinek, A. (Hrsg.): Ergebnisse und Perspektiven des Bildungsfernsehens. Verlag Johannes Heyn, Klagenfurt, 1975

(6) Melezinek, A.: "Kompatibilitätsprobleme bei Videorekordern: Lösungsansatz im österreichischen Hochschulsystem". In: Schorb (Hrsg.): Visodata 80 - Dokumentation. Staatsinstitut für Bildungsforschung und Bildungsplanung, München, 1981

(7) Melezinek, A.: "Novellierte Empfehlungen zur Videorekorder-Standardisierung im österreichischen Hochschulbereich". In: IUI-Information Nr. 3. Institut für Unterrichtstechnologie, Mediendidaktik und Ingenieurpädagogik der österreichischen Universitäten (IUI), Klagenfurt, Oktober 1981

(8) Messerschmid, H.: "Entwicklungsrichtungen der Fernsehtechnik". In: Fernsehtechnik von Morgen. ZDF-Schriftenreihe, Heft 19, Mainz, Oktober 1977

(9) Mörking, R.: "Stand der Gerätetechnik im Film-und Videobereich". In: Melezinek, A. (Hrsg.): Bildungsfernsehen - Technik und Kunst. Leuchtturm Verlag, Konstanz, 1978

(10) Sadashige, K.: "An Overview of Longitudinal Video Recording Technology". In: SMPTE Journal, 7/1980

(11) Schludermann, W.: "Schulfernsehen aus mediendidaktischer Sicht". Schriftenreihe Unterrichtstechnologie/Mediendidaktik (Hrsg. A. Melezinek), Band 7, Leuchtturm Verlag, Alsbach/Bergstraße, 1981

(12) Schöler, W. (Hrsg.): "Beiträge zur Verwendung von Medien im Unterricht". Ferdinand Schöningh, Paderborn, 1973

(13) Schorb, A.: "Ergebnisse der Generalstudie über den AV-Medieneinsatz im Bildungs- und Ausbildungswesen Bayerns". In: Schorb, A. (Hrsg.): Visodata 78, München, 1978

(14) Stotz, G.: "Mehr Medien an den Universitäten". In: IUI-Information Nr. 1 (5/1980), Institut für Unterrichtstechnologie, Mediendidaktik und Ingenieurpädagogik der österreichischen Universitäten, Klagenfurt, 1980

(15) Taus, G.: "Integriertes System des Bildungsfernsehens". In: Melezinek, A. (Hrsg.): Bildungsfernsehen - Technik und Kunst, LeuchtturmVerlag, Konstanz, 1978

(16) Tulodziecki, G.: "Öffentliches Schulfernsehen als Unterrichtsmedium". Greven-Verlag, Köln, 1976

(17) Vögl, K. H. (Hrsg.): "Telekommunikation für Bildung und Ausbildung". Springer-Verlag, Berlin - Heidelberg - New York, 1981

TEIL 2

ÜBUNGEN ZUR UNTERRICHTSTECHNOLOGIE

Auch wenn schon im ersten Teil des Buches der Schwerpunkt bei der Unterrichtspraxis liegt, wird im zweiten Teil die Praxis noch stärker angesprochen. Praktische Fertigkeiten müssen in Übungen erarbeitet werden. Darum werden Ihnen nun verschiedene Übungsaufgaben vorgelegt, Übungen, wie sie z. B. an österreichischen Pädagogischen Akademien durchgeführt werden.

Der zweite Teil dieses Buches beginnt mit einigen konkreten Hinweisen zur Inbetriebnahme, Handhabung, Pflege und Wartung von unterrichtstechnologischen Geräten. Anschließend werden verschiedene Übungen mit visuellen, auditiven und audiovisuellen Medien angeboten.

5. HINWEISE ZUR INBETRIEBNAHME, HANDHABUNG, PFLEGE UND WARTUNG VON UNTERRICHTSTECHNOLOGISCHEN GERÄTEN

5.1 Anlieferung neuer Geräte

a) Verpackung auf äußere Transportschäden überprüfen

b) Auspacken und die Vollständigkeit des Lieferumfanges feststellen (Verbindungskabel, Zusätze, Adapter, Kleinteile). Transportschäden allenfalls sofort beim Spediteur und bei der Lieferfirma anmelden

c) Vergleich Bestellschein - Faktura vornehmen
Kleinteile können sich im Verpackungsmaterial verbergen

d) Seriennummer und Type des Gerätes feststellen und mit der Faktura vergleichen

e) Gerätebeschreibung, Bedienungsanleitung, Garantieurkunde sicherstellen

f) Gerät mit der Beschreibung bzw. mit der Bedienungsanleitung abgleichen, Leistungsschild beachten, Spannungswahlschalter auf richtige Einstellung überprüfen, evtl. Transportsicherungen lt. Anleitung aus dem Gerät entfernen, lose mitgelieferte Geräteteile in das Gerät einsetzen

g) Gerät lt. Anleitung zunächst ohne, dann mit Software in Betrieb setzen und alle Gerätefunktionen überprüfen

h) Funktion der Zubehörteile und deren Anpassung an das Gerät kontrollieren

i) Gerät und Zubehör entsprechend inventarisieren (Seriennummern eintragen), Inventarnummern am Gerät gut sichtbar aufkleben

j) Evtl. eine Kurzanleitung erstellen und am Gerät anbringen

5.2 Gerätebehandlung

a) Lagerung in Räumen, in denen keine größeren Temperaturschwankungen zu erwarten sind. Besonders zu kühl gelagerte Geräte sind störungsanfällig durch Kondenswasserbildung auf optischen Flächen und elektrischen Teilen. Die Lager sind schwergängig, Motorüberlastungen und Gleichlaufschwankungen können auftreten
Zu hohe Luftfeuchtigkeit bei höheren Temperaturen kann zu Korrosionserscheinungen im Gerät führen
Für einen zweckmäßigen Staubschutz ist zu sorgen
Lösungsmittel- oder Putzmitteldämpfe können Geräteteile zerstören
Die Geräte sollten übersichtlich und in entsprechender Zugriffhöhe gelagert werden - Gewicht

b) Der Einsatz eines Gerätes muß nach den voraussichtlichen räumlichen Anforderungen geplant und eine entsprechende Auswahl getroffen werden (z. B. Lampenleistung, Lichtstärke, Brennweite der Optik, Sinus-Ausgangsleistung, Mono - Stereowiedergabe, Länge des Netzkabels, Länge der Lautsprecherleitungen)
Zusätze: Leerspulen je nach Software-Umfang für Filmprojektoren und Tonbandgeräte, eher größer zu wählen; Dia-Magazine, Bildwand, Zusatzlautsprecher, Verlängerungskabel für den Netzanschluß

c) Zur Sicherheit des Vorführers und allfälliger Helfer müssen alle Verlängerungskabel für den Netzanschluß schutzgeerdet sein (Schuko) und dürfen keinerlei Isolationsschäden aufweisen. Steckverbindungen müssen zugentlastet montiert sein. Der Aufbau einer zusätzlichen Netzverbindungsleitung muß immer vom Gerät aus erfolgen
Vor dem Öffnen eines mit Netzspannung betriebenen Gerätes ist immer der Netzstecker abzuziehen, trotz gegebenenfalls eingebauten Sicherheitsschalters

d) Während des Betriebes dürfen Lüftungsschlitze am Gerät nicht versehentlich abgedeckt werden. Geräte sollen nie auf Papier oder losem Material abgestellt werden, das angesaugt werden könnte
Alle Geräte sind, insbesonders in eingeschaltetem Zustand, vor Erschütterungen zu bewahren. Der Transport muß entsprechend sorgsam erfolgen

Sollte sich das Betriebsgeräusch plötzlich ändern, schalten Sie das Gerät sofort ab und ergründen Sie die Ursache. Setzen Sie die Vorführung erst wieder fort, wenn Sie den Fehler beseitigt haben. Gerät und Software könnten sonst arg beschädigt werden

Nach der Benützung soll ein noch heißes Gerät nicht mit einer Plastikhaube überdeckt oder in dicht schließende Koffer verpackt werden (Brandgefahr, Verschmorungen durch Hitzestau, Kondenswasserbildung)

5.3 Kontrolle - Wartung - Ersatzteile

a) Bei optischen Projektionsgeräten sind Objektive, Linsen und Spiegel zeitweilig zu reinigen. Verwenden Sie dazu nie Lösungsmittel, sondern nur neue, allenfalls mit Wasser benetzte Papiertaschentücher. Die mechanischen Teile säubert man am schonendsten mit einem weichen Pinsel

Für die laufende Reinigung des Filmkanals bei 16mm und S- 8mm-Projektoren hat sich weicher Schaumstoff (aus Verpackungen) bewährt

Fest am Gerät montierte Netzkabel müssen immer am Gerät beginnend aufgewickelt werden. Das freie Ende kann sich so "ausdrehen", wodurch Knicke im Kabel und Schäden vermieden werden

Den Lampenwechsel genau nach Herstellerangaben durchführen, Lampe nicht mit bloßen Fingern berühren. Nach einem Lampenwechsel soll auf eine neuerliche Lampenjustierung nicht vergessen werden. Diese entfällt allerdings bei vorzentrierten Lampen

Eine Schmierung ist bei modernen Geräten unnötig durch Sinterlager bzw. durch Schmierung auf Lebenszeit

b) Bei elektronisch projizierenden Geräten, d. h. insb. bei Videorekordern muß die Bandführung zeitweise mit einem mit Alkohol benetzten Wattestäbchen von Bandabrieb gereinigt werden, ebenso die Ton- und Löschköpfe, nie jedoch die Videoköpfe. Diese sind nur mit einem empfohlenen Spray zu behandeln

c) Bei Tonbandgeräten und Kassettenrekordern kann zur Reinigung Alkohol zu Hilfe genommen werden. Reinigungskassetten werden nicht generell empfohlen

d) Die Bildschirme von Monitoren und TV Geräten verstauben durch ihre statische Aufladung verhältnismäßig rasch. Reinigung wie optische Flächen

5.4 Funktionsschalter und Anschlußbuchsen, Symbole und Beschriftungen auf a-v Hardware

START / PLAY /	Schalter, Taste für Wiedergabe, Bandlauf in Pfeilrichtung
WIND / FF /	Fast Forward, schneller Vorlauf
REWIND / FR /	Fast Rewind, schneller Rücklauf
STOP	Bandstillstand, Gerätefunktion aus
PAUSE	Bandstillstand, Gerätefunktion bleibt
REC	Record, Aufnahmesperre
EJECT	Kassettenauswurf, -lift
POWER	Netzschalter
ON	Ein
OFF	Aus
mp	multi play
dp	duo play
COUNTER	Zählwerk
19 / 9.5 / 4.75	Bandgeschwindigkeit (cm/sec)
RECEIVER	Tuner + Verstärkerkombination
TUNER	Senderabstimmung
AMPLIFIER	Verstärker
EQUALIZER	Tonfrequenz Vorverstärker
VOLUME	Lautstärke
TONE	Tonqualität
BALANCE	Lautstärkenregler linken rechten Kanal
DOLBY NR	Dolby Rauschunterdrückungssystem
Fe	Eisenoxydband
Cr	Chromdioxydband
FeCr	Ferochromband, Zweischichtband
HI COM	Rauschunterdrückungssystem AEG TELEFUNKEN
AFC	Autom. Frequency Control
RC / REM	Remote Control, Kabelfernbedienung
AUDIO DUB	Audio Dubbing, Tonausblendung für Nachvertonung
AUX TA TB	Auxiliary, Ton-Hilfsein-, -ausgang
OSCI	Oszillatorschalter zur Vermeidung von Pfeifgeräuschen im AM Bereich
AC,	Alternating Current, Wechselstrom
DC,	Direct Current, Gleichstrom
FADE	Aus-, Einblendregler
TREBLE	Höhenregler (getrennt)
BASS	Baßregler (getrennt)
LEVEL r. l.	Aussteuerungsschieber für linken und rechten Kanal
FOCUS	Scharfeinstellung
FRAME	Bildstrichverstellung
TRACKING	Nachstellung der Spurabtastung
AUT	Automatisch
MAN	Manuell

6. ÜBUNGEN ZUM KAPITEL 2 - VISUELLE MEDIEN

6.1 Allgemeine Projektionsbedingungen

Visuell angebotene Lehrinhalte können nur dann optimal vermittelt werden, wenn neben der didaktisch richtigen Stoffaufbereitung auch die Forderungen erfüllt werden, die zu einer mühelosen Wahrnehmung der projizierten Bilder führen.
Hier werden global drei Forderungen genannt: die **raumbedingten**, die **bildseitigen** und die **objektseitigen**.

Eine wesentliche Voraussetzung zur optimalen Visualisierung bilden auch die **Projektionsflächen**.

6.1.1 Raumbedingte Forderungen

6.1.1.1. Zeichnen Sie zur vorgegebenen Projektionswand mit der Bildbreite b den entsprechenden **Sichtbereich** ein und geben Sie die Werte für dessen Abmessungen an, wenn die Breite des projizierten Bildes (b) 1,5 m beträgt.

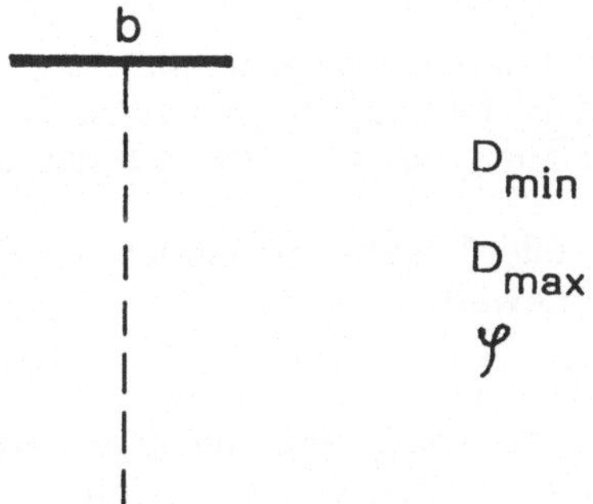

6.1.1.2. Begründen Sie mit einigen Stichworten die Notwendigkeit des Minimal- bzw. Maximalabstandes und der seitlichen Begrenzung.

6.1.2 Bildseitige Forderungen

6.1.2.1. Nennen Sie bildseitige Forderungen und begründen Sie diese in der Diskussion.

6.1.2.2. Einige Faustregeln sind bei der Gestaltung eines zu projizierenden Bildes zu beachten. Als Mindestgrößen gelten:

Strichdicke = ‰ der Bildbreite (b)
Buchstabenhöhe = % der Bildbreite (b)

6.1.2.3. Wollen Sie Overheadfolien oder Vorlagen für Diapositive übersichtlich gestalten, so werden Sie sich im allgemeinen nicht nur der notwendigen Mindestgrößen bedienen!

Gestalten Sie eine Overheadfolie (Format A4) mit Text und Skizze mittels Overheadstiften so, daß sie den bildseitigen Forderungen gerecht wird.

Notieren Sie, worauf Sie dabei zu achten haben.
Begründen Sie Ihre Notizen in der Diskussion.
Projizieren Sie die selbsterstellte OH-Folie und achten Sie dabei auf die Bedienung des Projektionsgerätes.

Ist Ihnen die Gestaltung optimal gelungen?
Wenn nicht, was könnten Sie besser gestalten?

6.1.3 Objektseitige Forderungen

Sie wissen, daß diese Forderungen sehr stark mit den verschiedenen Geräten und Gerätegruppen variieren. Diskutieren Sie die spezifischen objektseitigen Forderungen daher bei den entsprechenden Geräten.

Gültigkeit für alle Geräte hat jedoch die Forderung nach **Objektiven** mit geeigneter Brennweite.

6.1.3.1. Berechnen Sie, welche Brennweite ein Objektiv für einen Unterrichtsraum aufweisen sollte, wenn

a) Diapositive der gebräuchlichsten Größe auf einer 1,2 m (1,5 m) breiten Projektionsfläche gezeigt werden sollen und der Projektor in einem Abstand von 6 m aufgestellt ist,

b) ein S-8-Film (b'= 5,4 mm) auf eine (1,5 m) breite Projektionswand projiziert werden soll und das Projektionsgerät in einer Entfernung von 8 m aufgestellt ist.

6.1.3.2. Sie haben zur Projektion von Diapositiven der Größe 24 x 36 mm ein Objektiv mit einer Brennweite von 200 mm und eine 1,4 m breite

Projektionsfläche zur Verfügung. Wie groß kann der Projektionsabstand maximal sein?

6.1.3.3. Mit dem Filmprojektor in Ihrem Unterrichtsraum (Brennweite f des Objektivs = 50 mm) wollen Sie einen 16 mm - Film (b'= 10,5 mm) vorführen. Die Breite des projizierten Bildes soll 1,5 m werden.

In welcher Entfernung von der Projektionsfläche werden Sie den Projektor aufstellen?

6.1.4 Projektionsflächen

6.1.4.1. Projektionsflächen haben unterschiedliche Reflexionseigenschaften. Danach werden sie in zwei Gruppen unterteilt:

a)

b)

6.1.4.2. Zeichnen Sie die ideale Sitzordnung für Projektionsflächen der Gruppe a) und der Gruppe b).

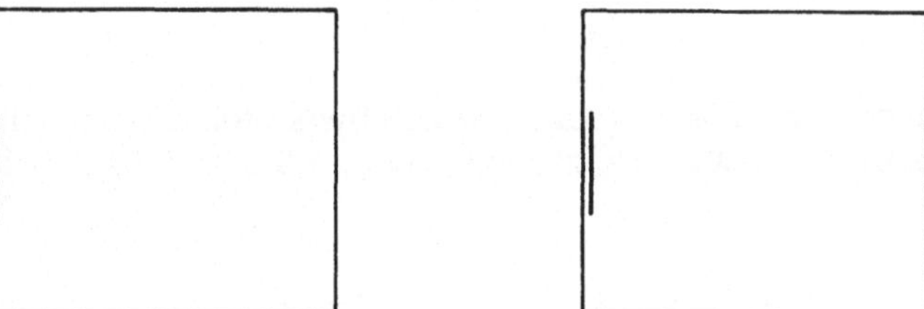

6.1.4.3. Nennen Sie Eigenschaften und Einsatzmöglichkeiten dieser Projektionsflächen.

6.2 Diaprojektion

6.2.1. Wenn Sie sich bei der Darbietung von Lehrinhalten der Diaprojektion bedienen, müssen bestimmte **technische Voraussetzungen** erfüllt werden. Beschreiben Sie die Vorgangsweise bei der Vorbereitung der Projektion.

6.2.2. Überlegen Sie die Einsatzmöglichkeiten der Diaprojektion. Wann werden Sie sich dieser Präsentationsmöglichkeiten bedienen?

6.2.3. Beschreiben Sie das Prinzip der Vergleichsprojektion und nennen Sie Beispiele für die Verwendung dieser Projektionsmöglichkeiten.

6.2.4. Die Abbildung zeigt das Funktionsprinzip der Durchlichtprojektion.
Beschriften Sie die Skizze und erklären Sie den Strahlengang.

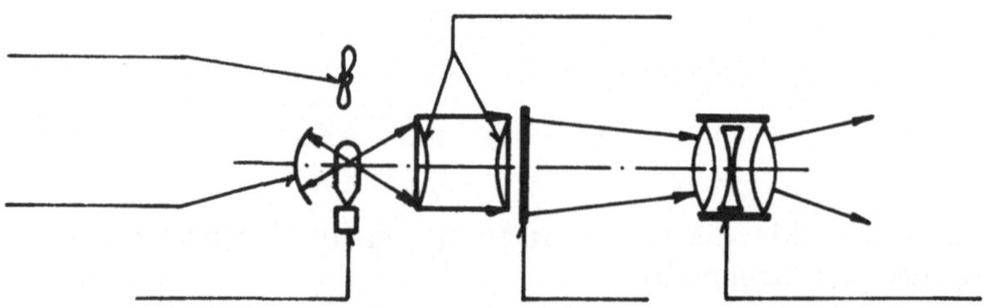

Abb. 111

6.2.5. Beschreiben Sie mit einigen Stichworten, wie Sie eine Diaprojektion vorbereiten, insb.: Wo und wie können Sie sich Diapositive beschaffen?

6.2.6. Legen Sie einige Dias in ein Magazin ein und projizieren Sie diese.

6.2.7. Notieren Sie hier die Bedienungsschritte des Gerätes, mit dem Sie arbeiten.

6.2.8. Benennen Sie die Aufbau- und Bedienungselemente des hier abgebildeten Gerätes.

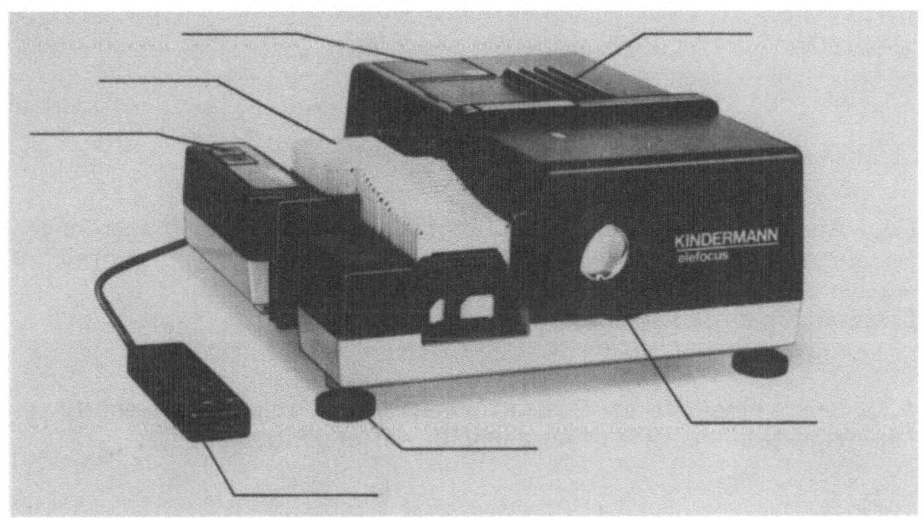

Abb. 112

6.2.9 Diskutieren Sie Vor- und Nachteile verschiedener Diaprojektorentypen für den Unterrichtsgebrauch.

6.2.10 Was tun, wenn...?
Geben Sie mögliche Ursachen für die angeführte Störung an und beschreiben Sie, wie die Störung beseitigt werden kann.

Störung: Lampe bleibt dunkel, Ventilator läuft nicht
Mögliche Ursache: - keine Netzspannung
Beseitigung: - Netzsicherung überprüfen lassen

Störung: Lampe bleibt dunkel, Ventilator läuft
Mögliche Ursache: ....
Beseitigung: ....

Störung: Diaschieber bleibt stecken
Mögliche Ursache: ....
Beseitigung: ....

Störung: Bilder ungleichmäßig ausgeleuchtet
Mögliche Ursache: ....
Beseitigung: ....

6.2.11 Führen Sie einen Objektiv- und einen Lampenwechsel durch.

6.3 Overheadprojektion

6.3.1 Anstelle der Bezeichnung Overheadprojektion werden auch andere Bezeichnungen wie Tageslichtprojektion, Großdiaprojektion, Schreibprojektion oder Arbeitsprojektion verwendet.
Erklären Sie diese verschiedenen Bezeichnungen.

6.3.2 Beschreiben Sie die Beschaffenheit einer Projektionsfläche für die OH-Projektion und deren Anordnung im Unterrichtsraum.

6.3.3 Was kann mit Hilfe des OH-Projektors projiziert werden?

6.3.4 Nennen Sie drei häufig angewandte Möglichkeiten der Beschaffung von OH-Folien und diskutieren Sie deren wichtigste Vor- und Nachteile.

6.3.5 Nennen und beschreiben Sie in Stichworten **Arbeitsformen** beim Einsatz vorbereiteter Transparente.

6.3.6 Sie wollen eine grafische Darstellung aus einem Buch auf eine OH-Folie umkopieren. Welche Möglichkeiten gibt es hiefür?

Beschreiben Sie kurz die jeweilige Vorgangsweise und diskutieren Sie die Vor- und Nachteile.

6.3.6.1 Stellen Sie mit Hilfe beider Kopierverfahren jeweils eine Overheadfolie her.

6.3.7 Wählen Sie aus Ihrem Fachgebiet einen Inhalt, der sich mit Hilfe der Overlay-Technik optimal visualisieren läßt. Fertigen Sie die entsprechenden Folien an und montieren Sie diese mit entsprechenden Materialien auf einen Kartonrahmen.

6.3.8 Die Overheadprojektion nützt ebenso wie die Diaprojektion die **Durchlichtprojektion.**

Die Abbildung zeigt das **Funktionsprinzip.** Beschriften Sie die Skizze und erklären sie den Strahlengang.

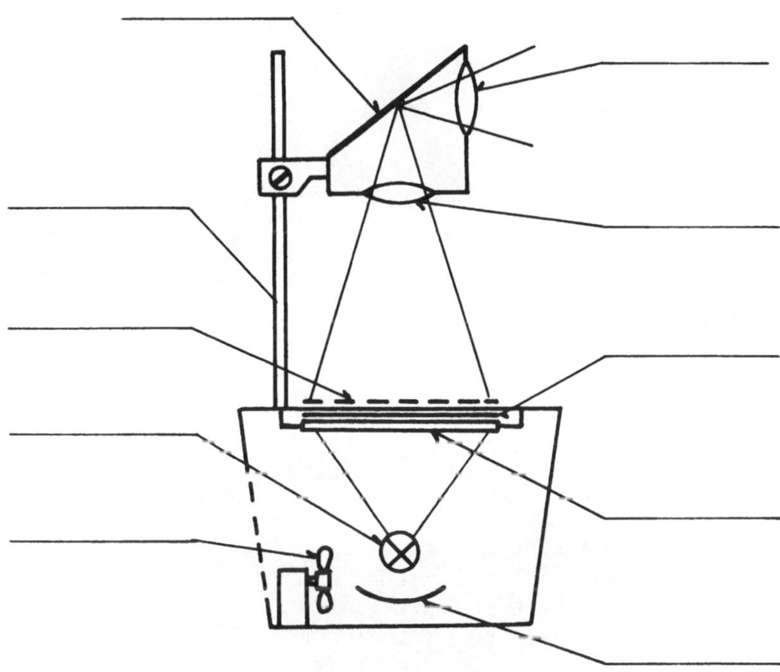

Abb. 113

6.3.9 Notieren Sie die Bedienungsschritte des Gerätes, mit dem Sie arbeiten.

6.3.10 Was tun, wenn...?

Geben Sie mögliche Ursachen für die angeführte Störung an und beschreiben Sie, wie die Störung beseitigt werden kann.

Störung: Lampe bleibt dunkel, Ventilator läuft nicht
Mögliche Ursache: ....
Beseitigung: ....

Störung: Lampe bleibt dunkel, Ventilator läuft
Mögliche Ursache: ....
Beseitigung: ....

6.3.11 Benennen Sie die Aufbau- und Bedienungselemente des hier abgebildeten Gerätes.

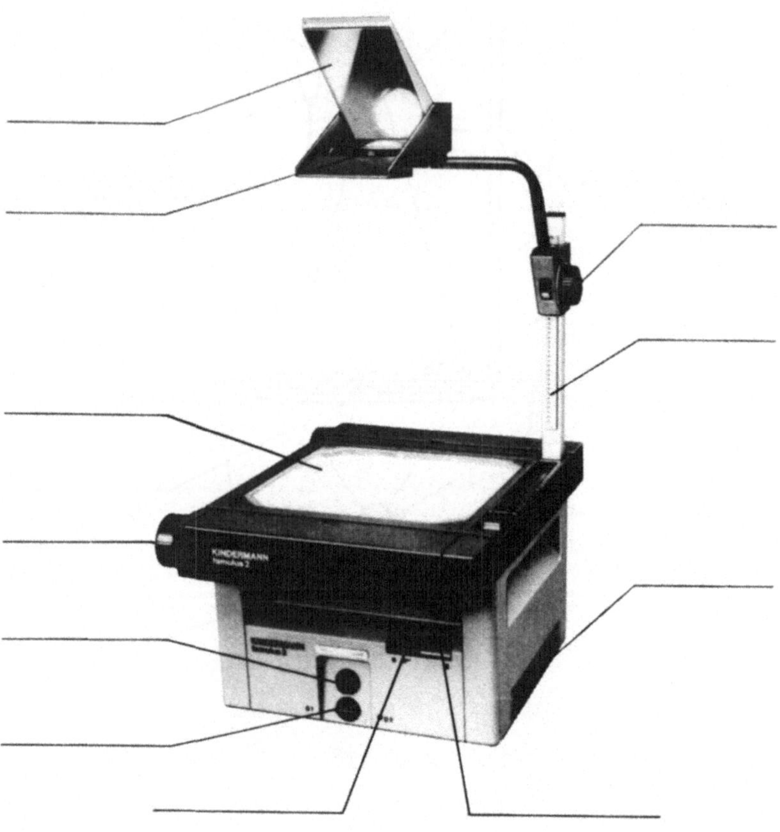

Abb. 114

6.3.12 Reinigen Sie die Fresnel-Linse mit einem antistatischen Tuch.

6.3.13 Führen Sie einen Lampentausch durch.

6.4 Epiprojektion

6.4.1 Überlegen Sie die **Einsatzmöglichkeiten** der Epiprojektion. Wann werden Sie sich dieser Präsentationsmöglichkeit bedienen?

6.4.2 Nennen Sie Vor- und Nachteile der Epiprojektion.

6.4.3 Die Abbildung zeigt das Funktionsprinzip der **Auflichtprojektion,** dessen sich die Epiprojektion bedient.

Beschriften Sie die Skizze und erklären Sie den Strahlengang.

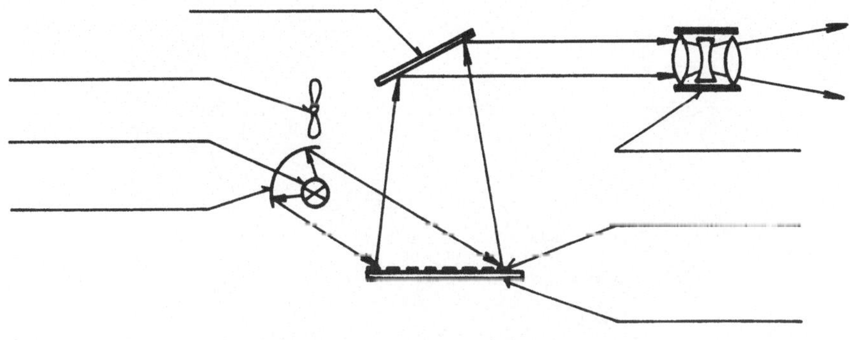

Abb. 115

6.4.4 Projizieren Sie einige Bilder aus einem Buch. Achten Sie dabei auf das richtige Einlegen der Vorlage.

6.4.5 Notieren Sie hier die Bedienungsschritte des Gerätes, mit dem Sie arbeiten.

6.4.6 Was tun, wenn...?

Geben Sie mögliche Ursachen für die angeführte Störung an und beschreiben Sie, wie Sie die Störung beseitigen können.

Störung: Lampe bleibt dunkel
Mögliche Ursache: ....
Beseitigung: ....

6.4.7 Führen Sie einen Lampenwechsel durch.

6.4.8 Benennen Sie die Aufbau- und Bedienungselemente des hier abgebildeten Gerätes.

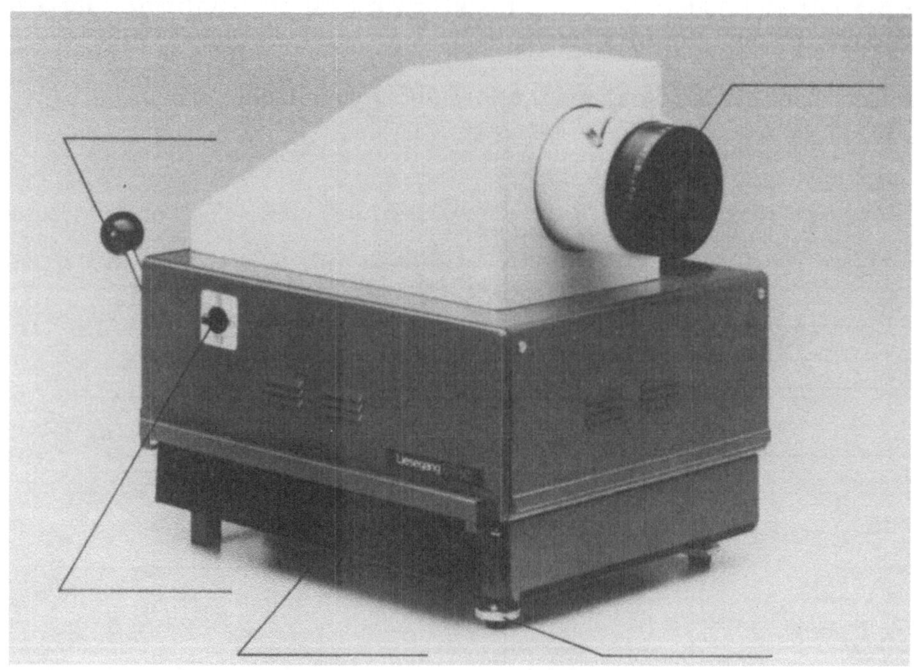

Abb. 116

7 ÜBUNGEN ZUM KAPITEL 3 - AUDITIVE MEDIEN

7.1 Forderungen und Maßnahmen zum Einsatz von auditiven Geräten

7.1.1. Wie lange soll die Nachhallzeit betragen
im normalen Klassenzimmer:
im Musikzimmer:
bei Tonband- und Schallplattenwiedergabe:

7.1.2. In welcher Höhe sollen in einem Klassenraum die Lautsprecher angebracht sein?

7.1.3. Zeichnen Sie die Positionen für zwei Lautsprecher einer stereophonen Anlage!

7.1.4. Geben Sie an, wovon die Tonqualität eines auditiven Gerätes abhängt!

7.1.5. Worauf haben Sie zu achten, wenn Sie ein Gerät aufstellen und in Betrieb setzen?

7.1.6. Stellen Sie an verschiedenen auditiven Geräten fest:

Bezeichnung:

Betriebsspannung:.....V, ...Hz

Masse: ca. .....kg (Lautsprecher: ca. .....kg)

Drehzahlen: .....upM / Bandgeschwindigkeit(en) .....

Abtastsystem: ..... / Frequenzbereiche: .....

Ausgangsleistung der Endstufe: .....W

Hersteller:

Servicestellen:

Beachten Sie: Nicht jede der hier angeführten Angaben ist bei jedem der verschiedenen Geräte erhebbar (warum?)

7.2 Die wichtigsten auditiven Medien

7.2.1 Zur mechanischen auditiven Speicherung

7.2.1.1. Listen Sie auf, mit welchen Schallträgern Sie in Ihrer Lehrpraxis zu tun haben (werden)!

mechanische	magnetische	optische
....	....	....
....	....	....

7.2.1.2. Vergleichen Sie anhand des Angebotes entsprechende Reinigungsmethoden für Schallplatten!

7.2.1.3. Reinigen Sie eine Schallplatte!

7.2.1.4. Wenn Sie unter Plattenspielern zu wählen hätten, welche würden Sie - im Hinblick auf die Praxis des Schulbetriebes -bevorzugen?

Standgerät - transportables Gerät

zwei Lautsprecher - ein Lautsprecher

Reibradantrieb - Riemenantrieb - elektronisch gesteuerter Direktantrieb

Absenkvorrichtung (Lift) - Arbeitsautomatik

Mono - Stereo

Unterstreichen Sie und geben Sie Begründungen für Ihre Auswahl!

7.2.1.5. Verändern Sie die Umdehungszahl beim Abspielen einer Platte! Wie ändert sich der Klang?

7.2.1.6. Was ist Direktantrieb?

7.2.1.7. Was bewirkt eine Anti-Skating-Einrichtung?

7.2.1.8. Entnehmen Sie der Bedienungsanleitung die Empfehlungen über die Auflegekraft und überprüfen Sie das Gerät, mit dem Sie eben arbeiten!

7.2.1.9. Wie erfolgt richtig die Einstellung der Tonarmbalance?

7.2.1.10. Wie überprüfen Sie die Sollgeschwindigkeit eines Plattenspielers?

7.2.1.11. Nach wievielen Laufstunden empfehlen sich bei einem Plattenspieler

die Überprüfung des Abtaststiftes (der Nadel): .....
ein Service des Gerätes: .....

7.2.1.12. Geben Sie an, wie Sie vorgehen, wenn Sie eine Schallplatte mit dem Durchmesser 17 cm abspielen wollen. Notieren Sie in Schlagworten und fertigen Sie, wenn möglich, eine Skizze an!

7.2.1.13. Sie benützen einen tragbaren Stereoplattenspieler mit zwei Außenlautsprechern. Notieren Sie die wichtigsten Hantierungen von der Entnahme aus der Lagerung bis zur spielfertigen Aufstellung des Gerätes in der Klasse! Was müssen Sie beim Transport besonders beachten?

7.2.1.14. Nennen Sie besondere Maßnahmen zur Wartung Ihres Gerätes!

7.2.1.15. Reinigen Sie das Abtastsystem eines Plattenspielers!

7.2.1.16. Was tun, wenn . . .

Störung: keine Wiedergabe
Mögliche Ursache: ....
Beseitigung: ....

Störung: Motor läuft nicht
Mögliche Ursache: ....
Beseitigung: ....

Störung: Tonarm bewegt sich nicht vorwärts, überspringt Rillen
Mögliche Ursache: ....
Beseitigung: ....

7.2.2 Zur magnetischen auditiven Speicherung

7.2.2.1. Was sollten Sie zweckmäßigerweise tun, bevor Sie eine Kassette einlegen?

7.2.2.2. Vergleichen Sie das Angebot an Kassetten. Diskutieren Sie Vor- und Nachteile bestimmter Fabrikate (Preis - Qualität - Verwendungszweck)

7.2.2.3. Worin unterscheiden sich eine Normalkassette, eine CrO -, eine FeCr- und eine Reineisenkassette voneinander?

7.2.2.4. Vergleichen Sie Schallplatte und Tonkassette hinsichtlich ihrer Abnützung und ihrer Einsetzbarkeit im Unterricht!

7.2.2.5. Sprechen Sie über die günstigste Art (die für Ihren Zweck angemessenste) der Katalogisierung und Archivierung von Schallplatten, Kassetten und Tonbändern!

7.2.2.6. Welche Lagerbedingungen für Schallplatten halten Sie für zweckmäßig?

7.2.2.7. Was bedeutet: Internationaler Standard für Tonbänder ist 9,5cm/sec, Halbspur?

7.2.2.8. Nennen Sie die wichtigsten sichtbaren Bedienungselemente eines Tonbandgerätes!

7.2.2.9. Was bedeuten folgende Aufschriften und Bezeichnungen?

Eject ....
Rewind (FR) ....
Wind/FF/ ....
Start/Play ....
Cue ....
Rec(ording) ....
Rec(Level) ....
Mic ....
Stop ....

Treble ....
Pause ....
Tape Select ....
Balance ....
Volume ....
Tone ....
Headphones....................

7.2.2.10. Zeichnen Sie auf, welche Ein- und Ausgänge Ihr Gerät besitzt!

7.2.2.11. Beantworten Sie (Bedienungsanleitung!) folgende Fragen:

Können Sie an Ihrem Gerät

einen Zusatzlautsprecher anschließen:	....
auf ein anderes Gerät überspielen:	....
von einem anderen Gerät überspielen:	....
Welche Kabel benötigen Sie dazu:	....

7.2.2.12. Welche Geschwindigkeiten können Sie auf Ihrem Gerät spielen:

Welches Spurverfahren liegt vor:

7.2.2.13. Erklären Sie Aufbau und Funktion eines Tonbandgerätes an Hand des Blockschaltbildes! Setzen Sie die Ziffern ein!

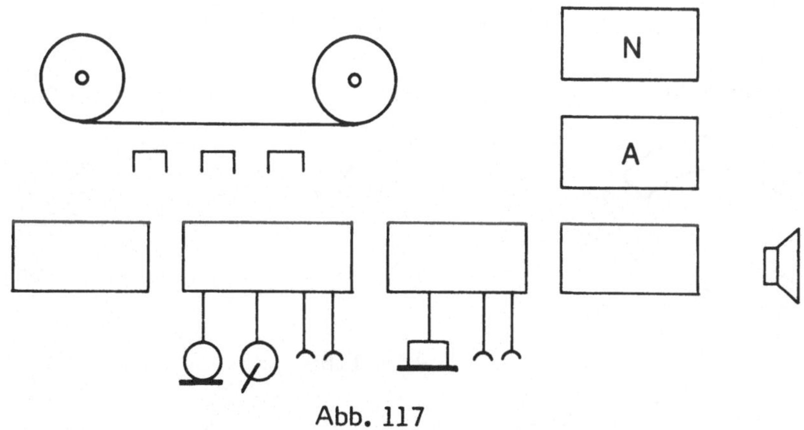

Abb. 117

1 Vorratsspule	2 Aufwickelspule	3 Löschkopf
4 Tonkopf*	5 Wiedergabekopf*	6 Löschoszillator
7 Aufsprechverstärker	8 Mikrofoneingang	9 Tonabnehmer
10 Radioaufnahme	11 Wiedergabeverstärker	12 Mithören
13 Radiowiedergabe	14 Endverstärker	15 Lautsprecher

N........ A........

* 4 + 5 auch als Kombikopf

7.2.2.14. Verändern Sie die Laufgeschwindigkeit! Wie ändert sich der Klang?

7.2.2.15. Schreiben Sie der Reihe nach auf, was Sie tun, wenn Sie eine Kassette abspielen bzw. eine Aufnahme machen!

7.2.2.16. Nehmen Sie Geräusche, Sprache und Musik aus verschiedenen Rundfunksendungen auf und mischen Sie sie zu einem Klangbild oder zu einer Hörszene mit einem bestimmten Thema (z. B. Auf der Straße, Fieberfantasie u. ä.)!

7.2.2.17. Erzeugen Sie mit Hilfe Ihrer Stimme, von Papier, Holz, Wasser, Gläsern, Metallgegenständen verschiedene Geräusche. Experimentieren Sie - wenn möglich - mit Mischungen (Mischpult)!

7.2.2.18. Diskutieren Sie die Vor- und Nachteile der mehrmaligen Aufzeichnung desselben Musikbeispiels auf einem "Arbeitsband"!

7.2.2.19. Zeichnen Sie auf der Skizze des Aufnahmepegels die folgenden Einstellungen ein:

Abb. 118

7.2.2.20. Vergleichen Sie Spulentonbandgerät mit Kassettenrekorder:

	Tonbandgerät	Kassettenrekorder
Gewicht	....	....
Aufnahmequalität	....	....
Bedienung	....	....
Wartung	....	....
Kosten	....	....

7.2.2.21. Wo befindet sich die Schichtseite?

bei einem Tonband: ....

bei einer Tonkassette: ....

7.2.2.22. Überspielen Sie eine Hörstrecke von etwa 3 Minuten auf Kassettenrekorder

- von einem Rundfunkgerät
- von einem Spulen-Tonbandgerät
- von einem anderen Kassettenrekorder
- von einem Plattenspieler
- über ein Mikrofon!

7.2.2.23. Reinigen Sie Tonköpfe und Bandführung nach Bedienungsanleitung!

7.2.2.24. Löschen Sie eine Bandaufzeichnung!

7.2.2.25. Überspielen Sie (für Privatzwecke) von Ihrer Platte zwei Stücke auf eine C 60! Notieren Sie die Zeit auf das Einlageblatt des Behälters!

7.2.2.26. Eine C 90 läuft bis "900". Sie haben ein Band zum Teil bespielt und den Zählerstand vergessen. Wie ermitteln Sie ihn auf einfache Weise?

7.2.2.27. Eine C 60 läuft auf dem Gerät A bis 460, auf dem Gerät B bis 490. Zeichnen Sie für das Gerät A eine entsprechende Kurve, schneiden Sie sie aus und legen Sie sie auf den neuen Endpunkt 490. Lesen Sie nun den Zeitablauf ab, er wird annähernd korrekt wiedergegeben sein. Bedienen Sie sich eines Rasters (Millimeterpapier)!

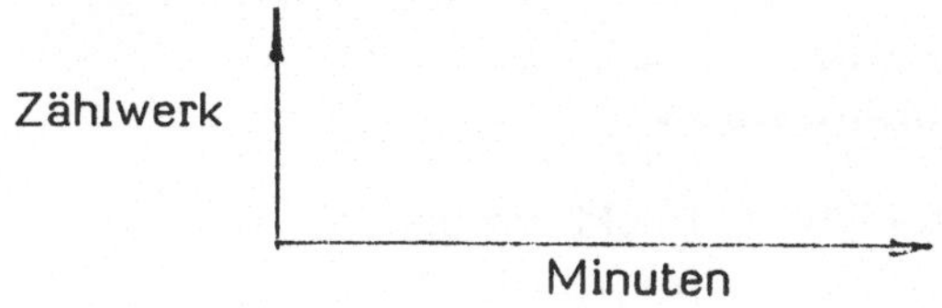

Zählwerk

Minuten

7.2.2.28. Das Zählwerk auf dem Gerät B steht auf "400". Sie wollen ein Stück überspielen, das 2,35 Minuten dauert. Reicht das Band noch?

7.2.2.29. Sie bedienen sich der noch besseren Methode und notieren alle überspielten Stücke nach ihrer Länge in Minuten und Sekunden. Auf allen Geräten, mit denen Sie arbeiten, bringen Sie eine Tabelle oder eine Kurve an, aus der das Verhältnis zwischen Zeitablauf und Zählwerk hervorgeht. Führen Sie das an einem Beispiel aus!

7.2.2.30. Wie überprüfen Sie die Sollgeschwindigkeit eines Tonbandgerätes?

7.2.2.31. Was bewirkt Schmutz auf den Tonköpfen und Bandführung?

7.2.2.32. Nach wievielen Laufstunden empfehlen sich

die Reinigung von Bandführung, Köpfen, Tonrolle, Andruckrolle:
ein Generalservice:

7.2.2.33. Was tun, wenn ..... (Tonbandgerät / Spule)

Störung: Band läuft nicht
Mögliche Ursache: ....
Behebung: ....

Störung: Bei Wiedergabe kein Ton
Mögliche Ursache: ....
Behebung: ....

7.2.2.34. Was tun, wenn ..... (Kassettenrekorder)

Störung: Aufnahmetaste kann nicht gerückt werden
Mögliche Ursache: ....
Behebung: ....

Störung: Wiedergabe, Rücklauf-Schnellvorlauftaste kann nicht gedrückt werden
Mögliche Ursache: ....
Behebung: ....

Störung: Kassettenauswurftaste kann nicht gedrückt werden
Mögliche Ursache: ....
Behebung: ....

Störung: Band bewegt sich nicht
Mögliche Ursache: ....
Behebung: ....

Störung: automatischer Abschaltmechanismus arbeitet unmittelbar, nachdem Aufnahme- oder Wiedergabetaste gedrückt wird
Mögliche Ursache: ....
Behebung: ....

Störung: Automat. Abschaltmechanismus arbeitet vor dem Bandende
Mögliche Ursache: ....
Behebung: ....

Störung: Lautes Bandlaufgeräusch bei Rückspulen oder Schnellvorlauf
Mögliche Ursache: ....
Behebung: ....

Störung: Aufnahme oder Wiedergabe ist nicht möglich bzw. Lautstärke nimmt ab
Mögliche Ursache: ....
Behebung: ....

Störung: Starke Gleichlaufschwankungen, Klanglöcher (drop outs)
Mögliche Ursache: ....
Behebung: ....

Störung: Zunehmendes Rauschen oder Löschen der hohen Frequenzen
Mögliche Ursache: ....
Behebung: ....

Störung: Ungenügendes Löschen
Mögliche Ursache: ....
Behebung: ....

Störung: Unausgeglichene Klangwiedergabe in höheren Frequenzen
Mögliche Ursache: ....
Behebung: ....

Störung: Heulen oder Brummen
Mögliche Ursache: ....
Behebung: ....

7.3 Zu einigen wichtigen Gliedern elektroakustischer Einrichtungen

7.3.1. Sie verwenden ein hochohmiges Mikrofon. Der Verstärkereingang ist niederohmig. Können Sie gefahrlos anschließen? Begründen Sie!

7.3.2. Nennen Sie verschiedene Arten von Lautsprechern!

7.3.3. Zählen Sie verschiedene Mikrofontypen auf. Unterscheiden Sie nach der Charakteristik (Wirkweise) und skizzieren Sie diese schematisch!

Worin unterscheiden Sie sich voneinander?

7.3.4. Was versteht man unter

Einwegboxen: ....

Mehrwegboxen: ....

7.3.5. Erklären Sie die Funktionen von Vorverstärker und Endverstärker!

7.3.6. In einem Angebot finden Sie den Ausdruck "Vollverstärker". Was könnte damit gemeint sein?

7.3.7. Was müssen Sie bezüglich der Anpassung an die Ausgänge der Endstufen von Verstärkern beachten?

7.3.8. Die Überspielung einer Rundfunksendung ist über Mikrofon oder über Diodenkabel möglich. Was ziehen Sie vor und warum?

7.3.9. Welche Sicherheitsvorkehrungen sind bei der Verwendung von Kabeln angebracht?

7.3.10. Was tun, wenn ....

Störung: Keine Netzspannung
Mögliche Ursache: ....
Beseitigung: ....

Störung: Heulen oder Brummen bei der Aufnahme
Mögliche Ursache: ....
Beseitigung: ....

Störung: Flüssigkeit oder Fremdkörper ist ins Gerät gelangt
Beseitigung: ....

Störung: Von einem Kanal kommt kein Ton
Mögliche Ursache: ....
Behebung: ....

7.3.11. Zeichnen Sie die Anschlüsse dieser Stereoanlage!

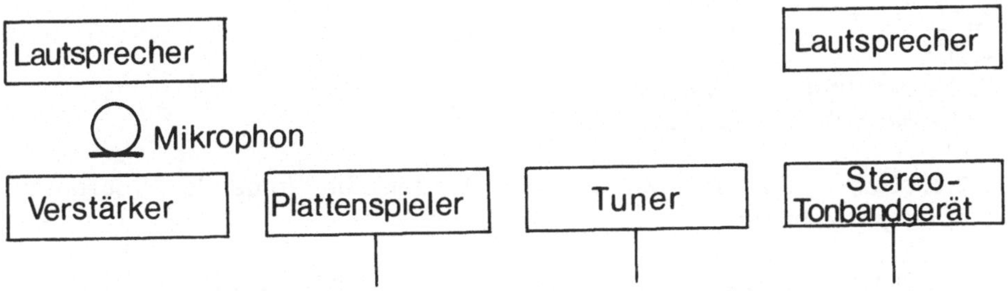

Abb. 119

7.3.12. Was ist eine Kompaktanlage?

7.3.13. Was bedeuten die Bezeichnungen

Receiver: ....
Casseiver: ....
Steuergerät: ....

7.3.14. Was bedeutet Kompatibilität im Hinblick auf UKW-Stereorundfunk, Stereoschallplatte und Stereo-Kassettenrekorder?

7.4 Zum Schulfunk

7.4.1. Zeichnen Sie die Bedienungselemente jenes Tuners auf, der Ihnen zur Verfügung steht. Verwenden Sie dabei Ziffern!

1) Netzschalter (POWER)
2) Signalanzeige
3) ....
4) ....
5) ....
6) ....
7) ....

7.4.2. Was bedeuten:

Muting: ....
Tuning: ....
AFC: ....
ALC: ....
AM - Bereich: ....
FM - Bereich: ....

7.4.3. Geben Sie an, auf welchen Wellen Sie folgende Programme empfangen können:

Ö 1 : MW .... UKW ....
Ö R : MW .... UKW ....
O 3 : MW .... UKW ....

Erläutern Sie die Bedienungsschritte, die Sie vornehmen, um auf einem Rundfunkgerät eine Schulfunksendung auf UKW wiederzugeben!

7.4.4. Ein tragbarer Radioapparat enthält außer den Elementen eines Tuners weitere Funktionsteile. Nennen Sie diese!

7.4.5. Vergleichen Sie einen tragbaren Radiokassettenrekorder mit einem tragbaren Rundfunkgerät im Hinblick auf die Praxis des Schulbetriebes!

7.4.6. Was tun, wenn ....

Störung: Kein Ton
Mögliche Ursache: ....
Behebung: ....

Störung: Brummen oder Rauschen
Mögliche Ursache: ....
Behebung: ....

Störung: Elektrostatische Aufladung
Mögliche Ursache: ....
Behebung: ....

Störung: Zündfunken
Mögliche Ursache: ....
Behebung: ....

7.4.7. Diskutieren Sie die beiden Übermittlungsformen: Direktabspielung aus dem Programm oder Bandaufzeichnung!

ÜBUNGEN ZUM KAPITEL 4 - AUDIOVISUELLE MEDIEN

8.1 Zur Filmprojektion

8.1.1 Benennen Sie die Bedienungselemente des hier abgebildeten Filmprojektors!

Abb. 120

8.1.2 Notieren Sie die Bedienungsschritte des Filmprojektors, mit dem Sie arbeiten!

8.1.3 Legen Sie einen Film ein und projizieren Sie diesen (Stumm- und Tonfilme verschiedener Formate). Lesen Sie aber zuvor die Bedienungsanleitung genau durch!

8.1.4 Nennen Sie Besonderheiten (Spezialeinrichtungen) bei Filmprojektoren und führen Sie auch alle Anschlußmöglichkeiten an!

8.1.5 Überlegen Sie die Einsatzmöglichkeiten der Filmprojektion und Führen Sie auch Unterschiede (Vor- und Nachteile) zur Diaprojektion an!

	Vorteil	Nachteil
Filmprojektion		
Diaprojektion		

8.1.6 Beschreiben Sie mit einigen Stichworten, wie Sie eine Filmprojektion vorbereiten!

8.1.7 Wo und wie können Sie sich Filme beschaffen?

8.1.8 Diskutieren Sie Vor- und Nachteile verschiedener Gerätetypen (z. B. 16mm-, S-8-, Stummfilm-, Tonfilm)!

Gerät	Vorteil	Nachteil
S-8		
16mm		

8.1.9 Was tun, wenn ...?

Geben Sie mögliche Ursachen für die angeführte Störung an und beschreiben Sie, wie die Störung beseitigt werden kann!

Störung: Lampe bleibt dunkel, Motor läuft nicht
Mögliche Ursache: ....
Beseitigung: ....

Störung: Lampe bleibt dunkel, Motor läuft an
Mögliche Ursache: ....
Beseitigung: ....

Störung: Motor läuft, Film wird nicht transportiert
Mögliche Ursache: ....
Beseitigung: ....

Störung: Bildstrich im projizierten Bild
Mögliche Ursache: ....
Beseitigung: ....

Störung: Film fädelt sich trotz Automatik nicht ein
Mögliche Ursache: ....
Beseitigung: ....

Störung: Trotz Tonfilm keine Tonwiedergabe
Mögliche Ursache: ....
Beseitigung: ....

Störung: Bild erscheint an der Projektionswand auf den Kopf gestellt
Mögliche Ursache: ....
Beseitigung: ....

Störung: Bild "steht" nicht bei der Projektion
Mögliche Ursache: ....
Beseitigung: ....

Störung: Projektionsbildränder unregelmäßig ausgefranst
Mögliche Ursache: ....
Beseitigung: ....

Störung: Film läuft zu rasch ab
Mögliche Ursache: ....
Beseitigung: ....

Weitere Störmöglichkeiten: ....
....
....
....

8.1.10 Nehmen Sie den Ihnen zur Verfügung stehenden Filmprojektor und

- Führen Sie einen Projektionslampenwechsel durch!
- Reinigen Sie das Bildfenster!
- Üben Sie das Filmeinlegen!
- Spulen sie einen Film zurück!
- Schließen Sie einen externen Lautsprecher an!
- Probieren Sie die Stillstandprojektion aus!
- Erkundigen Sie sich nach Art und Type der Ersatzlampen (Projektionslampe und Lampe der Lichtoptik)!
- Wo finden Sie die nächste Kundendienststelle?

8.2 Zum Bildungsfernsehen

8.2.1 Der Unterschied Filmprojektion - "Fernsehen" wird bei den Einsatzbedingungen besonders deutlich. Nennen Sie die besonderen Einsatzbedingungen für das "Fernsehen"!

8.2.2 Benennen Sie die Bedienungsschritte des Videorekorders, mit dem Sie arbeiten!

8.2.3 Legen Sie ein Band (eine Kassette) auf (ein) und spielen Sie dieses (diese) ab!

8.2.4 Schließen Sie eine TV-Kamera an den Videorekorder an und machen Sie eine Probeaufnahme (Aufzeichnung) und kontrollieren Sie anschließend die Wiedergabe!

8.2.5 Nennen Sie Spezialeinrichtungen (Besonderheiten) bei Videorekordern und führen Sie auch alle Anschlußmöglichkeiten an (Skizze)!

8.2.6 Überlegen Sie die Einsatzmöglichkeiten des "Fernsehens" und führen Sie auch Unterschiede (Vor- und Nachteile) zur Filmprojektion an!

	Vorteil	Nachteil
"Fernsehen" (Video)		
Filmprojektion		

8.2.7 Beschreiben Sie mit einigen Stichworten, wie Sie "Fernsehen" vorbereiten!

8.2.8 Wo und wie können Sie sich Videobänder bzw. Videokassetten (bespielt) beschaffen?

8.2.9 Diskutieren Sie Vor- und Nachteile verschiedener Gerätetypen, z. B. VCR, VHS, BETA, Video 2000 und listen Sie diese auf!

8.2.10 Was tun, wenn ...?

Geben Sie mögliche Ursachen für die angeführten Störungen an und beschreiben Sie, wie diese beseitigt werden können!

Videorekorder mit offener Spule

Störung: Kontrollampe leuchtet nicht auf
Mögliche Ursache: ....
Beseitigung: ....

Störung: "Bild" flimmert, Ton in Ordnung
Mögliche Ursache: ....
Beseitigung: ....

Störung: TV-Kamera zeigt Bild, Rekorder zeichnet nicht auf
Mögliche Ursache: ....
Beseitigung: ....

Tragbarer Rekorder

Störung: Band läuft nicht, kein Bild
Mögliche Ursache: ....
Beseitigung: ....

Störung: Bild flimmert im Kamerasucher
Mögliche Ursache: ....
Beseitigung: ....

Störung: Kamera zeigt Bild, Rekorder zeichnet nicht auf
Mögliche Ursache: ....
Beseitigung: ....

Videokassettenrekorder

Störung: Kontrollampe leuchtet nicht auf
Mögliche Ursache: ....
Beseitigung: ....

Für weitere Störungen beim Videokassettenrekorder - Bedienungsanleitung des jeweiligen Gerätes genau lesen!

Keine sonstigen Störungen zu beheben versuchen! Konsultieren Sie die Servicestelle (Firmenvertretung)!

8.2.11 Legen Sie ein Band in einen Videorekorder mit offener Spule ein, schließen Sie eine Kamera (und evtl. auch ein externes Mikrofon) an und machen Sie eine Probeaufnahme. Bedienen Sie auch (nach Anleitung) die Kamera und die Schaltknöpfe am Aufzeichnungsgerät. Sehen Sie sich Ihre Ergebnisse am FS-Monitor an!

8.2.12 Legen Sie eine Videokassette in den Videokassettenrekorder ein und machen Sie eine Probeaufnahme (vom FS-Programm und, wenn vorhanden, auch mit einer Videokamera). Bedienen Sie auch (nach Anleitung) die Kamera und die Schaltknöpfe bzw. Tasten am Videokassettenrekorder (z. B. Vorprogrammierung, Speicherung, Zeitraffer, Zeitlupe ...)!

ANTWORTEN AUF DIE KONTROLLFRAGEN

Ihre Antworten sollten sinngemäß etwa folgendermaßen lauten:

K 1 Übliche Sicherungen bestehen aus einer Schraubkappe, einem Paßeinsatz, dem Sicherungssockel sowie dem eigentlichen Schmelzeinsatz - der sog. Patrone. Durch die Mitte der Patrone führt ein mit Sand gefüllter Kanal. In diesem liegt der eigentliche Schmelzdraht. Wenn dieser durchbrennt, kann der elektrische Strom keinen Schaden mehr anrichten, der Stromkreis wird unterbrochen. An der Oberkappe der Patrone befindet sich ein farbiger sog. Kennmelder, der die Betriebsbereitschaft der Sicherung anzeigt. Schmilzt die Sicherung durch, so schmilzt auch der dünne Haltedraht, der zum Kennmelder führt. Dieser wird dann durch eine Feder abgestoßen (Abb. 121).

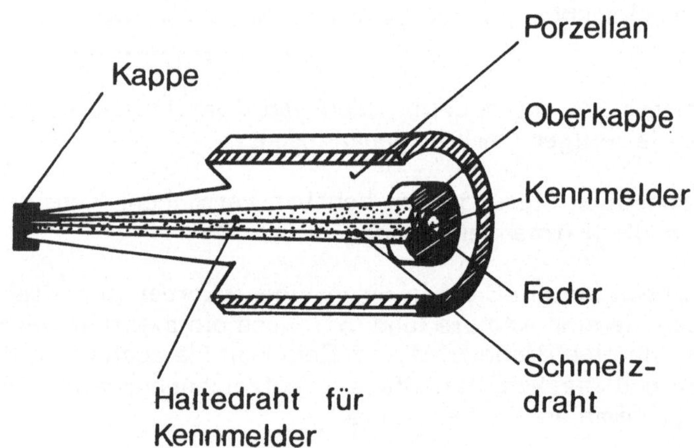

Abb. 121

Um diese hier stark verkürzten Sachverhalte im Unterricht verständlich und anschaulich erklären zu können, würden sich aus den bisher erwähnten Medien folgende zur Unterstützung Ihrer verbalen Erklärung anbieten:

- **Die Sicherung selbst.**
Die Schüler sehen, wie der reale Gegenstand aussieht, seine originale Größe, sein Material, usw. Sie werden sich an ähnliche Sicherungen im eigenen Haushalt erinnern - der Praxisbezug und damit auch eine Motivierung etc. sind gegeben.

- **Ein Wandbild.**
Nachdem in unserem Fall aus dem eigentlichen Objekt, d.i. der Sicherung, ihre Wirkungsweise nicht ersichtlich ist (wichtige Funktionselemente, wie z.B. der Schmelzdraht sind ja von außen nicht sichtbar), genügt die Darstellung des alleinigen realen Gegenstandes nicht. Ein genügend großes, für alle Schüler gut sichtbares Bild zeigt die Einzelteile der Patrone (s. Abb. 121).

- **Ein Modell** der Sicherung
kann die Veranschaulichung weiterführen. Ein großes Modell der Patrone, z. B. aus Holz, Draht etc., veranschaulicht räumlich und ergänzt gemeinsam mit dem Wandbild sinnvoll Ihre verbale Erklärung.

- **Das Schulbuch**
mit anschaulichen, farbigen Abbildungen und weiteren Unterlagen (Mitschrift) bildet eine wichtige Hilfe bei der Heimarbeit der Lernenden.

K 2 Durch die äußere Gliederung von Texten wird der Aufbau der Information sichtbar gemacht. Zur Gliederung tragen bei:

- Absätze
- Gliedernde Vor- und Zwischenbemerkungen (Vorspann)
- Unterstreichungen
- Hervorhebungen durch andere Schrifttypen
- Balken, Rahmen
- Unterlegung von Textteilen mit farbigen Flächen etc.

K 3 Vervielfältigungsverfahren können u. a. dadurch unterschieden werden, ob Kopien direkt von einer Vorlage erstellt werden können, oder ob ein spezieller Druckträger erforderlich ist.

Mit Druckträgern arbeitet z. B. das Umdruckverfahren. Bei diesem wird die Farbe auf den Druckträger gebracht und danach mit Hilfe eines flüssigen Lösungsmittels auf das zu bedruckende Papier übertragen.

Mit Druckträgern arbeiten auch Schablonenverfahren sowie das Offsetverfahren.

K 4 Overheadtransparente können z. B. mit Hilfe folgender Vervielfältigungsverfahren erstellt werden:

- Thermokopierverfahren
- Lichtpausverfahren
- Elektrostatisches Verfahren

K 5 Aus der Abb. 22 ergibt sich für weiße Schrift auf dunklem Grund und eine größte Entfernung Schüler -Tafel von etwa 9m folgendes: Um eine gute Lesbarkeit Ihres Tafelanschriebes zu sichern, sollen Sie eine Schrifthöhe von mindestens 6cm einhalten.

Überschriften, wichtigere Begriffe u. ä. sollten Sie wegen der besseren Übersichtlichkeit evtl. durch noch größere Beschriftung, durch Unterstreichungen, durch farbiges Hervorheben o.ä. weiter verdeutlichen.

K 6 Die Vergleichsprojektion besteht darin, daß man mehrere, vom Lehrinhalt her miteinander verknüpfte bildliche Darstellungen gleichzeitig nebeneinander darbietet. Dem Lernenden wird dadurch die Möglichkeit zu einer vergleichenden Betrachtung eröffnet.
Die Vergleichsprojektion gestattet es, z.B. **Gesamt-** und **Teildarstellung** nebeneinander zu projizieren. (Gebäude und Detail der Eingangs-

tür, der historischen Fenster, Verzierungen u.ä. Gesamtansicht einer Windmühle - Vergrößerte Darstellung des Innenraumes - Darstellung des Mahlwerkes usw.)

Sinnvoll erscheint die Projektion **gegensätzlicher** Darstellungen, wie z.B. giftig und genießbar (bei Pilzen), Prinzip und Beispiel, Vor- und Nachher, Alt und Neu.

Anschaulich darstellen kann man z.B. eine Straßenkreuzung in der Vogelperspektive (Luftbildaufnahme) und gleichzeitig im Kartenbild, die richtige und falsche Gestaltung eines technischen Gerätes u.a.

K 7 Um auch für die Schüler auf den hintersten Plätzen Ihres Klassenzimmers gute Sichtbedingungen zu garantieren, sollte die Breite der projizierten Bilder etwa 1,5m betragen.

Die Berechnung ist sehr einfach: aus der zugrundeliegenden Gleichung für die hintere Begrenzung des Sichtbereiches, d.i. $D_{max} = 6b$, ergibt sich

$$b = \frac{D_{max}}{6} = \frac{9}{6} = 1{,}5 \text{ m}$$

K 8 Aus der Gleichung für die vordere Begrenzung des Sichtbereiches bei der optischen Projektion von Steh- und Laufbildern auf eine ebene Projektionsfläche ergibt sich für unser Beispiel

$$D_{min} = 2\,b = 2 \cdot 1{,}5 = 3 \text{ m}$$

K 9 Bei kleinen Entfernungen Zuschauer - Bild sind auch kleinste Bilddetails gut erkennbar. Je größer der Abstand der Zuschauer von der Bildfläche ist, desto schlechter sind kleine Bildteile zu erkennen. Um Bilddetails gut zu sehen, dürfen wir uns also nicht zu weit von der Projektionsfläche entfernen.

K 10 Die minimale Strichdicke können Sie am einfachsten direkt aus unserer Tabelle auf S. 45 entnehmen. Auch die Berechnung ist einfach: aus der Bedingung für die minimale Strichdicke d = 2‰ b ergibt sich für unser Beispiel d = 2‰ von 30cm, d.i. 0,6 mm.

K 11 Aus unserer Näherungsgleichung

$$\frac{b}{b'} = \frac{p}{f}$$

ergibt sich mit den Werten unseres Beispieles für den gesuchten Projektionsabstand

$$p = \frac{b}{b'} f = \frac{1500}{5{,}4} \cdot 25 \doteq 7\,000 \text{ mm} \doteq 7 \text{ m}$$

Sie müssen also den vorhandenen S-8 Filmprojektor etwa 7m vor der Projektionsfläche aufstellen.

K 12 A) **Erstellen der Vorlage**

Entweder erstellen Sie die Vorlage selbst, d.i. Sie zeichnen auf einem Zeichenblatt unter Berücksichtigung aller bildseitigen Forderungen (Abschnitt 2.8.2) Ihre persönliche Darstellung, oder Sie entnehmen die Vorlage einem Buch, Prospekt o.ä.

B) **Fotografieren der Vorlage**
Das Fotografieren mit den heutigen modernen Kameras ist einfach. Die Filmkassette wird in die Kamera eingelegt, der Filmtransport betätigt, die Schärfe und Belichtung eingestellt, die Vorlage anvisiert und die Kamera ausgelöst. Erleichtert wird das Fotografieren durch die Verwendung spezieller Geräte, z.B. des sog. Kodak Ektagraphic Visualmakers. Hier wird eine Fotokamera auf einem speziellen Gestell befestigt und dann genügt es, den Blitzwürfel aufzustecken und auszulösen. Die Entfernungseinstellung entfällt, da die entsprechende Linse für die durch das Gestell gegebene Entfernung fix eingebaut ist - auch die richtige Belichtung ist durch die Anordnung des Blitzwürfels und eines Reflektors im Gestell automatisch gegeben.

C) **Entwicklung des belichteten Filmes**
Die belichteten Filme kann man entweder selbst entwickeln oder (was viel einfacher ist) über jeden Fotohändler entwickeln lassen. Sie erhalten so unmittelbar Ihre Dias.

D) **Rahmen der Dias**
Vom Fotohändler erhalten Sie in der Regel einen Filmstreifen, auf dem alle von Ihnen aufgenommenen Bilder aneinanderkopiert sind. Diesen Filmstreifen zerschneiden Sie in Einzelbilder und legen diese in Diarahmen ein. Die Diarahmen können Sie gleichfalls bei jedem Fotohändler kaufen - auf Ihren Wunsch wird Ihnen der Händler die einzelnen Dias auch selbst rahmen. Für die Praxis ist eine einheitliche Rahmung zu empfehlen. Die Projektion der Dias wird dadurch vereinfacht.

K 13 A) **Auswahl der Dias**
Bei der Unterrichtsvorbereitung sollten Sie vorerst aus den vorhandenen Dias eine Auswahl treffen. (Entsprechen die Dias den Lehrzielen? Entsprechen die Dias den Adressaten? Ist die Darstellung der visuellen

Lehrinhalte sachlich richtig? Korrespondieren die Bilder mit dem Lehrbuch? Sind die Dias in der technischen Ausführung zufriedenstellend -Gesamtanordnung, Strichdicke, etc.? Anschließend ist die richtige Reihenfolge der Dias festzulegen.

B) **Technisch-organisatorische Vorbereitung**
Die technische Seite der Bildprojektion muß beim eigentlichen Unterricht ganz unauffällig, nebensächlich und schnell ablaufen. Es muß vor Unterrichtsbeginn dafür gesorgt werden, daß der Projektor, die Projektionsfläche sowie das Gestühl richtig angeordnet sind, (s. Abschnitt 2.8.1 und 2.8.3), daß die Verdunkelung wirksam ist etc.

C) **Eigentliche Vorführung**
Den Schülern genügend Zeit lassen, um das Bild deutlich zu erfassen, erst danach die visuelle Information verbal ergänzen. Bilder nur dann und solange projizieren, solange der visuelle Lehrinhalt erarbeitet wird etc.

D) **Nachbereitung**
Meistens ist eine Nachbereitung des Themas in Form eines Gespräches oder einer schriftlichen Arbeit sinnvoll.

K 14 A) **Kauf fertiger Transparente**
Vorteilhaft ist der geringere Zeitaufwand für den Lehrer und bei sorgfältiger Auswahl der Transparente deren üblicherweise technisch einwandfreie Realisierung. Von Nachteil ist manchmal der beträchtliche finanzielle Aufwand sowie eine gewisse methodische Einengung des Lehrenden.

B) **Kopie aus Büchern, Prospekten etc.**
Vorteilhaft ist der meist geringe Zeitaufwand für den Lehrer. Von Nachteil ist, daß nur wenige Vorlagen aus Büchern, Prospekten etc. den Projektionsbedingungen entsprechen. Insb. ist bei der Projektion von

Buchabbildungen häufig die Beschriftung schlecht lesbar, usw.

C) **Selbstanfertigung von Transparenten**
Vorteilhaft ist, daß das Transparent in jeder Hinsicht den Vorstellungen des Lehrenden entspricht. Nachteilig können sich grafische Mängel bemerkbar machen; von Nachteil ist auch der erforderliche große Zeitaufwand (dieser macht sich aber bei wiederholter Benützung der Transparente bald bezahlt).

K 15

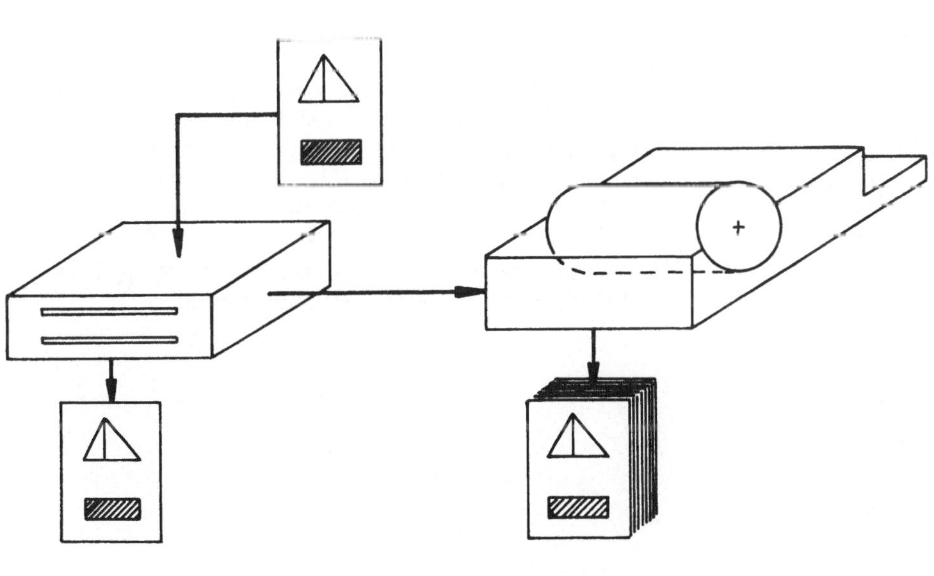

Abb. 122

K 16 Das Mehrfachtransparent könnte z.B. aus einer Grundfolie sowie zwei Überlegefolien bestehen, so wie sie in unserer Abb. 123 angedeutet sind. Auf der Grundfolie ist ein Dreieck mit eingezeichneter Höhe dargestellt. Der untere Teil des Dreiecks ist bis zu $\frac{h}{2}$ farbig abgedeckt (z.B. mit einer farbigen Selbstklebefolie). Die Überlegefolie Nr. 1 trägt die gleichfarbige Ergänzungsfläche für den oberen Teil des Dreiecks. Auf der Überlegefolie Nr. 2 ist eine Darstellung der Drehung beider gleichfarbiger Flächenteile um die Seitenmitten.

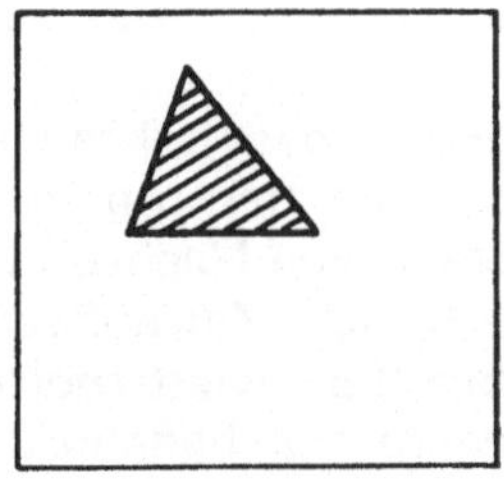

Folie 1

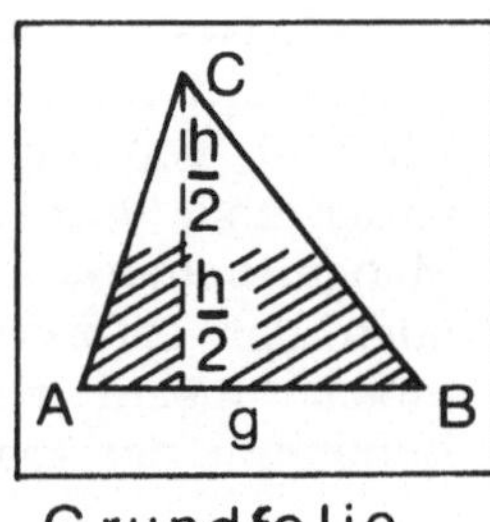

Grundfolie

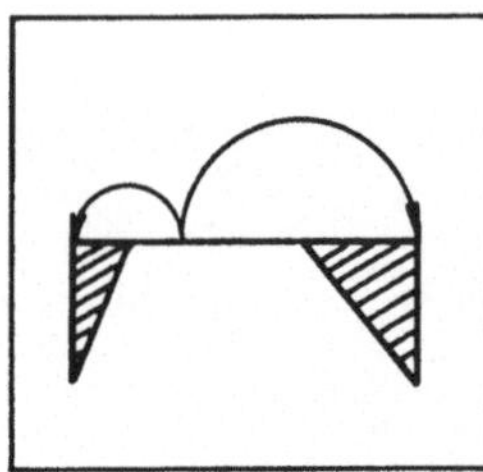

Folie 2

Abb. 123

Beim unterrichtlichen Einsatz werden vorerst die Grundfolie und die Überlegefolie Nr. 1 gleichzeitig dargeboten - sichtbar ist also ein komplettes farbiges Dreieck. Danach wird die Grundfolie gemeinsam mit der Überlegefolie Nr. 2 gezeigt. Sichtbar sind nun die Umrisse des ursprünglichen Dreiecks sowie ein farbiges Rechteck mit der Länge g und der Breite $\frac{h}{2}$. Es ergibt sich die gesuchte Flächenformel

$$A = \frac{g \cdot h}{2}$$

K 17 Diese Frage kann selbstverständlich nur im unmittelbaren Zusammenhang mit den einzelnen Fächern konkret beantwortet werden. Zur Illustration wollen wir hier einige Beispiele aus dem Fach "Physik" anführen.

Zum Thema "Elektrischer Stromkreis":

Veranschaulichung des elektrischen Stromes im Trickfilm in der Analogie mit einem Wasserstrom.

Zum Thema "Auftrieb":

Aufnahmen eines Experimentes mit Geräten, welche an der Schule nicht vorhanden sind -hier etwa die Strömung um ein Tragflächenprofil im Windkanal.

Zum Thema "Fernsehen":

Aufnahme eines gefährlichen Experimentes in Kombination mit Zeitlupenaufnahmen - hier etwa die Implosion einer Bildröhre etc.

K 18 Der Film wird im Projektor von der Abwickelspule ohne Unterbrechung, d. h. fortlaufend, stetig abgespult. Gleichermaßen wird der Film auch kontinuierlich auf die zweite Spule aufgewickelt. Durch das Bildfenster wird der Film aber mit dem Greifermechanismus ruckartig weiterbewegt. Der Übergang von der fließenden Bewegung des Films vor Erreichen des Bildfensters zur ruckweisen und danach wieder zur fließenden wird durch die Bildung von je einer Filmschlaufe vor und nach dem Bildfenster ermöglicht.

K 19

	DIA-PROJEKTION	OVERHEAD-PROJEKTION	EPI-PROJEKTION
ZUWENDUNG/ EINBEZUG DER ADRESSATEN	schwierig	leicht	schwierig
EIGENANFERTIGUNG	schwieriger	einfach	sehr einfach
RAUMVERDUNKELUNG	mindestens abdunkeln	nicht erforderlich	erforderlich

K 20

Kodierung \ Dauer	flüchtig ⟷		verweilend
REAL	Versuche	Modelle	Naturgegenstände
BILDLICH	Film	OH-Projektion	Dia-, Epi-Projektion
SYMBOLISCH	Trickfilm		Wandkarten
TEXTLICH			gedruckte Materialien (z. B. Schulbücher)

K 21 Gesprochene Sprache ist eindeutig als "flüchtig" zu bezeichnen. Vom gesprochenen Text steht immer nur der Abschnitt zur Verfügung, der gerade noch im Bewußtsein (Kurzspeicher) (s. Abb. 3) vorhanden ist. Projizierten Text kann man demgegenüber als "verweilend" bezeichnen. Der Adressat kann ihn evtl. mehrmals lesen.

Für Lehrstoffe mit komplexen Strukturen sollte den Adressaten genügend Zeit zur Verfügung stehen; eine einmalige auditive Darbietung schwieriger Lehrstoffe wurd üblicherweise nicht ausreichen.

K 22 Soll das Identifizieren von Herztönen bzw. Herzgeräuschen erlernt werden, muß offensichtlich die entscheidende Informationsdarbietung auditiv erfolgen. Dies kann unmittelbar durch Abhören am Patienten, aber z. B. auch durch Verwendung von entsprechenden "Geräuschplatten" erfolgen. Visuelle Medien sind für dieses Lehrziel nicht geeignet.

K 23 Der Klirrfaktor des Verstärkers sollte möglichst klein sein; den Wert von 5 % darf er keinesfalls überschreiten.

Der Frequenzumfang sollte womöglich groß sein, jedenfalls von etwa 80 Hz bis mindestens 10 000 Hz.

Die Dynamik sollte womöglich groß sein, jedenfalls sollte sie mehr als 40 dB betragen.

K 24 Aus der Sicht der Zugriffsmöglichkeit zu einzelnen Übungsabschnitten, musikalischen Einheiten etc. hat das Tonbandgerät gegenüber Plattenspielern gewisse Vorteile. Die gesuchten Abschnitte sind mit Hilfe des Zählwerkes leicht zu finden, die Möglichkeit zu wiederholen, nach vorne und zurück zu springen ohne Gefahr einer Beschädigung des eigentlichen Tonträgers ist auch bei einfachen und preiswerten Tonbandgeräten gegeben.

Gleichfalls die Möglichkeiten individueller Aktivitäten sowie des Einbezuges der Schüler sind bei Tonbandgeräten größer als bei Plattenspielern. Der größte Unterschied liegt darin, daß Schallplattenaufzeichnungen üblicherweise nur wiedergegeben werden können, Tonbandaufzeichnungen aber nicht nur abgespielt, sondern einfach auch selbst erstellt werden können. Auch junge Schüler können ohne größere Schwierigkeiten selbst Tonbandaufzeichnungen machen.

K 25 Die wichtigsten Beurteilungskriterien bei Mikrofonen sind den Beurteilungskriterien bei Lautsprechern ziemlich ähnlich.

So z. B. sollen Mikrofone wie auch Lautsprecher ein womöglich breites Frequenzspektrum verarbeiten - wünschenswert wäre in beiden Fällen ein Frequenzumfang von etwa 20 Hz bis 20 000 Hz.

Die Richtwirkung von Mikrofonen sowie von Lautsprechern wird durch Richtcharakteristiken beschrieben.

Zur Beurteilung von Mikrofonen wird weiterhin insb. die Empfindlichkeit herangezogen, zur Beurteilung von Lautsprechern die Belastbarkeit.

K 26 Sprachlabors können in verschiedenen Fächern eingesetzt werden, insb. wenn die eigentlichen auditiven Einrichtungen durch visuelle Medien ergänzt werden.

Neben dem Einsatz im fremdsprachlichen Unterricht bietet sich insb. der Einsatz des Sprachlabors im muttersprachlichen Unterricht an - etwa im Leseunterricht bereits auf der Primarstufe, im Rechtschreibunterricht sowie in der Sprecherziehung.

Das Sprachlabor kann weiterhin Verwendung im pädagogischen Sonderbereich finden, etwa bei Kindern mit Sprechschwierigkeiten.

Sinnvolle Einsatzmöglichkeiten ergeben sich in Stoffgebieten, die für Selbstinstruktion geeignet sind. Selbstinstruierendes Material, in Form von Sprachlehr-Programmen gestaltet, kann ein wirkungsvolles individuelles Studium unterstützen.

K 27 Ihre Vorbereitungen zum Einsatz einer üblichen Schulfernsehsendung sollten u. a. folgende Maßnahmen beinhalten:

- Motivation für den Lehrstoff der Sendung
- Vorklärung neuer Begriffe
- Erarbeitung von Beobachtungsaufträgen für die Schüler

Für die Nachbereitung der Sendung sollten Sie u. a. vorsehen:

- Übung und Vertiefung des Stoffes
- Klärung von evtl. mißverständlich Dargestelltem

- Erweiterung des Behandelten (Situationsbezug, Personenbezug u. ä.)

Wird die Sendung von Ihnen in Form einer Aufzeichnung präsentiert, können Sie diese durch Anhalten des Videorekorders an beliebigen Stellen unterbrechen. So lassen sich Aufgaben, Stellungnahmen und Diskussionen in den Sendungsablauf einbinden.

Als Form der Vor- bzw. Nachbereitung sollten Sie vielleicht Gruppen- oder Klassengespräche wählen. Damit sichern Sie einen Wechsel der Unterrichtsform gegenüber dem Fernsehen.

K 28 Eine wichtige Randbedingung für die **vordere** Begrenzung des Sichtbereiches geht davon aus, daß die Zellenstruktur des Fernsehbildes bei zu kurzem Betrachtungsabstand sichtbar ist und störend wirkt. Unsere Randbedingung fordert daher einen solchen Mindestabstand vom TV-Bildschirm, aus dem das Auge die Rasterstruktur des zeilenweise aufgebauten Bildes eben noch nicht aufzulösen vermag.

Die **hintere** Begrenzung des Sichtbereiches ergibt sich - gleich wie bei der optischen Bildprojektion - aus der Forderung, zuverlässig auch noch kleinste Bilddetails erkennen zu können. Der kleinste Bildpunkt beim Fernsehen, und damit auch die hintere Begrenzung des Sichtbereiches, hängt u. a. von der höchsten in der gegebenen Fernsehkette übertragenen Videofrequenz ab. Für die Faustregel von D_{max} haben wir eine höchste Videofrequenz von etwa 3 MHz angenommen, was in etwa der Bandbreite üblicher Videorekorder für den allgemeinen Bedarf entspricht.

Für die **seitliche** Begrenzung des Sichtbereiches geht man von der gleichen Randbedingung wie beim Sichtbereich für die optische Projektion, nämlich von noch akzeptierbaren perspektivischen Verzerrungen des Bildes bei seitlicher Betrachtung aus.

K 29 Für die vordere Begrenzung des Sichtbereiches gilt in diesem Fall

$D_{min} = 3{,}3\ Q = 3{,}3 \cdot 66 = 218\ cm \doteq 2{,}2\ m$

Für die hintere Begrenzung des Sichtbereiches gilt in etwa

$D_{max} = 9\ Q = 9 \cdot 66 = 594\ cm \doteq 6\ m$

Die seitliche Begrenzung des Sichtbereiches sollte etwa 45° betragen.

K 30 Für einfachere TV-Kameras werden insbesondere Vidicon-Röhren, für professionelle bzw. semiprofessionelle Kameras werden z. B. Plumbikon - oder Satikon-Röhren verwendet.

K 31 Für den allgemeinen Bedarf wird als auslaufender Standard der VCR - Europa-Standard 1 und als neuer Standard wird das System VIDEO 2000 empfohlen.

MITARBEITER

AULEHLA Walter

Professor an der Pädagogischen Akademie der Erzdiözese Wien im Bereich Unterrichtstechnologie;
Mitglied der österr. Gesellschaft für Filmwissenschaft, Kommunikations- und Medienforschung;
Schulfunkautor
Mitarbeiter der Arbeitsgruppe "Medien in der Lehrerbildung" beim BMuK

MOSSER Gerold

Professor, Medienbeauftragter an der Pädagogischen Akademie des Bundes in Kärnten, Klagenfurt;
Mitarbeiter der Arbeitsgruppe "Medien in der Lehrerbildung" beim BMuK

PIRKER Hubert, Mag. Dr.phil.

Professor für Mediendidaktik, Medienpädagogik und Unterrichtstechnologie sowie für Didaktik der Mathematik an der Pädagogischen Akademie des Bundes in Kärnten, Klagenfurt;
Mitarbeiter der Arbeitsgruppe "Medien in der Lehrerbildung" beim BMuK

SCHÜTZ Josef, Dr.phil.
Professor für Erziehungs- und Unterrichtswissenschaft, Lehrverhaltenstraining, Unterrichtstechnologie, Medienpädagogik und Mediendidaktik an der Pädagogischen Akademie des Bundes für Oberösterreich, Linz;
Dozent am Pädagogischen Institut des Bundes für Oberösterreich für o. a. Fachbereiche;
Mitarbeiter der Arbeitsgruppe "Medien in der Lehrerbildung" beim BMuK

STRASSER Horst, Dr.phil.
Professor für Erziehungswissenschaft, Lehrverhaltenstraining, Unterrichtstechnologie, Mediendidaktik und Medienpädagogik an der Pädagogischen Akademie des Bundes in Steiermark, Graz;
Mitarbeiter der Arbeitsgruppe "Medien in der Lehrerbildung" beim BMuK

SACHVERZEICHNIS

Ingenieurpädagogik

Grundlagen einer Didaktik des Technik-Unterrichtes

Von Univ.-Prof. Dipl.-Ing. Dr. **Adolf Melezinek,**
Universität für Bildungswissenschaften, Klagenfurt

1977. 70 Abbildungen. X, 152 Seiten.
Geheftet DM 39,–, S 270,–
ISBN 3-211-81438-8

Aus den Besprechungen:

„... Das Buch ist jedem zu empfehlen, der auf dem Gebiet der Technik lehren will aber auch schon lehrt. Darüber ist es ein wichtiger Beitrag zur weltweiten Diskussion, wie man im Bereich der Hochschulen – hier für den Sektor Technik – zu einer erfolgreichen Unterweisung kommt ... "

Ingenieurpädagogik

„... Ein Buch, das den Leser anregt, Pädagogik in Unterricht und Vorlesung nicht zu kurz kommen zu lassen und sich selbst weiter mit diesem Gebiet zu befassen. Durchaus auch für jeden Hochschullehrer der Technik empfehlenswert."

Die Neue Hochschule

„... Eine in klarer, prägnanter und verständlicher Sprache geschriebene Darstellung. Die für den Adressaten, insbesondere natürlich für den Studierenden, wichtigen pädagogischen und technischdidaktischen Grundlagen der Berufsausübung lassen sich bei engagierter Lektüre des Buches verhältnismäßig leicht erwerben ... die Anschaffung sei dem, der es kann, empfohlen."

Lernzielorientierter Unterricht

Springer-Verlag Wien New York